高等教育"十四五"系列教材

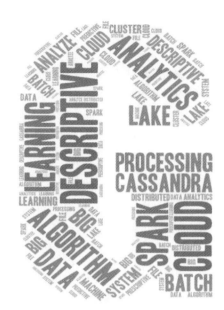

大数据导论

主编 ◎ 刘春燕　司晓梅

华中科技大学出版社
http://www.hustp.com
中国·武汉

图书在版编目（CIP）数据

大数据导论 / 刘春燕，司晓梅主编 .—武汉：华中科技大学出版社，2022.5（2023.9重印）
ISBN 978-7-5680-5767-7

Ⅰ.①大…　Ⅱ.①刘…②司…　Ⅲ.①数据处理—高等学校—教材　Ⅳ.①TP274

中国版本图书馆 CIP 数据核字（2022）第 077335 号

大数据导论

Dashuju Daolun

刘春燕　司晓梅　主编

策划编辑：康　序
责任编辑：刘姝甜
封面设计：孢　子
责任监印：朱　玢
出版发行：华中科技大学出版社（中国·武汉）　　电话：(027)81321913
　　　　　武汉市东湖新技术开发区华工科技园　　邮编：430223
录　　排：武汉创易图文工作室
印　　刷：武汉市洪林印务有限公司
开　　本：787 mm×1092 mm　1/16
印　　张：15.5
字　　数：384 千字
版　　次：2023 年 9 月第 1 版第 2 次印刷
定　　价：58.00 元

随着移动互联网、物联网、云计算等新一代信息技术的应用和推广，大数据技术成为又一颠覆性的技术，备受人们关注。身处大数据时代，我们已经感受到大数据对人们的思维模式和生活方式的改变，大数据对人类的社会生产和生活必将产生重大而深远的影响。

本书定位为大数据技术入门教材，以大数据的基本技术路线为框架，通过基本理论和应用实例相结合的方式，介绍大数据技术，帮助读者形成对大数据知识体系及其应用领域的轮廓性认识，为读者在大数据领域的继续深造奠定基础。

本书旨在服务大数据初学者，为适应初学者学习特点，适当增加了广度而降低了深度，在数据挖掘部分尽可能少地使用数学知识，对于一些不可避免的部分，力求展现其中的精华，而在大数据实验部分，必须掌握的基础性编程语言也有涉及。本书主要以 Java 语言为基础。

本书第 1 章为大数据概述，介绍大数据的基本概念和应用领域，回顾大数据理念和技术的发展历程，阐述大数据的发展前景。

第 2~7 章介绍大数据采集与预处理、大数据计算平台、大数据管理、数据挖掘、大数据隐私与安全和人工智能 6 个大数据领域及其中的主要技术。第 2 章主要介绍大数据采集技术，包括大数据的来源、采集方法及数据预处理方法等，最后对大数据采集应用案例进行分析，帮助读者更好地理解大数据采集技术。第 3 章介绍大数据处理架构 Hadoop 以及与大数据技术密不可分的云计算技术及其应用。由于 Hadoop 已经成为应用最广泛的大数据技术，本书的大数据相关技术主要围绕 Hadoop 展开，包括 HDFS 和 MapReduce。第 4 章介绍大数据管理，包括分布式数据库（HBase）、常用的 NoSQL 数据库和云数据库。第 5 章从数据挖掘的概念入手，介绍数据挖掘的几种算法以及算法的应用。第 6 章提出大数据面临的安全隐患，介绍大数据安全的基本概念以及大数据安全与隐私保护的主要方法。第 7 章介绍人工智能的起源和基本概念，通过人工智能在生活中的应用案例引发读者对智能时代的思考。

第 8~11 章包含 4 个实验，对应数据采集技术、云计算技术和数据挖掘技术展开。

本书在重视理论的前提下，不忽视实际的可操作性，注重问题的解决，"大数据基础"与"大数据技术"部分每章均设有习题，以帮助读者巩固所学知识。

本书由武汉华夏理工学院刘春燕和司晓梅主编。在本书编写的过程中，编者参考了国内外大量大数据及云计算技术的文献资料，且书中部分案例来自网络，在此一并对相关作者表示感谢。

由于编者能力有限，书中难免存在不妥之处，恳请读者朋友提出宝贵意见，不胜感激。

为了方便教学，本书还配有电子课件等资料，可以登录"我们爱读书"网（www.ibook4us.com）浏览，任课教师可以发邮件至 hustpeiit@163.com 索取。

目录

CONTENTS

第1章 大数据概述

大数据作为继云计算、物联网之后 IT 领域又一种颠覆性技术，备受人们的关注。大数据已经渗透到当今每一个行业和业务职能领域，成为重要的生产因素，对人类的社会生产和生活必将产生重大而深远的影响。

大数据时代悄然来临，带来了信息技术发展的巨大变革，并深刻影响着社会生产和人们生活的方方面面。世界各国均高度重视大数据技术的研究和发展，纷纷把大数据上升为国家战略加以重点推进。

本章主要概略介绍大数据的兴起、生活中的大数据、大数据的概念及特征，以及大数据的关键技术和大数据的发展。

1.1 大数据兴起之谜

◆ 1.1.1 大数据产生的背景

早在远古时代人们就已经在石头、树木上记载相应的数据了，再到后来，人们用竹简、布帛等记载和传输数据，在这一阶段，数据的记录和传播都是非常有限的；到后来纸张出现，印刷术被发明，数据的记录和传播有了第一次长足的进步，但是此时的数据量仍旧相当小，传播速度也较为缓慢，传播范围相对狭窄，人们对数据的分析和使用十分有限；计算机和磁盘等存储介质出现后，人们记录数据和计算分析数据的能力有了质的飞跃，随着以博客、社交网络、基于位置服务为代表的新型信息发布方式的不断涌现，以及云计算、物联网等技术的兴起，数据以前所未有的速度在不断地增长和积累，至此，人们进入所谓的大数据时代。

大数据浪潮汹涌来袭，与互联网的发明一样，这绝不仅仅是信息技术领域的革命，更是在全球范围内启动透明政府建设、加速企业创新、引领社会变革的利器。现代管理学之父德鲁克曾经说过："预测未来最好的方法，就是去创造未来。""大数据战略"，则是当下领航全球的先机。

越来越多的政府、企业等机构开始意识到数据正在成为组织最重要的资产，数据分析能力正在成为组织的核心竞争力。大数据时代对政府管理转型来说是一个历史性机遇，对企业来说，海量数据的运用将成为未来竞争和增长的基础。同时，大数据已引起学术界的广泛研究兴趣。

◆ 1.1.2 大数据的发展历程

大数据不是凭空产生的，它有自己的发展过程。大数据的发展大致分为三个阶段，如图 1.1 所示。

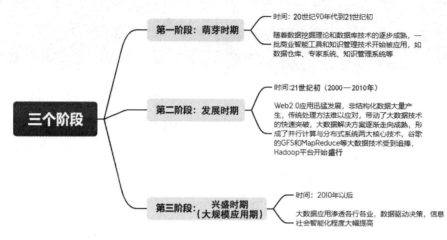

图 1.1 大数据发展的三个阶段

1. 萌芽时期（20 世纪 90 年代至 21 世纪初）

1997 年，美国国家航空航天局艾姆斯研究中心的大卫·埃尔斯沃思和迈克尔·考克斯在他们研究数据可视化时首次使用了"大数据"的概念。1998 年，*Science* 杂志发表了一篇题为"大数据科学的可视化"的文章，"大数据"作为一个专业名词正式出现在公共期刊上。

在这一阶段，大数据只作为一个概念或假设，少数学者对其进行了研究和讨论，其意义仅限于表示数据量的巨大，对数据的收集、处理和存储没有进一步的探索。

2. 发展时期（2000—2010 年）

21 世纪刚开始的 10 年，互联网行业得到了快速发展。2001 年，美国 Gartner 公司率先开发了大型数据模型。同年，Doug Laney 提出了大数据的"3V"特性。2005 年，Hadoop 技术应运而生，成为数据分析的主要技术。2007 年，数据密集型科学出现，不仅为科学界提供了一种新的研究范式，而且为大数据的发展提供了科学依据。2008 年，*Science* 杂志推出了一系列大数据专刊，详细讨论了一系列大数据的问题。2010 年，美国信息技术顾问委员会发布了一份题为"规划数字化未来"的报告，详细描述了政府工作中大数据的收集和使用。

在这一阶段，"大数据"作为一个新名词，开始受到理论界的关注，其概念和特点得到进一步丰富，相关的数据处理技术层出不穷，大数据开始显现出活力。

3. 兴盛时期（2011 年至今）

2011 年，IBM 公司开发了沃森超级计算机，通过每秒扫描和分析 4 TB 数据打破了世界纪录，大数据计算达到了一个新的高度。随后，MGI 发布了大数据前沿报告，详细介绍了大数据在各个领域的应用，以及大数据的技术框架。2012 年在瑞士举行的世界经济论坛上学者们讨论了一系列与大数据有关的问题，发表了题为"大数据，大影响"的报告，并正式宣布了大数据时代的到来。

2011 年之后大数据的发展可以说进入了全面兴盛的时期，越来越多的学者对大数据的研究从基本的概念、特性转到数据资产、思维变革等多个角度。大数据也渗透到各行各业之中，不断变革原有行业的技术，创造出新的技术，大数据的发展呈现出一片蓬勃之势。

2011 年 6 月，麦肯锡咨询公司发布了《大数据：下一个创新、竞争和生产力的前沿领域》研究报告。研究报告中指出，数据正渗透到当今每一个行业和业务职能领域，成为重要的生产因素。各行各业海量数据的挖掘和运用，预示着新一波生产率增长和消费者盈余浪潮的到来，大数据时代已经降临。

2012 年 3 月 22 日，美国政府宣布投资 2 亿美元发起大数据研究和发展倡议，致力于提高从大型、复杂数据中集中提取信息和知识的能力，并服务能源、健康、金融和信息技术等领域的高科技企业。

2012 年 4 月，英国、美国、德国、芬兰和澳大利亚研究者联合推出"世界大数据周"活动，旨在促使政府制定战略性的大数据措施。

2012 年 5 月，联合国发布了《大数据促发展：挑战与机遇》白皮书，指出大数据对于联合国和各国政府来说是一个历史性的机遇，人们如今可以使用极为丰富的数据资源来对社会经济进行前所未有的实时分析，帮助政府更好地响应社会和经济运行。

2012 年 7 月，为挖掘大数据的价值，阿里巴巴集团在管理层设立"首席数据官"一职，"首席数据官"负责全面推进"数据分享平台"战略，并推出大型的数据分享平台——"聚石塔"，为天猫、淘宝平台上的电商及电商服务商等提供数据云服务。

2012 年 12 月，维克托·迈尔·舍恩伯格的《大数据时代》开始在国内风靡，推动了国内大数据的发展。

2013 年被称为大数据元年。百度、阿里巴巴、腾讯各显身手，分别推出创新型大数据应用。同年 12 月，中国计算机学会发布《中国大数据技术与产业发展白皮书》，系统总结了大数据的核心科学与技术问题，推动了我国大数据学科的建设与发展，并为政府部门提供了战略性的意见与建议。

2014 年 4 月，世界经济论坛以"大数据的回报与风险"为主题发布了《全球信息技术报告（第 13 版）》。报告认为，在未来几年，针对各种信息通信技术的政策会十分重要，接下来将对数据保密和网络管制等议题展开积极讨论。全球大数据产业的日趋活跃，技术演进和应用创新的加速发展，使各国政府逐渐认识到大数据在推动经济发展、改善公共服务、增进人民福祉乃至保障国家安全方面具有重大意义。

2015 年 8 月，国务院印发《促进大数据发展行动纲要》，全面推进我国大数据发展和应用，加快建设数据强国。

2016 年 4 月，在"2016 大数据产业峰会"上工信部透露，我国将制定出台大数据产业"十三五"发展规划，有力推进我国大数据技术创新和产业发展。

2017 年工业和信息化部印发大数据产业"十三五"发展规划。2017 年 5 月，全国首个总体解决方案——《政府数据共享开发（贵阳）总体解决方案》通过评审，全国首部政府数据共享开放地方性法规诞生。

2018年1月，国家发改委宣布了政务信息系统整合共享工作最新进展，已有71个部门、31个地方实现了国家共享交换平台的对接。

2019年5月，《2018全球大数据发展分析报告》显示，中国大数据技术创新能力有了显著的提升。

2019年9月，大数据产业生态联盟联合赛迪顾问公司发布《2019中国大数据产业发展白皮书》，指出2018年中国大数据产业规模为4384.5亿元，预计2021年将达8070.6亿元。

2020年至今，伴随着国家部委有关大数据行业应用政策的出台，国内的金融、政务、电信、物流等行业中大数据技术应用的价值不断凸显。同时，随着我国大力发展数字经济，推进数字中国建设，大数据产业将迎来高速发展期。

1.2　无处不在的大数据

从文明之初的"结绳记事"，到文字发明后的"文以载道"，再到近现代科学的"数据建模"，数据一直伴随着人类社会的发展变迁，承载了人类基于数据和信息认识世界的努力和取得的巨大进步。然而，直到以电子计算机为代表的现代信息技术出现，为数据处理提供了自动化方法和手段，人类掌握数据、处理数据的能力才实现了质的跃升。信息技术及其在经济社会发展的方方面面的应用（即信息化），推动数据（信息）成为继物质、能源之后的又一种重要战略资源。

我们生活在一个充满数据的时代，我们打电话、用微博、聊QQ、刷微信，我们阅读、购物、看病、旅游，都在不断产生新数据，"堆砌"着"数据大厦"。大数据已经与我们的工作生活息息相关、须臾难离。中国工程院院士高文说："不管你是否认同，大数据时代已经来临，并将深刻地改变着我们的工作和生活。"

大数据就在你我身边，虽然我们看不到它、不在意它，但它却已经并将继续影响我们的生活。习近平主席及其夫人彭丽媛访问英国的帝国理工学院时，校方赠送给彭丽媛的羊绒披肩就有大数据的功劳——披肩尺寸是利用计算机图像分析技术得出的。校方还向习主席展示了如何运用大数据的方法分析国内人口迁移情况、"一带一路"倡议的国际影响力、个性化医疗的推广以及上海地铁的负载分布和应急办法等。

◆　1.2.1　教育中的大数据

大数据将给教育带来革命性的变化。

在传统教育模式下，分数就是一切，一个班上的几十个人，使用同样的教材，同一个教师上课，课后布置同样的作业。学生是千差万别的，在这种模式下，不可能真正做到因材施教。在大数据的帮助下，个性化教育将真正实现，大数据将显示学生如何学、教师如何教，通过个性化的大数据积累及数据分析的结果给予反馈，并调整教学思路方法，实现因材施教。

又如"大数据情书"，即学校写给毕业生的"情书"，记录了毕业生在学校的点点滴滴，这就是华中科技大学利用大数据制作的个性化毕业礼物——一封名叫"光阴的故事——致××"的电子信件和截图（见图 1.2）在华中科技大学毕业生的微信、朋友圈流传。每一位即将离校的学子只要打开链接，输入自己的校园账号就能获取在校期间的学习、生活等方面数据和收获。

图 1.2　华中科技大学利用大数据制作的毕业礼物截图

"65 门必修，7 门公选，70 位老师……""四年里，你偏爱集锦园食堂，消费金额位居榜首……"看到这些在华中科技大学留下的痕迹，毕业生纷纷表示感动和温暖。

此套针对毕业生个性化服务的大数据系统，由华中科技大学率先推出，并已在全国高校成功上线，作为送给 2016 届毕业生的一份特别礼物，为学子勾勒出在校期间生活的立体图景。

这些数据都是学生日常登录 HUB 系统或者使用校园卡时留下的，临近学生毕业，HUB 系统将数据整合，以毕业礼物的形式献给毕业生，从学生入学开始，到毕业离校，用数据描述了他们在校期间的经历，包括生源地、在校班级、是否转专业、学期注册、所修课程、授课教师、加权平均成绩、四六级英语成绩、奖助学金、科研成果、荣誉称号、访问华中科技大学教学信息服务平台、计算机等级考试成绩、校园卡消费、食堂、校内超市、校车、图书馆借书和门禁、党员发展历程等情况，用数据和场景故事逐页展示出来。该系统还根据学生注册积极程度，对部分学生授予了"注册神人""注册牛人""注册达人"的称号；根据成绩在专业的排名，对部分学生授予了"学圣""学神""学霸"的称号；根据在图书馆的借书数量排名，对部分学生授予了"读书达人"称号。

厦大图书馆设计的一个名为"圕·时光（Tuan Time）"的网站，收集整理了毕业生大学时代的阅读记录、进馆次数等，被毕业生视为大学生涯的图书馆记忆。登录"圕·时光（Tuan Time）"网页后，学生可以看到自己大学期间的图书馆印记，包括第一次到访图书馆的时间，借阅的第一本书，最喜欢的座位，最常阅读的图书类别，以及一份书单。

南京理工大学的"大数据精准扶贫"，利用大数据分析为贫困生充饭卡。每个月在食堂吃饭超过 60 顿、一个月总消费不足 420 元 的学生，被列为受资助对象。学生无须填表申请，不用审核。这种"润物细无声"的善举——给贫困生的伙食补贴通过直接打入饭卡的方式进行，在确保学生尊严的基础上，给贫困学生带来了温暖。

电子科技大学曾有"寻找校园中最孤独的人"课题，从 3 万名在校生中，采集到了 2 亿多条行为数据，数据来自学生选课记录，进出图书馆、寝室，以及食堂用餐、超市购物等。通过对不同的校园一卡通前后刷卡的记录进行分析，可以发现一个学生在学校有多少亲密朋友，比如恋人、闺蜜。最后，通过这个课题找到了 800 多个校园中最孤独的人，他们平均在校两年半时间，一个知心朋友都没有。 这些人中的 17% 可能产生了心理疾病，也可能用意志力暂时战胜了症状，但需要学校和家长重点予以关爱。

◆　1.2.2　食品中的大数据

大家每天吃几餐？每天吃了多少米饭？吃了多少肉？相信这些问题一定难不倒大家。如果再问大家每天摄入了多少蛋白质、吸收了多少碳水化合物呢？大家想要清楚地回答这些问题可就不那么容易了。但是，有了大数据，这些问题都将不再是问题。我们每天吃了什么，吃了多少，该吃多少，这些大数据都会帮我们记录。

某穿戴设备用光谱扫描仪来扫描检测食物中的成分（通过对光子的波长进行排序，结合频谱来描述食物里面的成分），这样你将知道"吃了什么"；服务器将食物中的过敏原、化学成分和营养成分等相关信息发送到你的手机上，这样就告诉你"吃了多少""该吃多少"，营养成分是否足够；它还能记录你的饮食信息，从而提示你是否已经达到了每天所需的摄取量，并根据具体情况给出合适的营养食谱。比如，你最近在减肥，不能吃太多，那就给你提供一份减肥食谱；如果你肠胃炎，只能清淡饮食，就会给你提供一份清粥小菜。这些智能的穿戴设备可能会成为我们私人定制的"营养师"，为我们提供服务，通过数据的采集及分析处理，告诉我们该吃什么，不该吃什么，该吃多少等。

如何吃得放心？你知道自己每天吃的肉是从哪里来的吗？大数据已经应用到食品安全领域的每个角落。建立食品追溯系统需要物联网技术的运用和普及，以期实现对食品生产、加工、运输、包装、储存等方面质量问题的监管，理论上实现对食品"从农田到餐桌"的全面监控。同时，利用大数据给食品安全分析过程中的风险评估、风险管理和风险交流提供相应的变化和动力，可以大数据工程为抓手，深入开展食品安全信息化建设，为我国食品安全长效机制的建立提供有效的工程技术保障。上海动物及动物产品产业链全程监管系统，对 17.5 万头能繁殖的母猪植入 RFID 式电子耳标，从猪刚出生一直到我们的餐桌，它都可以利用物联网技术进行跟踪，这样就可以告诉我们，今天餐桌上的这盘肉来自哪里，中间养了多长时间，有没有喂饲料，等等，通过智能识别和无线传感等技术，实现动物健康养殖、动物产品安全经营和质量安全溯源管理。动物及动物产品检疫监督管理系统示意图如图 1.3 所示。

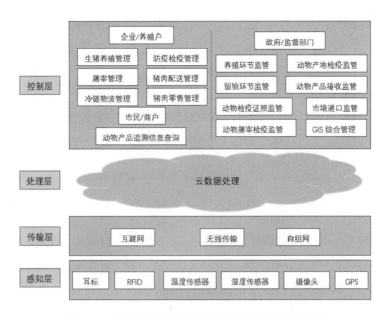

图 1.3　动物及动物产品检疫监督管理系统示意图

以一个人"吃了什么""吃了多少"产生的数据来进行分析，然后告诉这个人"该吃多少"以及"如何放心地吃"已经是非常大的数据处理量了。然而，众口难调，习惯各异，涉及食物的做法、吃法、成分、营养价值、价格、食物来源等的数据看起来相当混乱（传统的数据库不能完全明确），如果要满足一个 1000 万人的"该吃多少"以及"如何放心地吃"的解答需求，就要用到大数据技术，通过收集、管理和分析每个人看似随意平常的饮食信息，就可以为每个人定制出满足其需求的个人食谱。

◆ 1.2.3　物流中的大数据

智能物流是大数据在物流领域的典型应用。智能物流融合了大数据、物联网和云计算等新兴 IT 技术，该物流系统能模仿人的智能，实现物流资源优化调度和有效配置以及物流系统效率提升。自从 IBM 在 2010 年最先提出"智能物流"概念以来，智能物流在全球范围内得到了快速发展。在我国，阿里巴巴集团联合多方力量共建"中国智能物流骨干网"，计划在 8~10 年的时间内建立一张能支撑日均 300 亿元（年度约 10 万亿元）网络零售额的智能物流骨干网络，支持数千万家新型企业成长发展，让全中国任何一个地区都能做到 24 h 内送货必达。大数据技术是智能物流发挥其重要作用的基础和核心，物流行业在货物流转、车辆追踪、仓储等各个环节中都会产生海量的数据，分析这些物流大数据，将有助于深刻认识物流活动背后隐藏的规律，优化物流过程，提升物流效率。

智能物流，又称智慧物流，是利用智能化技术，使物流系统能模仿人的智能，具有思维、感知、学习、推理判断和自行解决物流中某些问题的能力，从而实现物流资源优化调度和有效配置、物流系统效率提升的现代化物流管理模式。

智慧供应链具有先进化、互联化、智能化三大特点。"先进化"是指：数据多由感应设备、识别设备、定位设备产生，替代人为获取供应链动态并进行可视化自动管理，包括自动库存检查、自动报告存货位置错误等。"互联化"是指：整体供应链联网，不仅是客户、供应商、IT 系统的联网，也包括零件、产品以及智能设备的联网。联网赋予供应链整体计划决策能力。"智能化"是指：通过仿真模拟和分析，帮助管理者评估多种可能性选择的风险和约束条件，使供应链具有学习、预测和自动决策的能力，无须人为介入。

"智能物流"概念经历了自动化、信息化、网络化 3 个发展阶段。自动化阶段是指物流环节自动化，即物流管理按照既定的流程自动化操作；信息化阶段是指现场信息自动获取与判断选择；网络化（泛在化）阶段是指将采集的信息通过网络传输到数据中心，由数据中心做出判断与控制，进行实时动态调整。

1. 智能物流的作用

智能物流具有以下 3 个方面的重要作用。

（1）提高物流的信息化和智能化水平。不局限于库存水平的确定、运输道路的选择、自动跟踪的控制、自动分拣的运行、物流配送中心的管理等问题，物品的信息也将存储在特定数据库中，并能根据特定的情况做出智能化的决策和建议。

（2）降低物流成本，提高物流效率。由于交通运输、仓储设施、信息通信、货物包装和搬运等对信息交互和共享的要求较高，可以利用物联网技术对物流车辆进行集中调度，有效提高运输效率；利用超高频 RFID 标签读写器实现仓储进出库管理，快速识别货物的进出库情况；利用 RFID 标签读写器建立智能物流分拣系统，有效地提高生产效率并保证系统的可靠性。

（3）提高物流活动的一体化。通过整合物联网相关技术，集成分布式仓储管理及流通渠道建设，可以实现物流中运输、存储、包装、装卸等环节全流程一体化管理模式，以高效地向客户提供满意的物流服务。

2. 智能物流的应用

智能物流有着广泛的应用。国内许多城市都在围绕智慧港口、多式联运、冷链物流、城市配送等方面，着力推进物联网在大型物流企业、大型物流园区的系统级应用。应用智能物流，可以将射频标签识别技术、定位技术、自动化技术以及相关的软件信息技术集成到生产及物流信息系统领域，探索和用物联网技术实现物流环节的全流程管理模式，开发面向物流行业的公共信息服务平台，优化物流系统的配送中心网络布局，集成分布式仓储管理及流通渠道建设，最大限度地减少物流环节、简化物流过程，提高物流系统的快速反应能力；此外，还可以进行跨领域信息资源整合，建设基于卫星定位、视频监控、数据分析等技术的大型综合性公共物流服务平台，发展供应链物流管理。

3. 大数据是智能物流的关键

在物流领域有两个著名的理论——"黑大陆"说和物流冰山说。著名的管理学权威 P. F. 德鲁克提出了"黑大陆"说，认为在流通领域中物流活动的模糊性尤其突出，是流通领域中最具潜力的领域。提出物流冰山说的日本早稻田大学教授西泽修认为，物流就像一座冰山，其中沉在水面以下的是我们看不到的黑色区域，这部分就是"黑大陆"，而这正是物流尚待开发的领域，也是物流的潜力所在。这两个理论都旨在说明物流活动的模糊性和巨大潜力。对于如此模糊而又具有巨大潜力的领域，我们该如何去了解、掌控和开发呢？

答案就是借助于大数据技术。

发现隐藏在海量数据背后的有价值的信息,是大数据的重要商业价值。大数据是打开物流领域这块神秘的"黑大陆"的一把金钥匙。物流行业在货物流转、车辆追踪、仓储等各个环节中都会产生海量的数据,有了这些物流大数据,所谓的物流"黑大陆"将不复存在,我们可以通过数据充分了解物流运作背后的规律,借助于大数据技术,可以对各个物流环节的数据进行归纳、分类、整合、分析和提炼,为企业战略规划、运营管理和日常运作提供重要支持和指导,从而有效提升快递物流行业的整体服务水平。

大数据将推动物流行业从粗放式服务到个性化服务进行转变,颠覆整个物流行业的商业模式。通过对物流企业内部和外部相关信息进行收集、整理和分析,可以做到为每个客户量身定制个性化的产品和服务。

4. 中国智能物流骨干网——"菜鸟"

2013年5月28日,阿里巴巴集团、银泰集团联合复星集团、富春控股、顺丰集团、"三通一达"（申通、圆通、中通、韵达）、宅急送、汇通以及相关金融机构共同宣布,开始联手共建"中国智能物流骨干网"（China Smart Logistic Network, CSN）,又名"菜鸟"。

"菜鸟"网络由物流仓储平台和物流信息系统构成。物流仓储平台将由8个左右大仓储节点、若干个重要节点和更多城市节点组成。大仓储节点将针对东北、华北、华东、华南、华中、西南和西北7个区域,选择中心位置进行仓储投资。物流信息系统整合了所有服务商的信息系统,实现了骨干网内部的信息统一,同时该系统将向所有的制造商、网商、快递公司、第三方物流公司完全开放,有利于物流生态系统内各参与方利用信息系统开展各种业务。

"菜鸟"是阿里巴巴创始人马云整合各方力量实施的"天网 + 地网"计划的重要组成部分。所谓"地网",是指"中国智能物流骨干网",最终将建设成为一个全国性的超级物流网,这个网络能在24 h内将货物运抵国内任何地区,能支撑日均300亿元（年度约10万亿元）的巨量网络零售额。所谓"天网",是指以阿里巴巴集团旗下多个电商平台（淘宝、天猫等）为核心的大数据平台。由于阿里巴巴集团的电商业务在中国占据绝对优势地位,在这个平台上聚集了众多的商家、用户、物流企业,每天都会产生大量的在线交易,因此这个平台掌握了网络购物物流需求数据、电商货源数据、货流量与分布数据以及消费者长期购买习惯数据,物流公司可以对这些数据进行大数据分析,优化仓储选址、干线物流基础设施建设以及物流体系建设,并根据商品需求分析结果提前把货物配送到需求较为集中的区域,做到"买家没有下单,货就已经在路上",最终实现"以'天网'数据优化'地网'效率"的目标。有了"天网"数据的支撑,阿里巴巴可以充分利用大数据技术,为用户提供个性化的电子商务和物流服务。用户从"时效最快""成本最低""最安全""服务最好"等选项中选择快递组合类型后,阿里巴巴会根据以往的快递公司的服务情况、各个分段的报价情况、即时运力资源情况、该流向的即时件量等信息,甚至可以融合天气预测、交通预测等数据,进行相关的大数据分析,从而得到满足用户需求的最优线路方案供用户选择,并最终把相关数据分发给各个物流公司去完成物流配送。

"菜鸟"计划的关键在于信息整合,而不是资金和技术的整合。阿里巴巴的"天网"和"地网",必须具备把供应商、电商企业、物流公司、金融企业、消费者的各种数据全方位、透明化地加以整合、分析、判断,并转化为电子商务和物流系统的行动方案的能力。

一年一度的"双 11 购物狂欢节"是中国网民的一大盛事,也是对智能物流网络的一大考验。在每年的"双 11"活动中,阿里巴巴都会结合历史数据,对进入"双 11"的商家名单、备货量等信息进行分析,并提前对"双 11"订单量做出预测,精确到每个区域、网点的收发量,所有信息与快递公司共享,这样,快递公司运力布局的调整就能更加精准。"菜鸟"网络还将数据向电商开放,如果某个区域的快递压力明显增大,"菜鸟"网络就会通知电商错峰发货,或是提早与消费者沟通,快递公司可及时调配运力。2014 年度天猫"双 11 购物狂欢节"数据显示,大数据已经开始全面发力,阿里巴巴搭建的规模庞大的IT 基础设施已经可以很好地支撑该活动当天 571 亿元的惊人交易量,6 h 处理 100 PB 的数据,每秒处理 7 万单交易,同时,以大数据为驱动,借助智能物流体系——"菜鸟"网络,天猫已经实现预发货,即"买家没有下单,货就已经在路上"。

◆ 1.2.4　能源中的大数据

各种数据显示,人类正面临着能源危机。以我国为例,根据目前能源使用情况,我国可利用的煤炭资源仅能维持 30 年,由于天然铀资源的短缺,核能的利用仅能维持 50 座标准核电站连续运转 40 年,而石油的开采仅能维持 20 年。

在能源危机面前,人类开始积极寻求可以用来替代化石能源的新能源,风能、太阳能和生物能等可再生能源逐渐被纳入电能转换的供应源。但是,新能源与传统的化石能源相比,具有一些明显的缺陷。传统的化石能源出力稳定,布局相对集中,而新能源则出力不稳定,地理位置也比较分散,比如风力发电机一般分布在比较分散的沿海或者草原、荒漠地区,风量大时发电量就多,风量小时发电量就少,设备故障检修期间就不发电,无法产生稳定可靠的电能。传统电网主要是为稳定出力的能源而设计的,无法有效吸纳、处理不稳定的新能源。

"智能电网"就是人们认识到传统电网的结构模式无法大规模适应新能源的消纳需求而提出的,人们认为必须将传统电网在使用中进行升级,既要完成传统电源模式的供用电,又要逐渐适应未来分布式能源的消纳需求。概括地说,智能电网就是电网的智能化,是建立在集成的、高速双向通信网络的基础上,通过应用先进的传感和测量技术、先进的设备技术、先进的控制方法以及先进的决策支持系统技术,实现电网可靠、安全、经济、高效、环境友好和使用安全的目标,其主要特征包括自愈、抵御攻击、提供满足 21 世纪用户需求的电能质量、容许各种不同发电形式的接入、启动电力市场以及资产优化高效运行等。

智能电网的发展离不开大数据技术的发展和应用,大数据技术是组成整个智能电网的技术基石,全面影响到电网规划、技术变革、设备升级、电网改造以及设计规范、技术标准、运行规程乃至市场营销政策的统一等方方面面。电网全景实时数据采集、传输和存储,以及累积的海量多源数据快速分析等大数据技术,都是支撑智能电网安全、自愈、环保及可靠运行的基础技术。随着智能电网中大量智能电表及智能终端的安装部署,电力公司可以每隔一段时间获取用户的用电信息,收集比以往粒度更小的海量电力消费数据,构成智能电网中用户侧大数据。以海量用户用电信息为基础进行大数据分析,就可以更好地理解电力客户的用电行为,优化提升短期用电负荷预测系统,提前预知未来 2~3 个月的电网需求电量用电高峰和低谷,合理地设计电力需求响应系统。

此外,大数据在风力发电机安装选址方面也发挥着重要的作用。IBM 公司利用多达 4 PB 的气候、环境历史数据,设计风机选址模型,确定安装风力涡轮机和整个风电场最佳的地点,从而提高风机生产效率和延长其使用寿命。以往这项分析工作需要数周的时间,现在利用大数据技术仅需要不到 1 h 便可完成。

◆ 1.2.5 金融中的大数据

金融业是典型的数据驱动行业,是数据的重要生产者,每天都会生成交易、报价、业绩报告、消费者研究报告、官方统计数据公报、调查、新闻报道等各种信息数据。金融业高度依赖大数据,大数据已经在高频交易和信贷风险分析等金融创新领域发挥重要作用。

1. 高频交易

高频交易(high-frequency trading, HFT)是指从人们无法利用的那些极为短暂的市场变化中寻求获利的计算机化交易。这些变化包括某种证券买入价和卖出价差价的微小变化,或者某只股票在不同交易所之间的微小价差。相关调查显示,2009 年以来,无论是美国证券市场,还是期货市场、外汇市场,高频交易所占份额已达 40%~80%,随着采取高频交易策略的情形不断增多,其所能带来的利润开始大幅下降。为了从高频交易中获得更高的利润,一些金融机构开始引入大数据技术来决定是否交易,比如采取"战略顺序交易"(strategic sequential trading),通过分析金融大数据识别出特定市场参与者留下的足迹,预判该参与者在其余交易时段的可能交易行为,并执行与之相同的行为,该参与者继续执行交易时将付出更高的价格,使用大数据技术的金融机构就可以趁机获利。

2. 信贷风险分析

信贷风险是指信贷放出后本金和利息可能发生损失的风险,它一直是金融机构需要努力化解的一种风险,因为它直接关系到机构自身的生存和发展。我国为数众多的中小企业是金融机构不可忽视的目标客户群体,市场潜力巨大。但是,与大型企业相比,中小企业具有先天的不足,主要表现在以下 4 个方面:①贷款偿还能力差;②财务制度普遍不健全,难以有效评估其真实经营状况;③信用度低,逃废债情况严重,银行维权难度较大;④企业内在素质较低,生存能力普遍不强。因此,对于金融机构而言,放贷给中小企业的潜在信贷风险明显高于放贷给大型企业,成本、收益和风险不对称,导致金融机构更愿意贷款给大型企业。据测算,对中小企业贷款的管理成本,平均是大型企业的 5 倍左右,风险也高得多。可以看出,风险与收益不成比例,使得金融机构始终不愿意向中小企业全面敞开大门,这不仅限制了金融机构自身的成长,也限制了中小企业的成长,不利于经济社会的发展。如果能够有效加强风险的可审性和管理力度,支持精细化管理,那么,毫无疑问,金融机构和中小企业都将迎来新一轮的大发展。

今天，大数据分析技术已经能够为企业信贷风险分析提供技术支持。通过收集和分析大量中小企业用户日常交易行为的数据，判断其业务范畴、经营状况、信用状况、用户定位、资金需求和行业发展趋势，解决由于其财务制度的不健全而无法真正了解其真实经营状况的难题，让金融机构放贷有信心、管理有保障。对于个人贷款申请者而言，金融机构可以充分利用申请者的社交网络数据分析得出个人信用评分。例如，美国 MovenBank 移动银行、德国 Kreditech 贷款评分公司等新型中介机构都在积极尝试利用社交网络数据构建个人信用分析平台，将社交网络资料转化成个人互联网信用；它们试图说服 LinkedIn、 Facebook 或其他社交网络对金融机构开放用户相关资料和用户在各网站的活动记录，然后借助于大数据分析技术，分析用户在社交网络中的好友的信用状况，以此作为生成客户信用评分的重要依据。

1.2.6　智能家居中的大数据

19 世纪，美国哲学家梭罗选择在瓦尔登湖隐居，自给自足，这样自然、简单的生活状态被奉为诗意的栖居方式，令人一度心驰神往。在 21 世纪的今天，科技发展迅猛，岁月流变，人工智能不再是水中月、镜中花，而是逐渐走进百姓家，数字化的烟火人间便成为人们对美好生活方式的另一种向往。

如今，随着人们需求多元化发展，家居的生态模式不断往智能化、个性化延伸。智能家居开始从单一的产品智能向实现全屋智能互联互通探索，如今全屋智能被认为是"智能家居 4.0"，更有经济观察家认为，"全屋智能是智能家居的高级形态，也是发展方向"。伴随着科技的发展与进步，以数据采集为支撑的智能家居也开始融入人们的日常生活。智能家居作为物联网产业链中的重要一环，它的发展离不开物联网传感器的强力支持。近些年，智能家居领域随着技术的不断发展，取得快速进展，从有线模式转化为无线模式，操作更加方便、安全可靠。其中，云计算起到非常重要的作用。用户可以将家中智能家居的相关信息上传、存储在云端，通过云计算服务，在任意时间、任意位置，对家中的智能家居进行相应的控制。在智能家居领域引入大数据将更好地服务于客户与用户。未来家庭中所有的设备将实现大数据采集和控制功能，设备之间以及设备与人实现互联互通，基于数据分析提高服务水平，使人们的生活变得更健康、更舒适。家居行业企业依靠数据管理平台，可以打通、融合不同用户群体的标签数据，形成更为丰富的用户画像，充分使用数据价值以更好服务于企业客户。目前建立的以大数据为驱动的营销体系，在家居、汽车、快速消费品等领域为客户提供服务。

在智能家居领域，通过长期采集这个家庭的生活习惯数据，经过云计算后，得出这个家庭的舒适温度和湿度，在低于或者高于这个温度或者湿度时，智能化产品就能自动调整。在外打拼的儿女可以通过智能化设备实时关注居住在老家的父母的健康情况，家中的父母每次的血压、血糖等测量数据会自动传送到儿女的设备上，如果有异样情况发生，就会主动报警。晚上外界温度降低，人手腕上戴着的智能手环会检测到人的体温降低，这时家中的传感器设备已自动感知室内温度的下降，人工智能（AI）系统就会根据体温信息和室内温度信息自动计算出最适宜睡眠的温度和湿度，并智能调控空调和加湿器等设备，整个过程中人无须清醒起身去操作，安心入睡即可。这一过程为无感交互的状态，是全屋智能的终极形态，但现今阶段的全屋智能更多呈现的是人机交互的方式。

实现全屋智能需要统一人工智能中枢，同时需要摄像头、通信芯片等硬件设施及深度学习、交互语言和图像理解等多领域技术的集成。

1.3 大数据的概念和特征

大数据指的是无法在规定时间内用现有的常规软件工具对其内容进行抓取、管理和处理的数据集合，通常指 10 TB 以上规模数据。

实际上，现在我们所谈到的"大数据"不仅仅指数据，而是更多地将它归结为一种大数据技术。一般认为，大数据主要具有以下 4 个方面的典型特征，即大量（volume）、多样（variety）、高速（velocity）和价值（value），即所谓的"4V"，具体如图 1.4 所示。

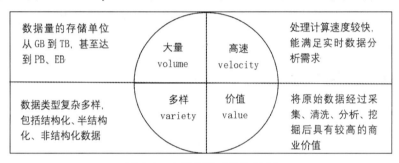

图 1.4　大数据的"4V"特征

◆ 1.3.1　数据体量大

从数据量上我们就可以看到大数据的庞大规模，以淘宝为例，5 亿用户，8 亿件商品，每天 20 亿成交量；从数量级来看，由 MB 到 ZB 是进行了"银河系"的跨越（数据存储单位之间的换算关系如表 1.1 所示）。人类进入信息社会以后，数据以自然方式增长，其产生不以人的意志为转移。从 1986 年开始到 2010 年的 20 多年时间里，全球数据的数量增长了 100 倍，今后的数据量增长速度将更快，我们正生活在一个"数据爆炸"的时代。今天，世界上只有 25% 的设备是联网的，大约 80% 的上网设备是计算机和手机，而在不远的将来，将有更多的用户成为网民，汽车、电视、家用电器、生产机器等各种设备也将接入互联网。随着 Web 2.0 和移动互联网的快速发展，人们已经可以随时随地在博客、微博、微信朋友圈等在内的平台上发布各种信息。以后，随着物联网的推广和普及，各种传感器和摄像头将遍布我们工作和生活的各个角落，这些设备每时每刻都在自动产生大量数据。

综上所述，人类社会正经历第二次"数据爆炸"（如果把印刷在纸上的文字和图形也看作数据的话，那么，人类历史上第一次"数据爆炸"发生在造纸术和印刷术发明的时期）。各种数据产生速度之快、产生数量之大，已经远远超出人类可以控制的范围，"数据爆炸"成为大数据时代的鲜明特征。根据著名咨询机构 IDC（Internet Data Center）做出的估测，人类社会产生的数据每年都在以 50% 的速度增长，也就是说，每两年就约增加一倍，这被称为"大数据摩尔定律"。这意味着，人类在最近两年产生的数据量相当于之前产生的全部数据量之和。近年来，数据规模呈几何级数高速成长。据 IDC 的报告，2030 年全球数据存储量将达到 2500 ZB。

表 1.1　数据存储单位之间的换算关系

单　位	换算关系
byte（字节）	1 byte= 8 bit
KB（千字节）	1 KB=1024 byte
MB（兆字节）	1 MB=1024 KB
GB（吉字节）	1 GB=1024 MB
TB（太字节）	1 TB=1024 GB
PB（拍字节）	1 PB=1024 TB
EB（艾字节）	1 EB=1024 PB
ZB（泽字节）	1 ZB=1024 EB

1.3.2　数据类型多

大数据包括结构化、半结构化和非结构化数据，非结构化数据逐渐成为数据的主要部分。IDC 的调查报告显示，企业中 80% 的数据都是非结构化数据，这些数据每年都呈指数式增长。

1. 结构化数据

结构化数据，简单来说就是数据库，也称作行数据，是由二维表结构来逻辑表达和实现的数据，严格地遵循数据格式与长度规范，主要通过关系型数据库进行存储和管理。结构化数据标记，是一种能让网站以更好的姿态展示在搜索结果当中的方式，搜索引擎都支持标准的结构化数据标记。

结构化数据可以通过固有键值获取相应信息，且数据的格式固定，如 RDBMS 数据。结构化数据最常见的就是具有模式的数据，结构化就是模式。大多数技术应用基于结构化数据。

2. 半结构化数据

半结构化数据和普通纯文本相比具有一定的结构性，但和具有严格理论模型的关系型数据库的数据相比更灵活。它是一种适于数据库集成的数据模型，也就是说，适于描述包含在两个或多个数据库（这些数据库含有不同模式的相似数据）中的数据。它是一种标记服务的基础模型，用于在 Web 上共享信息。半结构化数据模型的主要特点是灵活性。比较特别的是，半结构化数据是"无模式"的。更准确地说，该类数据是自描述的。它携带了关于其模式的信息，并且这样的模式可以随时间在单一数据库内任意改变。

这种灵活性可能使查询处理更加困难，但它给用户提供了显著的优势。例如，可以在半结构化数据模型中维护一个电影数据库，并且能如用户所愿地添加类似"我喜欢看此部电影吗?"这样的新属性。这些属性不需要所有电影都有值,甚至不需要多于一个电影有值。

因为我们要了解数据的细节,所以不能将数据简单地组织成一个文件按照非结构化数据处理,而且由于结构变化很大也不能够简单地建立一张表和它对应。半结构化数据可以通过灵活的键值调整获取相应信息,且数据的格式不固定,如 JSON 格式,同一键值下存储的信息可能是数值型的,可能是文本型的,也可能是字典或者列表。

相较于结构化数据,半结构化数据的构成更为复杂和不确定,从而也具有更高的灵活性,能够适应更为广泛的应用需求。其实,用半模式化的视角看待数据是非常合理的。没有模式的限定,数据可以自由地流入系统,还可以自由地更新。这更便于客观地描述事物。在使用时,模式才应该起作用,使用者想获取数据就应当构建需要的模式来检索数据。由于不同的使用者构建不同的模式,数据将最大化地被利用。这才是最自然的使用数据的方式。

3. 非结构化数据

非结构化数据是与结构化数据相对的,不适于由数据库二维表来表现,包括所有格式的办公文档、XML、HTML、各类报表、图片和音频、视频信息等。支持非结构化数据的数据库采用多值字段和变长字段机制进行数据项的创建和管理,广泛应用于全文检索和各种多媒体信息处理领域。

非结构化数据不可以通过键值获取相应信息。随着"互联网 +"战略的实施,将会有越来越多的非结构化数据产生,据预测,非结构化数据将在所有数据中占据 70%~80% 以上。结构化数据分析挖掘技术经过多年的发展,已经形成了相对成熟的技术体系,而非结构化数据没有限定结构形式,表示灵活,蕴含了丰富的信息。综合看来,在大数据分析挖掘中,掌握非结构化数据处理技术是至关重要的。

非结构化数据处理的挑战性问题在于语言表达的灵活性和多样性,具体的非结构化数据处理技术包括:

(1)Web 页面信息内容提取;

(2)结构化处理(含文本的词汇切分、词性分析、歧义处理等);

(3)语义处理(含实体提取、词汇相关度、句子相关度、篇章相关度、句法分析等);

(4)文本建模(含向量空间模型、主题模型等);

(5)隐私保护(含社交网络的连接型数据处理、位置轨迹型数据处理等)。

这些技术涉及面较广,在情感分类、客户语音挖掘、法律文书分析等许多领域都有广泛的应用价值。

如此类型繁多的异构数据,对数据处理和分析技术提出了新的挑战,也带来了新的机遇。传统数据主要存储在关系型数据库中,而在类似 Web 2.0 等应用领域中,越来越多的数据开始被存储在非关系型数据库中,这就必然要求在集成的过程中进行数据转换,而这种转换的过程是非常复杂和难以管理的。传统的联机分析处理(online analytical processing, OLAP)技术和商务智能工具大都面向结构化数据,在大数据时代,用户友好的、支持非结构化数据分析的商业软件将迎来广阔的市场空间。

1.3.3 处理速度快

大数据时代的数据产生非常迅速。在 Web 2.0 应用领域，在 1 分钟内，新浪可以产生 2 万条微博，Twitter 可以产生 10 万条推文，苹果可以下载 4.7 万次应用，淘宝可以卖出 6 万件商品，人人网可以发生 30 万次访问，百度可以产生 90 万次搜索查询，Facebook 可以产生 600 万次浏览。大名鼎鼎的大型强子对撞机（LHC），大约每秒产生 6 亿次的碰撞，每秒生成约 700 MB 的数据，有成千上万台计算机分析这些碰撞。

大数据时代的很多应用，都需要基于快速生成的数据给出实时分析结果，用于指导生产和生活实践，因此，数据处理和分析的速度通常要达到秒级响应，这一点和传统的数据挖掘技术有着本质的不同，后者通常不要求给出实时分析结果。

为了实现快速分析海量数据，新兴的大数据分析技术通常采用集群处理和独特的内部设计。以谷歌公司的 Dremel 为例，它是一种可扩展的、交互式的实时查询系统，用于只读嵌套数据的分析，通过结合多级树状执行过程和列式数据结构，它能做到几秒内完成对万亿张表的聚合查询，系统可以扩展到成千上万的 CPU 上，满足谷歌上万用户操作 PB 级数据的需求，并且可以在 2~3 秒内完成 PB 级数据的查询。

对于大数据应用而言，必须要在 1 秒内形成答案，否则处理结果就是过时和无效的。实时处理的要求，是大数据应用和传统数据仓库技术的关键差别之一。

1.3.4 价值密度低

存储和计算 PB 级的数据是需要非常高的成本的，大数据虽然看起来很便利，但是价值密度却远远低于传统关系型数据库中已经有的那些数据。曾有人说："如果用石油行业来类比大数据分析，那么在互联网金融领域甚至整个互联网行业中，最重要的并不是如何炼油（分析数据），而是如何获得优质原油（优质元数据）。"在大数据时代，很多有价值的信息都是分散在海量数据中的。虽然大数据价值密度低，但其商业价值高。以小区监控视频为例，如果没有意外事件发生，连续不断产生的数据都是没有任何价值的，当发生偷盗等意外情况时，也只有记录了事件过程的那一小段视频是有价值的。但是，为了能够获得发生偷盗等意外情况时的那一小段宝贵的视频，我们不得不投入大量资金购买监控设备、网络设备、存储设备，耗费大量的电能和存储空间，来保存摄像头连续不断传来的监控数据。

1.4 大数据的关键技术

大数据技术，是指伴随着大数据的采集、存储、分析和应用的相关技术，是使用非传统的工具来对大量的结构化、半结构化和非结构化数据进行处理，从而获得分析和预测结果的一系列数据处理和分析技术。

学习大数据，需要首先了解大数据的基本处理流程，包括数据采集、管理、计算、分析挖掘等环节。其中涉及的主要技术如图 1.5 所示。

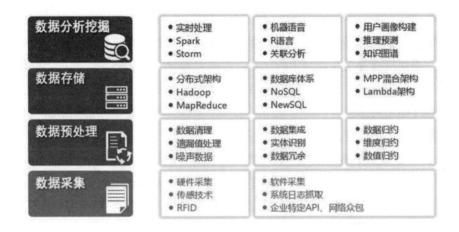

图 1.5 大数据的主要技术

◆ 1.4.1 大数据采集技术

数据采集是大数据生命周期中的第一个环节，一般通过 RFID、传感器、社交网络、移动互联网等方式获得各种类型的结构化、半结构化及非结构化的海量数据。

大数据采集技术就是对这些数据进行 ETL 操作，通过对数据进行提取、转换、加载，最终挖掘数据的潜在价值，然后提供给用户解决方案或者决策参考。ETL，是 extract-transform-load 的缩写，是指数据从来源端经过抽取（extract）、转换（transform）、加载（load）到目的端，然后进行处理分析的过程。用户从数据源抽取出所需的数据，经过数据清洗，最终按照预先定义好的数据模型，将数据加载到数据仓库中去，最后对数据仓库中的数据进行分析和处理。由于采集的数据错综复杂，对不同种类的数据进行数据分析，必须利用提取技术对复杂格式的数据进行提取，从数据原始格式中提取（extract）出我们需要的数据，这里可以丢弃一些不重要的字段。对于提取后的数据，由于数据源头的采集可能存在不准确性，必须进行数据清洗，对不正确的数据进行过滤、剔除。针对不同的应用场景，对数据进行分析的工具或者系统不同，我们还需要对数据进行转换（transform）操作，将数据转换成不同的格式，最终按照预先定义好的数据仓库模型，将数据加载（load）到数据仓库中去。

◆ 1.4.2 大数据管理技术

采集到海量数据，并对其进行了抽取、转换后，再对其进行高效的存储是大数据生命周期中的第二个环节。数据存储作为大数据的核心环节之一，可以理解为对既定数据内容进行归档、整理和共享的过程。自磁盘系统问世以来，数据存储已经走过了近百年的历程。对于存储，计算机就像我们的大脑一样，两者都可以拥有短期记忆和长期记忆，例如，大脑通过前额叶皮层来处理短期记忆，而计算机则利用 RAM（随机存取存储器）来处理短期记忆。大脑和计算机都需要在清醒的状态下处理并记住事务，并在工作一段时间后会感到疲倦。大脑在睡眠时会将工作记忆转换为长期记忆，而计算机则在睡眠时将活动记忆转换为存储卷。计算机还会按类型来分配数据，就像大脑按语义、空间、情感或规程来分配记忆一样。

在大数据时代，从多渠道获得的数据通常缺乏一致性，数据结构混杂，且数据量不断增长，加上任何机器都会有物理上的限制，如内存容量、硬盘容量、处理器速度等，这就导致对于单机系统来说，即使不断提升硬件配置也很难跟上数据增长的速度，我们需要在硬件限制和性能之间做取舍。对于希望从数据中获得价值的企业和组织来讲，有效的数据存储和管理变得比以往任何时候都更加重要。

大数据存储与管理的技术对整个大数据系统至关重要，数据存储与管理的好坏直接影响了整个大数据系统的性能表现。数据存储和管理如今并不只被定义为接收、存储、组织和维护组织创建的数据，更多时候它还意味着更多内容，包括但不限于：

（1）对数据进行分类；

（2）聚合、收集和解析数据的元数据；

（3）保护数据和元数据不受自然和人为中断的影响；

（4）在内部部署和地理上移动数据，以进行共享、归档、复制、数据保护、存储系统技术更新和迁移，并访问所需的分析引擎，从而对该数据进行更深入的研究；

（5）在进行一次或多次移动后，保持用户和应用程序对数据的透明访问；

（6）提供用户可定义的策略，这些策略可自动移动、复制和删除数据；

（7）部署人工智能和机器学习以优化和自动化大多数数据管理功能；

（8）搜索数据并提供可行的信息和见解；

（9）使数据符合个人识别信息法律和法规要求；

（10）将数据管理对象扩展到数百拍字节甚至艾字节的数据。

根据数据存储和管理的内容范围，我们可以大致理解为，大数据存储及管理技术需要重点研究如何解决大数据的可存储、可表示、可处理、可靠性及有效传输等几个关键问题。

◆ 1.4.3 大数据计算技术

大数据存储管理解决了大规模数据高效存储的问题，大数据计算则解决大规模数据高效计算的问题。对大数据技术而言，分布式是非常核心的概念，从存储到计算再到分析，大数据处理的整个流程当中，分布式不可或缺。

要实现大数据处理，有集中式和分布式两种思路。

所谓集中式，就是通过不断增加处理器的数量，来增加单个计算机的处理能力，从而实现大批量数据处理。采用集中式思路需要昂贵的大型机，光是成本费用就不是一般的公司能够承受得住的。

分布式则是把一组计算机串联起来形成系统，然后将需要处理的大批量数据分散到各个机器上去执行，最后将分别计算的结果进行合并，得出最终结果。

在分布式系统内，单个计算机的能力不算强，但是每个机器负责一部分计算任务，多个机器同时并行计算，这样处理数据的速度得到大大提升。随着需求的提升，只需要在集群系统当中增加机器，就能实现更大规模的数据处理。

分布式计算使得大数据处理的成本大大降低，从而支持大数据在更多企业更多场景下的应用落地。

服务器集群是由互相连接在一起的服务器群组成的一个并行式或分布式系统。

由于服务器集群中的服务器运行同一个计算任务，从外部看，这群服务器表现为一台虚拟的服务器，对外提供统一的服务。

尽管单台服务器的运算能力有限，但是将成百上千的服务器组成服务器集群后，整个系统就具备了强大的运算能力，可以承受大数据分析的运算负荷。

Hadoop 大数据集群，就是对分布式计算和服务器集群的一次成功的实践，Hadoop 平台中的核心分布式计算模型 MapReduce，极大地方便了分布式编程工作，编程人员在不理解分布式并行原理的情况下，也可以很容易地将自己的程序运行在分布式系统上，完成海量数据集的计算。

◆ 1.4.4 大数据分析挖掘技术

数据处理是对纷繁复杂的海量数据的价值进行提炼，而其中最有价值的地方在于预测性分析，即通过数据可视化、统计模式识别、数据描述等数据挖掘形式帮助数据科学家更好地理解数据，根据数据挖掘的结果得出预测性决策。

研究大数据分析挖掘技术的意义在于：①改进已有数据挖掘和机器学习技术；②开发数据网络挖掘、特异群组挖掘、图挖掘等新型数据挖掘技术；③突破基于对象的数据连接、相似性连接等大数据融合技术；④突破用户兴趣分析、网络行为分析、情感语义分析等面向领域的大数据挖掘技术。

数据挖掘就是从大量的、不完全的、有噪声的、模糊的、随机的实际应用数据中，提取隐含在其中的、人们事先不知道的但又是潜在有用的信息和知识的过程。

数据挖掘涉及的技术方法很多，有多种分类法。根据挖掘任务可分为分类或预测模型发现、数据总结、聚类、关联规则发现、序列模式发现、依赖关系或依赖模型发现、异常和趋势发现等；根据挖掘对象可分为关系型数据库、面向对象数据库、空间数据库、时态数据库、文本数据源、多媒体数据库、异质数据库、遗产数据库以及环球网 Web；根据挖掘方法可粗分为机器学习方法、统计方法、神经网络方法和数据库方法。

数据挖掘主要过程是：根据分析挖掘目标，从数据库中把数据提取出来，然后经过 ETL 组织成适合分析挖掘算法使用宽表，再利用数据挖掘软件进行挖掘。传统的数据挖掘软件一般只支持在单机上进行小规模数据处理，受此限制，传统数据分析挖掘一般会采用抽样方式来减少数据分析规模。

数据挖掘的计算复杂度和灵活度远远超过数据采集与管理时的需求。一是由于数据挖掘问题具有开放性，数据挖掘会涉及大量衍生变量计算，衍生变量多导致数据预处理计算的复杂性；二是很多数据挖掘算法本身就比较复杂，计算量很大，特别是大量机器学习算法，例如 K-means 聚类算法、PageRank 算法等，都是迭代计算，需要通过多次迭代来求最优解。

◆ 1.4.5 人工智能技术

人工智能和大数据都是当前的热门技术，人工智能的发展要早于大数据，人工智能在20 世纪 50 年代就已经开始发展，而大数据的概念直到 2010 年前后才形成。从百度指数的数据可以看出，人工智能受到国人关注要远早于大数据，且受到长期、广泛的关注，在近两年再次被推向顶峰。人工智能的影响力要大于大数据。

从学科的角度来看，人工智能是一个典型的交叉学科，涉及哲学、数学、计算机、控制学、神经学、经济学和语言学等学科，所以人工智能不仅知识需求量大，而且难度高。

关于人工智能的研究存在两个大的方向，一个是"像人一样思考和像人一样行动"，另一个是"合理的思考和合理的行动"，目前在研究领域更倾向于第二个方向，也就是追求智能体的合理性。当然，这仅仅是当前的研究出发点，未来也许会有新的方向性要求。

从大的技术组成体系来看，人工智能技术涉及物联网、云计算、大数据、边缘计算等内容，其中物联网是目前智能体的一个重要的落地应用场景，物联网场景的搭建能够全面促进智能体的落地应用。目前车联网被看成是智能体全面落地应用的一个重要突破口，所以目前诸多科技公司都在布局相关领域（尤其是自动驾驶）。

人工智能的发展需要数据、算力和算法三大支撑因素，云计算提供了算力支撑，而大数据则提供了数据的来源，随着大数据和云计算的发展，人工智能的发展也会在很大程度上得到促进。

从研究方向上来看，人工智能领域的研究方向包括机器学习、自然语言处理、知识表示、自动推理、计算机视觉和机器人学，目前除了机器学习（深度学习）之外，自然语言处理和计算机视觉方向的研究也比较热门。

虽然人工智能和大数据有很大的区别，但它们仍然能够很好地协同工作。这是因为人工智能需要数据来建立其智能，特别是机器学习。

机器学习中，为了训练模型，需要大量的数据，而且数据需要结构化和集成到足够好的程度，以使机器能够可靠地识别数据中的有用模式。大数据技术满足这样的要求。

人工智能是基于大数据的支持和采集，运用人工设定的特定性能和运算方式来实现的，大数据是不断采集、沉淀、分类等的数据积累。

大数据提供了大量的数据，并且能从大量繁杂的数据中提取或分离出有用的数据，然后供人工智能来使用。人工智能和机器学习中使用的数据已经被"清理"过了，无关的、重复的和不必要的数据已被清除。这些"清理"工作是由大数据技术来完成或保障的。大数据可以提供训练学习算法所需的数据。有两种类型的数据学习，即初期离线训练数据学习和长期在线训练数据学习。人工智能应用程序一旦完成最初离线培训，并不会停止数据学习。随着数据的变化，它们将继续在线收集新数据，并调整它们的行动。因此，数据分为初期的和长期的（持续的）。智能体从初期和长期收集到的数据中不断学习和训练，不断学习和磨炼其人工智能的模型和参数。

人工智能发展的最大飞跃的标志是大规模并行处理器的出现，特别是 GPU，它是具有数千个内核的大规模并行处理单元。这大大加快了人工智能算法的计算速度。人工智能需要通过试验和错误进行学习，这需要大量的数据来教授和培训人工智能。人工智能应用的数据越多，其获得的结果就越准确。由此可以看出，人工智能是依托于大数据的，或者说人工智能基于大数据。

◆ 1.4.6 大数据安全技术

数据是网络的"血液"，是企业得以发展的核心。当前，大数据安全面临着许多挑战，需要通过研究关键技术、制定安全管理策略来应对这些挑战。具体来说，大数据安全面临的挑战有以下几点。

1. 大数据成为网络攻击的显著目标

在网络空间中，大数据是更容易被发现的大目标，承载着越来越多的关注度。一方面，大数据不仅意味着海量的数据，也意味着更复杂、更敏感的数据，这些数据会吸引更多的潜在攻击者，成为更具吸引力的目标；另一方面，数据的大量聚集，使黑客一次成功的攻击能够获得更多的数据，无形中降低了黑客的进攻成本，增加了其"收益率"。

2. 大数据加大隐私泄露风险

从基础技术角度看，Hadoop 对数据的聚合增加了数据泄露的风险。作为一个分布式系统架构，Hadoop 可以用来应对 PB 甚至 ZB 级的海量数据存储；作为一个云化的平台，Hadoop 自身存在云计算面临的安全风险，企业需要实施安全访问机制和数据保护机制。同样，大数据依托的基础技术——NoSQL（非关系型数据库）与当前广泛应用的 SQL（关系型数据库）技术不同，没有经过长期改进和完善，在维护数据安全方面也未设置严格的访问控制和隐私管理机制。采用 NoSQL 技术时，因大数据中数据来源和承载方式具有多样性，企业很难定位和保护其中的机密信息，这是 NoSQL 内在安全机制的不完善，即缺乏机密性和完整性。另外，NoSQL 对来自不同系统、不同应用程序及不同活动的数据进行关联，也加大了隐私泄露的风险。此外，NoSQL 还允许不断对数据记录添加属性，这也对数据库管理员的安全性预见能力提出了更高的要求。从核心价值角度看，大数据的技术关键在于数据分析和利用，但数据分析技术的发展，势必会对用户隐私产生极大威胁。

3. 大数据技术被应用到攻击手段中

在企业用数据挖掘和数据分析等大数据技术获取商业价值的同时，黑客也可能利用这些大数据技术向企业发起攻击。黑客最大限度地收集有用信息，如社交网络、邮件、微博、电子商务、电话和家庭住址等，为发起攻击做准备，大数据分析让黑客的攻击更精准。此外，大数据为黑客发起攻击提供了更多机会。黑客利用大数据发起僵尸网络攻击，可能会同时控制上百万台傀儡机发起攻击，这个数量级是传统单点攻击所不具备的。

4. 大数据成为高级可持续攻击（APT）的载体

黑客利用大数据将攻击很好地隐藏起来，传统的防护策略难以检测出来。传统的检测是基于单个时间点进行的基于威胁特征的实时匹配检测，而高级可持续攻击（APT）是一个实施过程，并不具备能够被实时检测出来的明显特征，无法被实时检测。同时，APT 攻击代码隐藏在大量数据中，让其很难被发现。此外，大数据的低价值密度性，让安全分析工具很难聚焦在价值点上，黑客可以将攻击隐藏在大数据中，给安全服务提供商的分析制造了很大困难。黑客发起的任何一个会误导安全服务提供商目标信息提取和检索的攻击，都会导致安全监测偏离应有的方向。

在大数据场景下，数据在生命周期中的各个阶段都面临着安全风险，因此，大数据安全防护策略需着眼于数据的全生命周期来进行安全管控，保障数据在存储、传输、使用、销毁等各个环节的安全。

1.5 大数据与云计算、物联网

大数据、云计算和物联网代表了 IT 领域的技术发展趋势，三者相辅相成，既有联系又有区别。为了更好地理解三者之间的紧密关系，下面将首先简要介绍云计算和物联网的概念，再分析大数据、云计算和物联网的区别与联系。

◆ 1.5.1 云计算

1. 云计算的概念

云计算实现了通过网络提供可伸缩的、廉价的分布式计算能力，用户只需要在具备网络接入条件的地方，就可以随时随地获得所需的各种资源。云计算代表了以虚拟化技术为核心、以低成本为目标的，动态可扩展的网络应用基础设施，是近年来具有代表性的网络计算技术与模式。

云计算包括 3 种典型的服务模式，即 IaaS（基础设施即服务）、PaaS（平台即服务）和 SaaS（软件即服务）。IaaS 将基础设施（计算资源和存储）作为服务出租；PaaS 把平台作为服务出租；SaaS 把软件作为服务出租。

云计算包括公有云、私有云和混合云 3 种类型。公有云面向所有用户提供服务，只要是注册付费的用户都可以使用，比如 Amazon AWS；私有云只为特定用户提供服务，比如某企业出于安全考虑自建的云环境，只为企业内部提供服务；混合云综合了公有云和私有云的特点，因为对于一些企业而言，一方面出于安全考虑需要把数据放在私有云中，另一方面又希望获得公有云的计算资源，为了获得最佳的效果，企业就可以把公有云和私有云进行混合搭配使用，可以采用云计算管理软件来构建云环境（公有云或私有云），OpenStack 就是一种非常流行的构建云环境的开源软件。OpenStack 管理的资源不是单机的，它是一个分布式系统，把分布的计算系统、存储系统、网络系统、设备系统、资源组织起来，形成一个完整的云计算系统，帮助服务商和企业内部实现类似于 Amazon EC2 和 S3 的云基础架构服务。

云计算的关键技术包括虚拟化、分布式存储、分布式计算、多租户等。

2. 云计算数据中心

云计算数据中心是一整套复杂的设施，包括刀片服务器、宽带网络连接、环境控制设备、监控设备以及各种安全装置等。数据中心是云计算的重要载体，为云计算提供计算、存储、带宽等各种硬件资源，为各种平台和应用提供运行支撑环境。

谷歌、微软、IBM、惠普、戴尔等国际IT巨头，纷纷投入巨资在全球范围内大量修建数据中心，旨在掌握云计算发展的主导权。我国政府和企业也都在加大力度建设云计算数据中心。内蒙古提出了"西数东输"发展战略，即把本地的数据中心通过网络提供给其他省份用户使用。福建省泉州市安溪县的中国国际信息技术（福建）产业园的数据中心，是福建省重点建设的两大数据中心之一，由惠普公司承建；拥有5000台刀片服务器，是亚洲规模最大的云渲染平台。阿里巴巴集团公司在甘肃玉门建设的数据中心，是我国第一个绿色环保的数据中心，电力全部来自风力发电，用祁连山融化的雪水冷却数据中心产生的热量。贵州被公认为是我国南方最适合建设数据中心的地方，目前，中国移动、联通、电信三大运营商都将南方数据中心建在贵州。2015年，整个贵州省的服务器规模为20余万台，未来规划建设服务器200万台。

3. 云计算的应用

云计算在电子政务、医疗、卫生、教育、企业等领域的应用不断深化，对提高政府服务水平、促进产业转型升级和培育发展新兴产业等都起到了关键的作用。政务云上可以部署公共安全管理容灾备份、城市管理、应急管理、智能交通、社会保障等应用，通过集约化建设、管理和运行，实现信息资源整合和政务资源共享，推动政务管理创新，加快向服务型政府转型。教育云可以有效整合幼儿教育、中小学教育、高等教育以及继续教育等优质教育资源，逐步实现教育信息共享、教育资源共享及教育资源深度挖掘等目标。中小企业云能够让企业以低廉的成本建立财务供应链、客户关系等管理应用系统，大大降低企业信息化门槛，迅速提升企业信息化水平，增强企业市场竞争力。医疗云可以推动医院与医院、医院与社区、医院与急救中心、医院与家庭之间的服务共享，并形成一套全新的医疗健康服务系统，从而有效地提高医疗保健的质量。

4. 云计算产业

云计算产业作为战略性新兴产业，近些年得到了迅速发展，形成了成熟的产业链结构，产业涵盖硬件与设备制造、基础设施运营、软件与解决方案供应商、IaaS、PaaS、SaaS、终端设备、云安全、云计算交付咨询/认证等。

硬件与设备制造环节包括了绝大部分传统硬件制造商，这些制造商都已经在某种形式上支持虚拟化和云计算，主要包括Intel、AMD、Cisco、SUN等。基础设施运营环节包括数据中心运营商、网络运营商、移动通信运营商等。软件与解决方案供应商主要以虚拟化管理软件为主，包括IBM、微软、思杰、SUN、Red Hat等。IaaS将基础设施（计算和存储等资源）作为服务出租，向客户出售服务器、存储和网络设备、带宽等基础设施资源，厂商主要包括Amazon、Rackspace、GoGrid、Grid Player等。PaaS把平台（包括应用设计、应用开发、应用测试、应用托管等）作为服务出租，厂商主要包括谷歌、微软、新浪、阿里巴巴等。SaaS则把软件作为服务出租，向用户提供各种应用，厂商主要包括Salesforce、谷歌等。云安全旨在为各类云用户提供高可信度的安全保障，厂商主要包括IBM、OpenStack等。云计算交付咨询/认证环节包括了三大交付以及咨询认证服务商，主要包括IBM、微软、Oracle、思杰等，这些服务商已经支持绝大多数形式的云计算咨询及认证服务。

◆ 1.5.2 物联网

物联网是新一代信息技术的重要组成部分，具有广泛的用途，同时和云计算、大数据有着千丝万缕的联系。

1. 物联网的概念

物联网是物物相连的互联网，是互联网的延伸，它利用局部网络或互联网等通信技术把传感器、控制器、机器、人员和物等，通过新的方式连在一起，形成人与物、物与物相连，实现信息和远程管理控制。

下面给出一个简单的智能公交实例来加深对物联网概念的理解。目前，很多城市居民的智能手机中都安装了"掌上公交"App，可以用手机随时随地查询每辆公交车的当前到达位置信息，这就是一种非常典型的物联网应用。在智能公交应用实例中，每辆公交车都安装了 GPS 定位系统和 3G/4G 网络传输模块，在车辆行驶过程中，GPS 定位系统会实时采集公交车当前到达位置信息并通过车上的 4G 网络传输模块发送给车辆附近的移动通信基站，经由电信运营商的 4G 移动通信网络传送到智能公交指挥调度中心的数据处理平台，平台再把公交车位置数据发送给智能手机用户，用户的"掌上公交"软件中就会显示出公交车的当前位置信息。这个应用实现了"物与物的相连"，即把公交车和手机这两个物体连接在一起，让手机可以实时获得公交车的位置信息，进一步讲，这实际上也实现了"物和人的连接"，让手机用户可以实时获得公交车位置信息。在这个应用中，安装在公交车上的 GPS 定位设备就属于物联网的感知层；安装在公交车上的 4G 网络传输模块以及电信运营商的 4G 移动通信网络属于物联网的网络层；智能公交指挥调度中心的数据处理平台属于物联网的处理层；智能手机上安装的"掌上公交"App 属于物联网的应用层。

2. 物联网的关键技术

物联网是物与物相连的网络，通过为物体加装二维码、RFID 标签、传感器等，就可以实现物体身份唯一标识和各种信息的采集，再结合各种类型网络连接，就可以实现人和物、物和物之间的信息交换。因此，物联网的关键技术包括识别和感知技术（二维码、RFID、传感器等）、网络与通信技术、数据挖掘与融合技术等。

1）识别和感知技术

二维码技术是物联网中一种很重要的自动识别技术，是在二维条码基础上扩展出来的条码技术。

RFID 技术用于静止或移动物体的无接触自动识别，具有全天候、无接触、可同时实现多个物体自动识别等特点。RFID 技术在生产和生活中得到了广泛的应用，大大推动了物联网的发展。我们平时使用的公交卡、门禁卡、校园卡等都嵌入了 RFID 芯片，可以实现迅速、便捷的数据交换。从结构上讲，RFID 是一种简单的无线通信系统，由 RFID 标签和 RFID 读写器两个部分组成。RFID 标签是由天线、耦合元件、芯片组成的，是一个能够传输信息、回复信息的电子模块。RFID 读写器也是由天线、耦合元件、芯片组成的，用来读取（或者有时也可以写入）RFID 标签中的信息。RFID 技术使用 RFID 读写器及可附着于目标物的 RFID 标签,利用频率信号将信息由 RFID 标签传送至 RFID 读写器。以公交卡为例,市民持有的公交卡就是一个 RFID 标签,公交车上安装的刷卡设备就是 RFID 读写器,当我们执行刷卡动作时,就完成了一次 RFID 标签和 RFID 读写器之间的非接触式通信和数据交换。

传感器是一种能感受规定的被测量件并按照一定的规律(数学函数法则)转换成可用信号的器件或装置,具有微型化、数字化、智能化、网络化等特点。人类需要借助于耳朵、鼻子、眼睛等感觉器官感受外部物理世界,类似地,物联网也需要借助于传感器实现对物理世界的感知。物联网中常见的传感器类型有光敏传感器、声敏传感器、气敏传感器、化学传感器、压敏传感器、温敏传感器、流体传感器等,可以用来模仿人类的视觉、听觉、嗅觉、味觉和触觉等。

2)网络与通信技术

物联网中的网络与通信技术包括短距离无线通信技术和远程通信技术。短距离无线通信技术包括 ZigBee、NFC、蓝牙、Wi-Fi、RFID 等。远程通信技术包括互联网、2G/3G/4G 移动通信网络、卫星通信网络等。

3)数据挖掘与融合技术

物联网中存在大量数据来源、各种异构网络和不同类型系统,如此大量的不同类型数据,如何实现有效整合、处理和挖掘,是物联网处理层需要解决的关键技术问题。今天,云计算和大数据技术的出现,为物联网数据存储、处理和分析提供了强大的技术支撑,海量物联网数据可以借助于庞大的云计算基础设施实现廉价存储,利用大数据技术实现快速处理和分析,满足各种实际应用需求。

3. 物联网的应用

物联网已经广泛应用于智能交通、智慧医疗、智能家居、环保监测、智能安防、智能物流、智能电网、智慧农业、智能工业等领域,对国民经济与社会发展起到了重要的推动作用,具体如下。

(1)智能交通。利用 RFID、摄像头、线圈、导航设备等物联网技术构建的智能交通系统,可以让人们随时随地通过智能手机、大屏幕、电子站牌等方式,了解城市各条道路的交通状况、所有停车场的车位情况、每辆公交车的当前到达位置等信息,合理安排行程,提高出行效率。

(2)智慧医疗。医生利用平板电脑、智能手机等手持设备,通过无线网络,可以随时连接访问各种诊疗仪器,实时掌握每个病人的各项生理指标数据,科学、合理地制订诊疗方案,甚至可以支持远程诊疗。

(3)智能家居。利用物联网技术提高家居安全性、便利性、舒适性、艺术性,并实现环保节能的居住环境。比如,可以在工作单位通过智能手机远程开启家里的电饭煲、空调、门锁、监控窗帘和电灯等,家里的窗帘和电灯也可以根据时间和光线变化自动开启和关闭。

(4)环保监测。可以在重点区域放置监控摄像头或水质土壤成分检测仪器,相关数据可以实时传输到监控中心，出现问题时实时发出警报。

（5）智能安防。采用红外线、监控摄像头、RFID 等物联网设备，实现小区出入口智能识别和控制、意外情况自动识别和报警、安保巡逻智能化管理等功能。

（6）智能物流。利用集成智能化技术，使物流系统能模仿人的智能，具有思维、感知、学习、推理判断和自行解决物流中某些问题的能力（如选择最佳行车路线、选择最佳包裹装车方案），从而实现物流资源优化调度和有效配置，提升物流系统效率。

（7）智能电网。通过智能电表，不仅可以免去抄表工的大量工作，还可以实时获得用户用电信息，提前预测用电高峰和低谷，为合理设计电力需求响应系统提供依据。

（8）智慧农业。利用温度传感器、湿度传感器和光线传感器，实时获得种植大棚内的农作物生长环境信息，远程控制大棚遮光板、通风口、喷水口的开启和关闭，让农作物始终处于最优生长环境，提高农作物产量和品质。

（9）智能工业。将具有环境感知能力的各类终端、基于泛在技术的计算模式、移动通信技术等不断融入工业生产的各个环节，大幅提高制造效率，改善产品质量，降低产品成本和资源消耗，将传统工业提升到智能化的新阶段。

4. 物联网产业链

完整的物联网产业链主要包括核心感应器件提供商、感知层末端设备提供商、网络提供商、软件与行业解决方案提供商、系统集成商、运营及服务提供商等，具体如下。

（1）核心感应器件提供商。提供二维码技术、RFID 技术及读写机具、传感器、智能仪器仪表等物联网核心感应器件。

（2）感知层末端设备提供商。提供射频识别设备、传感系统及设备、智能控制系统及设备、GPS 设备、末端网络产品等。

（3）网络提供商。包括电信网络运营商、广电网络运营商、互联网运营商、卫星网络运营商及其他网络运营商等。

（4）软件与行业解决方案提供商。提供微操作系统、中间件、解决方案等。

（5）系统集成商。提供行业应用集成服务。

（6）运营及服务提供商。开展行业物联网运营及服务。

1.5.3　大数据与云计算、物联网的关系

云计算是大数据分析与处理的一种重要方法，云计算强调的是计算，而大数据则是计算的对象。云计算以数据为中心、以虚拟化技术为手段来整合服务器、存储、网络、应用等在内的各种资源，形成资源池，并实现对物理设备的集中管理、动态调配和按需使用。

借助云计算的力量，可以实现对大数据的统一管理、高效流通和实时分析，挖掘大数据的价值，发挥大数据的意义。人们提到云计算时，更多指的是底层基础 IT 资源的整合优化以及以服务的方式提供 IT 资源的商业模式（如 IaaS、PaaS、SaaS）。

云计算为大数据提供了有力的工具和途径，大数据为云计算提供了有价值的"用武之地"。将云计算和大数据结合，人们就可以利用高效、低成本的计算资源分析海量数据的相关性，快速找到共性规律，加深对客观世界有关规律的认识。云计算和大数据密不可分，

相辅相成。此外，物联网也是和云计算、大数据相伴而生的技术。三者之间的关系如图1.6
所示。

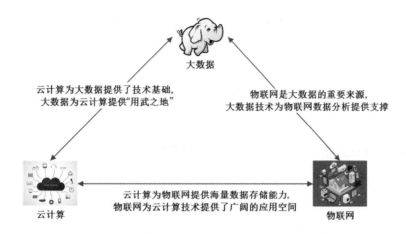

图 1.6　大数据、云计算和物联网三者之间的关系

1.6　大数据的发展、应用及挑战

◆ 1.6.1　大数据带来的机遇

商业生态环境在不经意间发生了巨大变化，无处不在的智能终端、随时在线的网络传
输等，让以往只是网页浏览者的网民的面孔从模糊变得清晰，企业也有机会进行大规模精
准化的消费者行为研究。这正在促生新的"蓝海"，催生新的经济增长点。总体来讲，大
数据带来的机遇有以下几点。

1. 大数据的挖掘和应用成为核心，为企业探寻新的战略机遇带来了契机

企业的重心从存储与传输过渡到数据的挖掘与应用，这将深刻影响企业的商业模式，
既可直接为企业带来盈利，也可通过正反馈为企业带来难以复制的竞争优势。一方面，大
数据技术可以有效地帮助企业整合、挖掘、分析其所掌握的庞大数据信息，构建系统化的
数据体系，完善企业自身的结构和管理机制。另一方面，伴随消费者个性化需求的增长，
大数据在各个领域的应用逐步显现，已经开始并正在改变着大多数企业的发展途径及商业
模式。

2. 对大数据的处理和分析成为新一代信息技术应用的支撑点

移动互联网、物联网、数字家庭、电子商务等是新一代信息技术的应用形态，这些技
术以用户为节点，不断汇集所产生的信息，并通过对不同来源数据的统一性、综合性进行
处理、分析与优化，将结果反馈或交叉反馈到各种应用中，进一步改善用户的使用体验，
创造出巨大的商业价值、经济价值和社会价值。因此，大数据具有催生社会变革的能量，
但是释放这种能量，需要更严谨的数据治理以及富有洞见的和激发管理创新的环境。

3. 大数据的商业价值和市场需求成为推动信息产业持续增长的新引擎

随着行业用户对大数据价值认可程度的增加，市场需求将出现井喷，面向市场的新技术、新产品、新服务、新业态会不断涌现。大数据将为信息产业创建一个高增长的新市场：在硬件与集成设备领域，面临的有效存储、快速读写、实时分析等挑战，将对芯片、存储产业产生重要影响，还将催生一体化数据存储处理、内存计算等市场；在软件与服务领域，大数据中蕴含的巨大价值，会带来对数据快速处理和分析的迫切需求，将引发商业智能市场的空前繁荣。

4. 大数据安全更加重要，为信息安全带来发展契机

大数据在给 IT 产业带来变革的同时，也使信息安全变得更加复杂，各种新威胁、新挑战层出不穷，安全事故发生频率更高、损失更大。但是，对大数据的行为分析和动态感知也为数据安全提供了新的可能性，为信息安全的发展带来了新契机。大数据与信息安全的整合贯穿于产业链的各环节，由于信息安全细分领域较多，该领域的发展前景较广。

◆ 1.6.2 大数据带来的挑战

大数据带来众多机遇的同时，也带来了不可忽视的一系列挑战。

1. 需进行外部业务需求的数据转换

由移动智能终端、物联网、云计算引发的大数据趋势，不仅改变了人们的生活方式，也要求企业重新设计、考虑原来的运作模式，以数据驱动满足新的外部业务需求。但是，通常业务管理人员和后台技术人员使用的语言是不同的。业务管理人员会加入自己领域的术语和解释，技术人员会从系统实现的角度解释需求，两者的转换变得较为困难。因此，需要了解面向业务级的数据应用，针对不同业务部门的具体需求，统一业务语义模型和数据逻辑建模，根据需求合并、汇总业务数据，以适应业务分析、挖掘和查询需求的变化。

2. 大数据技术运用仍存在困难

在实际生产中，有些行业的数据涉及上百个参数，其复杂性不仅体现在数据样本本身，更体现在多源异构、多实体和多空间之间的交互动态性，难以用传统的方法描述与度量。现有的数据处理方法仅适用于结构化数据，无法将大量的非结构化数据与结构化数据进行统一、整合。如何对跨业务平台的数据进行关联，并全面实时地给出分析结果，也是大数据技术发展面临的一个挑战。

3. 用户隐私与便利性存在冲突

通过对大量用户数据进行分析，可以有效提升用户服务。但是，搜集的用户数据成为一个具有价值的整体，无论是对用户隐私还是数据本身，都具有争议。例如，华尔街一位股民利用电脑程序分析了全球 3.4 亿个微博账户的留言，以此判断民众情绪，在此情况下，提供数据的众多微博用户成了被利用的对象。如何在挖掘数据价值和个人隐私保护之间寻

求平衡，防止数据窃取、非法添加或篡改等情况的出现，是大数据需要解决的另一个难题。

4. 数据安全风险更加凸显

大数据的发展需要加大信息的开放程度，设计出新的信息收集设备，并为海量数据的存储和分析提供支持。由于数据存储和应用方式出现新的变化，可能带来的副作用是，IT基础架构将变得越来越一体化和外向型，对数据安全和知识产权构成更大风险。若企业不了解大数据内涵，则更增加了其风险成本。因此，企业需要关注完整的数据生命周期，包括数据质量、数据保留度、数据整合、数据安全性和信息隐私等内容。

5. 数据分析与管理人才紧缺

企业、组织、政府需要大量既精通业务又能进行大数据分析的人才。研究表明，在美国对拥有深厚海量数据分析（包括机器学习和高级统计分析）技能人才的需求，可能超出预测供应量的50%~60%。因此，如何培养大量大数据分析人才是当务之急，这对现有人才培养机制提出了新的挑战。

1.6.3 大数据的发展趋势

随着前所未有的海量数据聚集与处理，大数据呈现出以下发展趋势。

1. 大数据将创造新的细分市场

大数据市场上将出现以数据分析和处理为主的高级数据服务和以数据分析作为服务产品提交的分析即服务业务，整合管理多种信息，创造对大数据进行统一访问和分析的组件产品，基于社交网络进行社交大数据分析，甚至会出现大数据技能的培训市场，教授数据分析课程等。未来几年中针对特定行业和业务流程的分析应用将会以预打包的形式出现，这将为大数据技术供应商打开新的市场。

2. 大数据应用促使商业模式向以数据租售为直接盈利的模式转变

数据的租售成为一种现实存在的直接盈利手段，无论是搜索引擎行业、电子商务领域还是人力资源行业，都通过出售原始的互联网数据或者经过处理分析的商业结果来获取直接的利益，以商品化的数据应用创造了新的商业模式。除此之外，围绕数据产生的商业模式不仅仅是数据的租售模式，还包括信息的租售模式、数字媒体模式、数据空间运营模式等。注意，此处的"数据租售"与非法数据交易是不同的。

3. 大数据由网络数据处理走向企业级应用

目前，大数据的技术主要应用于Google、Facebook、百度、腾讯、中国移动等互联网或者通信运营巨头，但随着企业信息化应用的逐渐深入，信息处理系统也产生了大量的数据，对于这些数据的分析和应用将促使企业的基础IT架构、数据处理、应用软件的开发和管理模式等领域产生新的变革。

4. 大数据成为智力资产和资源，信息部门从成本中心转向利润中心

越来越多的企业意识到，数据和信息已经成为企业的智力资产和资源，数据的分析和处理能力正在成为企业日益倚重的技术手段，合理有效地利用数据，能够为企业创造更大的竞争力、价值和财富，以实现企业数据价值的最大化，更好地实施差异化竞争。掌控数据就可以支配市场，同时意味着巨大的投资回报，企业的 IT 部门拥有更多的数据资产，获得数据潜在价值的可能性逐渐增加。

5. 大数据从商业行为上升到国家发展战略

数据量的急剧增长不仅要求企业或政府等在带宽和存储设备等基础设施方面增加大量投入，而且需要国家更新已有的信息化战略。在我国工信部发布的物联网"十二五"规划上，信息处理技术作为 4 项关键技术创新工程之一被提出来，其中包括了海量数据存储、数据挖掘、图像视频智能分析等，这都是大数据的重要组成部分，而另外 3 项（信息感知技术、信息传输技术和信息安全技术）也与大数据密切相关。

6. 数据科学越来越大众化

大数据分析将走向大众化，不仅数据科学家、分析师可以钻研更深层面的需求，例如实现新算法以应对客户流失等，而且一般（非数学专业的）业务人士与管理人员也可以通过不同开发工具实现对各类数据的分析，实现新的价值，例如 MapReduce、统计、图形、路径、时间和地理查询等。

7. 从大数据技术到大数据科学的发展趋势

"大数据研究和发展计划"以政府资金支持大数据科学研究、推动大数据科学核心技术发展的模式，显示了大数据科学不可阻挡的发展趋势。同时，大数据科学核心技术在众多领域所展现的积极作用激励了广大科研人员研究大数据的热情。

 本章习题

一、选择题

1. 下列哪项通常是集群的最主要瓶颈？（　　　）。

A. 内存　　　B. 网络　　　C. 磁盘 IO　　　D. CPU

2. 大数据不是要教机器像人一样思考，相反，它（　　　）。

A. 是把数学算法运用到海量数据上来预测事情发生的可能性

B. 被视为人工智能的一部分

C. 被视为一种机器学习

D. 是预测与惩罚

3. 以下哪个不是大数据的特征？（　　　）。

A. 价值密度低

B. 数值类型多

C. 访问时间短

D. 处理速度快

4. 以下哪个不是大数据的应用？（   ）。

A. 利用全球流感数据预防疾病

B. 电商网站推荐系统

C. 人口普查统计

D. 用户画像

5. 大数据的核心是（   ）。

A. 告知和许可

B. 预测

C. 匿名化

D. 规模化

6. 无法在一定时间范围内用常规软件工具进行捕捉、管理和处理的数据集合称为（   ）。

A. 大数据   B. 数据库   C. 异常数据   D. 非结构化数据

7. 数据度量单位从小到大的正确顺序是（   ）。

A. EB、GB、PB、TB

B. GB、TB、PB、EB

C. EB、TB、PB、GB

D. TB、PB、GB、EB

8. 以下不属于非结构化数据的是（   ）。

A. 数字   B. 语音   C. 图像   D. 文本

9. 以下属于结构化数据的是（   ）。

A. PDF   B. OWL   C. 网页   D. 数据库

10. 第三次信息化浪潮的标志是（   ）。

A. 互联网的普及

B. 大数据、云计算、物联网技术的普及

C. 个人电脑的普及

D. 虚拟现实技术的普及

二、简答题

1. 请举例说明结构化数据、半结构化数据、非结构化数据的区别。

2. 试述大数据的 4 个基本特征。

3. 举例说明大数据的具体应用。

4. 举例说明大数据的关键技术。

5. 阐述大数据、云计算与物联网三者之间的区别与联系。

第 2 章　大数据采集与预处理

大数据环境下，数据的来源、种类非常多，数据必须经过采集、清洗、处理、分析、可视化等加工处理才能产生价值。数据采集和预处理是第一环节，这一环节中的数据处理的高效性与可用性非常重要。因此，必须在数据的源头即数据采集上把好关，其中的数据源的选择和原始数据的采集方法是大数据采集的关键。数据预处理则是选用适当的方法，对通过数据采集得到的海量数据进行"清理"，将"脏"数据变为"干净"数据，有利于后续的数据分析进而得出可靠的结论。

本章将重点介绍大数据的采集与预处理。

2.1　大数据的来源

根据 MapReduce 产生数据的应用系统分类，大数据的采集主要有 4 种来源，即管理信息系统、Web 信息系统、物理信息系统和科学实验系统。

第一种，管理信息系统。

管理信息系统是指企业、机关内部的信息系统，如事务处理系统、办公自动化系统等，主要用于经营和管理，为特定用户的工作和业务提供支持。数据的产生既有终端用户的原始输入，又有系统的二次加工处理。系统的组织结构是专用的，数据通常是结构化的。

第二种，Web 信息系统。

Web 信息系统包括互联网中的各种信息系统，如社交网站、社会媒体、系统引擎等，主要用于构造虚拟的信息空间，为广大用户提供信息服务和社交服务。系统的组织结构是开放的，大部分数据是半结构化或非结构化的。数据的产生者主要是在线用户。

第三种，物理信息系统。

物理信息系统是指关于各种物理对象和物理过程的信息系统，如实时监控、实时检测，主要用于生产调度、过程控制、现场指挥、环境保护等。系统的组织结构是封闭的，数据由各种嵌入式传感设备产生，可以是关于物理、化学、生物等性质和状态的基本测量值，也可以是关于行为和状态的音频、视频等多媒体数据。

第四种，科学实验系统。

科学实验系统实际上也属于物理信息系统，但其实验环境是预先设定的，主要用于学术研究等，数据是有选择的、可控的，有时可能是人工模拟生产的仿真数据。数据往往具有不同的形式。

管理信息系统和 Web 信息系统属于人与计算机的交互系统，物理信息系统属于物与计算机的交互系统。物理世界的原始数据，在人与计算机的交互系统中，是通过人实现融合处理的；而在物与计算机的交互系统中，需要通过计算机等装置做专门的处理。融合处理后的数据被转换为规范的数据结构，输入并存储在专门的数据管理系统中，如文件或数据库，形成专门的数据集。

按照数据来源划分，大数据的三大主要来源为传统商业数据、互联网数据与物联网数据。其中，传统商业数据来自企业 ERP 系统、各种 POS 终端及网上支付系统等业务系统；互联网数据来自通信记录及 QQ、微信、微博等社交媒体；物联网数据来自射频识别装置、全球定位设备、传感器设备、视频监控设备等。

1. 传统商业数据

传统商业数据是指来自企业资源计划（enterprise resource planning，ERP）系统、各种 POS（point of sale）终端及网上支付系统等业务系统的数据，是现在最主要的数据来源渠道。

世界上最大的零食商沃尔玛每小时可收集到 2.5 PB 数据，其存储的数据量是美国国会图书馆的 167 倍。沃尔玛详细记录了消费者的购买清单、消费额、购买日期、购买当天天气和气温，通过对消费者的购物行为等结构化数据进行分析，发现商品关联，并优化商品陈列。沃尔玛不仅采集这些传统商业数据，还将数据采集的触角伸入了社交网络。当用户在 Facebook 和 Twitter 谈论某些产品或者表达某些喜好时，这些数据都会被沃尔玛记录下来并加以利用。

2. 互联网数据

互联网数据是指网络空间交互过程中产生的大量数据，包括通信记录及 QQ、微信、微博等社交媒体产生的数据，其数据复杂且难以被利用。例如，社交网络数据所记录的大部分是用户的当前状态信息，同时还记录着用户的年龄、性别、所在地、受教育程度、职业和兴趣等。

互联网数据具有大量化、多样化、快速化等特点。

（1）大量化：在信息化时代背景下网络空间数据量增长迅猛，数据集合规模已实现从 GB 到 PB 的飞跃，互联网数据则需要通过 ZB 表示。在未来，互联网数据量还将继续增长，服务器数量也将随之增加，以满足大数据存储的需要。

（2）多样化：互联网数据十分多样，包括结构化数据、半结构化数据和非结构化数据。互联网数据中的非结构化数据量正在飞速地增长，据相关调查统计，在 2012 年底，非结构化数据在网络数据总量中占 77% 左右。非结构化数据的产生与社交网络及传感器技术的发展有着直接联系。

（3）快速化：互联网数据一般情况下以数据流形式快速产生，且具有动态变化的特征，其时效性要求用户必须准确掌握互联网数据流才能更好地利用这些数据。

互联网是大数据信息的主要来源，能够采集什么样的信息、采集到多少信息及哪些类型的信息，直接影响着大数据应用功能最终效果的发挥。信息数据采集需要考虑采集量、采集速度、采集范围和采集类型。信息数据采集速度可以达到秒级甚至还能更快；采集范围涉及微博、论坛、博客，以及新闻网、电商网站等各种网页。

3. 物联网数据

物联网指在计算机、互联网的基础上，利用射频识别、传感器、红外感应器、无线数据通信等技术，构造的一个覆盖世界上万事万物的"internet of things"，也就是实现物物相连的互联网络。其内涵包含两个方面：一是物联网的核心和基础仍是互联网，是在互联网基础之上延伸和扩展的一种网络；二是其用户端延伸和扩展到了任何物品与物品之间。物联网的定义是，通过射频识别（radio frequency identification，RFID）装置、传感器、红外感应器、全球定位系统、激光扫描器等信息传感设备，按约定的协议，把任何物品与互联网相连接，以进行信息交换和通信，从而实现智慧化识别、定位、跟踪、监控和管理的一种网络体系。物联网数据是除了人和服务器之外，在射频识别、物品、设备、传感器等节点产生的大量数据，包括射频识别装置、音频采集器、视频采集器、传感器、全球定位设备、办公设备、家用设备和生产设备等产生的数据。

相比互联网，物联网数据的主要特点如下。

（1）物联网中的数据量更大。物联网最主要的特征是节点的海量性，其数量规模远大于互联网；物联网节点的数据生成频率远高于互联网，如传感器节点多数处于全时工作状态，数据流是持续的。

（2）物联网中的数据传输速率更高。一方面，物联网中数据的海量性必然要求骨干网汇聚更多的数据，数据的传输速率要求更高；另一方面，由于物联网与真实物理世界直接关联，很多情况下需要实时访问、控制相应的节点和设备，因此需要高数据传输速率来支持相应的实时性。

（3）物联网中的数据更加多样化。物联网涉及的应用范围广泛，从智慧城市、智慧交通、智慧物流，到智能家居、智慧医疗、安防监控等，无一不是物联网应用范畴。在不同领域、不同行业，需要面对不同类型、不同格式的应用数据，此时物联网中数据的多样性就更为突出。

（4）物联网对数据真实性的要求更高。物联网是真实物理世界与虚拟信息世界的结合，其对数据的处理以及基于此进行的决策将直接影响物理世界，物联网中数据的真实性显得尤为重要。以智能安防应用为例，智能安防行业已从大面积监控布点转变为注重视频智能预警、分析和实战，利用大数据技术可从海量的视频数据中进行规律预测、情境分析、串并侦查、时空分析等。在智能安防领域，数据的产生、存储和处理是智能安防解决方案的基础，只有采集足够多的有价值的安防信息，通过大数据分析及综合研判模型，才能制定智能安防决策。

在信息社会中，几乎所有行业的发展都离不开大数据的支持。

2.2　大数据的采集方法

数据采集是指从真实世界对象处获得原始数据的过程。数据采集的过程要充分考虑其产生主体的物理性质，同时要兼顾数据应用的特点。由于数据采集的过程中可以使用的资源（如网络带宽、传感器节点能量、网站 token 等）有限，需要有效设计数据采集技术，从而在有限的资源内实现有价值数据的最大化、无价值数据的最小化。同样，由于资源的限制，数据采集过程不可能获取数据描述对象的全部信息，因此需要精心设计数据采集技术，使采集到的数据和现实对象的偏差最小化。

根据数据源特征的不同，数据采集方法多种多样，下面主要介绍三种常用的数据采集方法，即传感器采集物理世界信息，日志文件采集数字设备运行状态，网络爬虫采集互联网信息。

◆ 2.2.1 传感器采集

传感器常用于测量物理环境变量并将其转化为可读的数字信号以待处理，是采集物理世界信息的重要途径。传感器包括声音传感器、振动传感器、化学传感器、电流传感器、天气传感器、压力传感器、温度传感器和距离传感器等类型。传感器是物联网的重要组成部分。通过有线传感器网络或无线传感器网络，信息被传送到数据采集点。图 2.1 中展示了两种典型的传感器。

图 2.1 典型的传感器

有线传感器网络通过网线收集传感器的信息，这种方式适用于传感器易于部署和管理的场景。例如，视频监控系统通常使用非屏蔽双绞线连接摄像头，通过利用媒体压缩、机器学习、媒体过滤技术，面向各类应用进行集中采集，可以获得涉及城市交通、群体行为、公共安全等方面的大量信息，而这仅仅是光学监控领域一个很小的应用示例。在更广义的光学信息获取和处理系统中（例如对地观测、深空探测等），通过传感器可获得更大规模的数据。

无线传感器网络利用无线网络作为信息传输的载体，并形成自组网传输采集的数据，如环境监控、水质监控、野生动物监控等。一个无线传感器网络通常由大量微小的传感器节点构成，微小传感器由电池供电或通过环境供电，被部署在应用指定的地点收集感知数据。当节点部署完成后，基站将发布网络配置、管理或收集命令，不同节点采集和感知的数据将被汇集并转发到基站以待后续处理。

◆ 2.2.2 系统日志采集

对系统日志进行记录是广泛使用的数据获取方法之一。系统日志由系统运行产生，以特殊的文件格式记录系统的活动。系统日志包含了系统的行为、状态以及用户和系统的交互。和物理传感器相比，系统日志可以看作"软件传感器"。对计算机软硬件系统运行状态的记录、金融应用的股票记账、网络监控的性能测量及流量管理、Web 服务器记录的用户行为等都属于系统日志。

系统日志在诊断系统错误、优化系统运行效率、发现用户行为偏好等方面有着广泛的应用。例如，Web 服务器通常要在日志文件中记录网站用户的点击、键盘输入、访问行为以及其他属性，根据这些行为可以有效发现用户的访问偏好，一方面基于用户行为可以优化网站布局，另一方面可以绘制有效的用户画像从而实现精准的信息推荐。

如今，大量机器日夜处理日志数据供离线和在线的分析系统使用，以生成可读性的报告来帮助人类做出决策。

许多公司的业务平台每天都会产生大量的日志数据，并且一般为流式数据，如搜索引擎的浏览量（PV）和查询等，而要处理这些日志、从中提取信息需要特定的日志系统，这些系统通常具有以下特征：

（1）可构建应用系统和分析系统的桥梁，并将它们之间的关联解耦。

（2）拥有近实时的在线分析系统和分布式并发的离线分析系统。

（3）具有高可扩展性，即当数据量增加时，可以通过增加节点进行水平扩展。

目前使用最广泛的、用于系统日志采集的海量数据采集工具有：

① Cloudera 的 Flume；

② Apache 的 Chukwa；

③ Facebook 的 Scribe；

④ Apache 的 Kafka。

以上工具均采用分布式架构，能满足每秒数百 MB 的日志数据采集和传输需求。

下面将以 Flume 为例，对系统日志采集方法进行介绍。

Flume 是一个高可用性的、高可靠性的、分布式的海量日志采集、聚合和传输系统。其作为一个日志收集工具非常轻量级，基于一个个 Flume Agent，能够构建一个很复杂、很强大的日志收集系统。

Flume 的灵活性、高可用性、高可靠性和可扩展性是日志收集系统所应具有的基本特征，主要体现在如下几点：

①模块化设计：在 Flume Agent 内部可以定义三种组件，即 Source、Channel 和 Sink。

②组合式设计：可以在 Flume Agent 中根据业务需要组合 Source、Channel、Sink 三种组件，构建相对复杂的日志流管道。

③插件式设计：可以通过配置文件来编排收集日志管道的流程，减少对 Flume 代码的侵入性。

④可扩展性：可以根据自己业务的需要来定制实现某些组件（Source、Channel、Sink）。

⑤支持集成各种主流系统和框架：像 Hadoop、HBase、Hive、Kafka、Elasticsearch、Thrift、Avro 等，都能够很好地和 Flume 集成。

⑥高级特性：可进行 Failover、load balancing、Interceptor 等实践。

Flume 支持在日志系统中定制各类数据发送方，用于收集数据。同时，Flume 具有对数据进行简单处理并写到各种数据接收方（如文本、HDFS、HBase 等）的能力。

Flume 的核心是把数据从数据源（Source）收集过来，再将收集到的数据送到指定的目的地（Sink）。

为了保证输送的过程成功，在送到目的地之前，Flume 会先缓存数据到管道（Channel），待数据真正到达目的地后，再删除缓存的数据。

整个过程大致如图 2.2 所示。

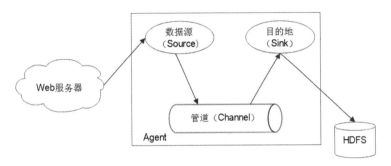

图 2.2　Flume 采集数据的过程示意

Flume 的数据流由事件（Event）贯穿始终，事件是将传输的数据进行封装而得到的，是 Flume 传输数据的基本单位。

如果是文本文件，事件通常是一行记录。事件携带日志数据并且携带头信息，这些事件由 Agent 外部的数据源生成，Source 捕获事件后会进行特定的格式化，然后会把事件（单个或多个）推入 Channel。

Channel 可以看作是一个缓冲区，它将保存事件直到 Sink 处理完该事件。Sink 负责持久化日志或者把事件推向另一个 Source。

Flume 的用法很简单，主要是编写一个用户配置文件，在配置文件当中描述 Source、Channel 与 Sink 的具体实现，而后运行一个 Agent 实例。在运行 Agent 实例的过程中会读取配置文件的内容，这样 Flume 就会采集到数据。

Flume 提供了大量内置的 Source、Channel 和 Sink 类型，而且不同类型的 Source、Channel 和 Sink 可以进行灵活组合。

2.2.3　网络数据采集

网络数据采集是指通过网络爬虫或网站公开 API 等方式从网站上获取数据信息。使用该方法可以将非结构化数据从网页中抽取出来，将其存储为统一的本地数据文件，并以结构化的方式存储。它支持图片、音频、视频等文件或附件的采集，附件与正文可以自动关联。

网络数据的采集称为"网页抓屏"或"网络收割"，通过网络爬虫程序实现。

网络爬虫，是一种按照一定的规则，自动地抓取万维网信息的程序或者脚本。如果把互联网比喻成一个蜘蛛网，那么网络爬虫（Spider）就是在网上爬来爬去的蜘蛛。网络爬虫通过网页的链接地址来寻找网页,从网站某一个页面(通常是首页)开始,读取网页的内容,找到在网页中的其他链接地址,然后通过这些链接地址寻找下一个网页,一直循环下去,直到把整个网站所有的网页都抓取完为止。网络爬虫抓取信息如图 2.3 所示。

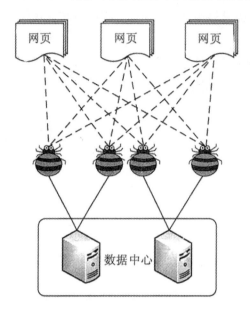

图 2.3　网络爬虫抓取信息示意

如果把整个互联网当成一个网站,那么利用网络爬虫原理可以把互联网上所有的网页信息都抓取下来。

网页间关系模型图如图 2.4 所示。

从互联网的结构来看,网页之间通过数量不等的超链接相互连接,形成一个彼此关联、庞大复杂的有向图。

如图 2.4 所示,如果将网页看成是图中的某一个节点,而将网页中指向其他网页的超链接看成是这个节点指向其他节点的边,那么我们很容易将整个互联网上的网页建模成一个有向图。理论上讲,通过遍历算法遍历该有向图,可以访问到互联网上几乎所有的网页。

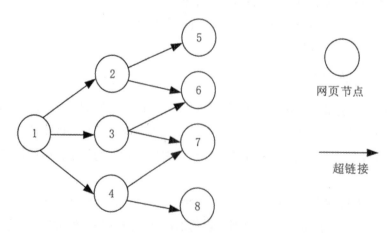

图 2.4　网页间关系模型图

网页分类如图 2.5 所示。

从爬虫的角度对互联网进行划分，可以将互联网的所有页面分为 5 个部分，即已下载未过期网页、已下载已过期网页、待下载网页、可知网页和不可知网页。

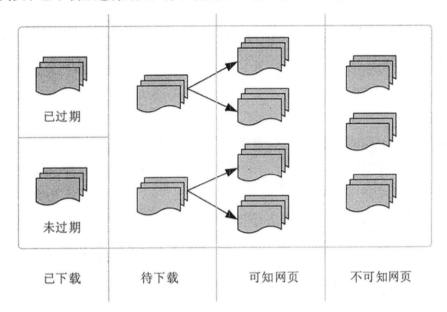

图 2.5　网页分类

抓取到本地的网页实际上是互联网内容的一个镜像与备份。互联网是动态变化的，在一部分互联网上的内容发生变化后，抓取到本地的网页就过期了。所以，已下载的网页分为已下载未过期网页和已下载已过期网页两类。

1. 浏览器背后的网页

各式各样的浏览器为用户提供了便捷的网站访问方式，用户只需要打开浏览器，键入想要访问的链接，然后按回车键就可以让网页上的图片、文字等内容展现在面前。实际上，网页上的内容经过了浏览器的渲染。

以在浏览器中输入 http://www.mytest.com:81/mytest/index.html 为例介绍"幕后"所发生的一切。

http 是一个应用层的协议，只是一种通信规范，也就是通信双方事先约定的一个规范。

1）连接

输入这样一个请求时，首先会建立一个 socket 连接，因为 socket 是通过 IP 和端口建立连接的，所以之前还有一个 DNS 解析过程，把 http://www.mytest.com/ 变成 IP，如果 URL 里不包含端口号，则会使用该协议的默认端口号。

DNS 解析过程是这样的：本地的机器在配置网络时都需要填写 DNS，这样本机就会把这个 URL 发给配置的 DNS 服务器，如果能够找到相应的 URL 则返回其 IP，否则该 DNS 将继续将该解析请求发送给上级 DNS，整个 DNS 可以看作是一个树状结构，该请求将一直发送到根，直到得到结果。拥有了目标 IP 和端口号后，就可以打开 socket 连接了。

2）请求

连接成功建立后，开始向 Web 服务器发送请求，这个请求一般是 GET 或 POST 命令

（POST 用于 FORM 参数的传递）。

GET 命令的格式为：

GET 路径 / 文件名 HTTP/1.0

文件名指出所访问的文件，HTTP/1.0 指出 Web 浏览器使用的 HTTP 版本。可以发送 GET 命令：

GET /mytest/index.html HTTP/1.0

3）应答

Web 服务器收到这个请求，进行处理。从它的文档空间中搜索子目录 mytest 的文件 index.html。如果找到该文件，Web 服务器把该文件内容传送给相应的 Web 浏览器。

4）关闭连接

应答结束后，Web 浏览器与 Web 服务器必须断开，以保证其他 Web 浏览器能够与 Web 服务器建立连接。

爬虫爬取网页数据和用户浏览网页的原理是一样的。爬虫最主要的处理对象就是 URL，它根据 URL 地址取得所需要的文件内容，然后对文件内容进行进一步的处理。

2. 网络爬虫原理

网络爬虫指按照一定的规则（模拟人工登录网页的方式）自动抓取网络内容的程序，简单来说，就是将网页上的内容获取下来，并进行存储。

通用的网络爬虫框架如图 2.6 所示。

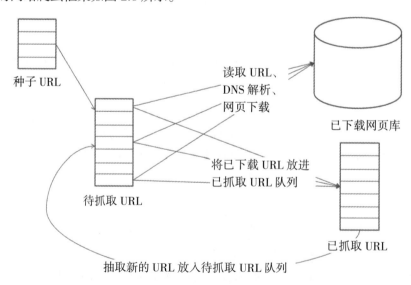

图 2.6　通用的网络爬虫框架

网络爬虫的基本工作流程如下：

（1）选取一部分精心挑选的种子 URL。

（2）将这些 URL 放入待抓取 URL 队列。

（3）从待抓取 URL 队列中读取出待抓取的 URL，解析 DNS，并且得到主机的 IP，将 URL 对应的网页下载下来，存储进已下载网页库中。此外，将这些 URL 放进已抓取 URL 队列。

（4）分析已抓取 URL 队列中的 URL，分析其中的其他 URL，并且将 URL 放入待抓取 URL 队列，从而进入下一个循环。

3. 网络爬虫的主要类型

网络爬虫按照系统结构和实现技术，大致可以分为通用网络爬虫、聚焦网络爬虫、增量式网络爬虫和深层页面爬虫。实际的网络爬虫系统通常是几种爬虫技术相结合实现的。

1）通用网络爬虫

通用网络爬虫又称全网爬虫，爬行对象从一些种子 URL 扩充到整个 Web，主要为门户站点、搜索引擎和大型 Web 服务提供商采集数据。

2）聚焦网络爬虫

聚焦网络爬虫是指选择性地爬行那些与预先定义好的主题相关的页面的网络爬虫。与通用网络爬虫相比，聚焦网络爬虫只需要爬行与主题相关的页面，极大地节省了硬件和网络资源，保存的页面也因数量少而更新快，还可以很好地满足一些特定人群对特定领域信息的需求。聚焦网络爬虫是需要我们关注的重点爬虫类型。

3）增量式网络爬虫

增量式网络爬虫是指对已下载网页采取增量式更新和只爬行新产生的或者已经发生变化的网页的爬虫，利用它能够在一定程度上保证爬行的页面是尽可能新的页面。与周期性爬行和刷新页面的网络爬虫相比，增量式网络爬虫只会在需要的时候爬取新产生或发生更新的页面，并不重新下载没有发生变化的页面，这样可有效减少数据下载量，及时更新已爬行的网页，减小时间和空间上的耗费，但是增加了爬行算法的复杂度和实现难度。

4）深层页面网络爬虫

Web 页面按存在方式分为表层网页和深层网页。表层网页是传统搜索引擎可以索引的页面，是以超链接可以到达的静态网页为主构成的 Web 页面。深层网页是大部分内容不能通过静态链接获取的、隐藏在搜索表单后的、只有用户提交一些关键词才能获得的 Web 页面。例如，那些用户注册后内容才可见的网页就属于深层网页。爬行深层网页的网络爬虫就是深层页面网络爬虫。

4. 网络爬虫的网页抓取策略

在网络爬虫系统中，待抓取 URL 队列是很重要的一部分。待抓取 URL 队列中的 URL 以什么样的顺序排列也是一个很重要的问题，因为这涉及先抓取哪个页面、后抓取哪个页面。决定这些 URL 排列顺序的方法，叫作抓取策略。下面重点介绍几种常见的抓取策略。

1）深度优先遍历策略

深度优先遍历策略是指网络爬虫会从起始页开始，一个链接一个链接跟踪下去，处理完这条线路之后再转入下一个起始页，继续跟踪链接。我们以图 2.7 为例，采用深度优先遍历策略遍历的路径为：A—F—G—E—H—I—B—C—D。

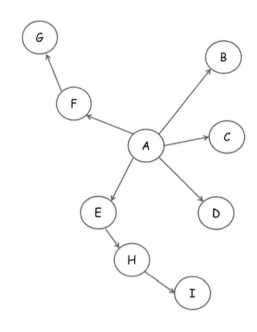

图 2.7　URL 抓取策略示例

深度优先遍历策略设计较为简单，然而门户网站提供的链接往往最具价值，每深入一层，网页价值和 PageRank 都会相应地有所下降。这暗示了重要网页通常距离种子 URL 较近，而过度深入抓取到的网页却价值很低。

深度优先遍历策略优点是能遍历一个 Web 站点或深层嵌套的文档集合；缺点是因为 Web 结构相当深，有可能发生一旦进去再也出不来的情况。此种策略很少被使用。

2）宽度优先遍历策略

宽度优先遍历策略的基本思路是，将新下载网页中发现的链接直接插到待抓取 URL 队列的末尾。也就是说，网络爬虫会先抓取起始网页中链接的所有网页，然后再选择其中的一个链接网页，继续抓取在此网页中链接的所有网页。还是以图 2.7 为例，遍历路径为：A—B—C—D—E—F—H—G—I。

宽度优先遍历策略能够有效控制页面的爬行深度，避免遇到一个无穷深层分支时无法结束爬行的问题，实现方便，无须存储大量中间节点；不足之处在于需较长时间才能爬行到目录层次较深的页面，如果搜索时分支过多，也就是节点的后继节点太多，就会使算法耗尽资源，在可以利用的空间内找不到解。

3）非完全 PageRank 策略

非完全 PageRank（partial PageRank）算法借鉴了 PageRank 算法的思想：对于已经下载的网页，连同待抓取 URL 队列中的 URL，形成网页集合，计算每个页面的 PageRank 值，计算完之后，将待抓取 URL 队列中的 URL 按照 PageRank 值的大小排列，并按照该顺序抓取页面。

如果每次抓取一个页面，就重新计算 PageRank 值，明显效率太低。有一种折中方案是：每抓取 *K* 个页面，重新计算一次 PageRank 值。但是这种情况还会有一个问题：对于已经下载下来的页面中分析出的链接，也就是未知网页的部分，暂时是没有 PageRank 值的。为了解决这个问题，可给这些页面一个临时的 PageRank 值：将未知网页所有入链传递的 PageRank 值进行汇总，这样就形成了该未知页面的 PageRank 值，从而参与排序。

4）OPIC 策略

OPIC（online page importance computation）的字面含义是"在线页面重要性计算"，可以将其看作是一种改进的 PageRank 算法。在算法开始之前，每个互联网页面可看作被给予了相同的现金，每当下载了某个页面 P，P 就将自己拥有的现金平均分配给页面中包含的链接页面，同时将自己的现金清空。对于待爬取 URL 队列中的网页，则根据其"手头"拥有的现金金额大小排序，优先下载现金最充裕的网页。OPIC 从大的框架上与 PageRank 思路基本一致，区别在于：PageRank 需要迭代计算，而 OPIC 策略不需要迭代过程，所以计算速度远远快于 PageRank，适合实时计算使用。同时，PageRank 策略在计算时存在向无链接关系网页的远程跳转过程，而 OPIC 没有这一计算因子。实验结果表明，OPIC 是较好的重要性衡量策略，效果略优于宽度优先遍历策略。

5）大站优先策略

大站优化策略思路很直接：以网站为单位来衡量网页重要性，对待抓取 URL 队列中的网页根据所属网站归类，哪个网站等待下载的页面最多，则优先下载这个网站的这些链接。其本质倾向于优先下载大型网站，因为大型网站往往包含更多的页面。鉴于大型网站往往是著名企业的内容，其网页质量一般较高，所以这个思路虽然简单，但是有一定依据。实验表明，这个算法效果也要略优于宽度优先遍历策略。

5. 爬虫协议

爬虫协议一般指 robots 协议，即 robots.txt 文件。robots.txt 文件是一个文本文件，使用任何一个常见的文本编辑器，比如 Windows 系统自带的 Notepad，就可以创建和编辑它。robots.txt 是一个协议，而不是一个命令。robots.txt 是搜索引擎访问网站的时候要查看的第一个文件。robots.txt 文件告诉网络爬虫程序在服务器上什么文件是可以被查看的。

当一个网络爬虫访问一个站点时，它会首先检查该站点根目录下是否存在 robots.txt，如果存在，网络爬虫就会按照该文件中的内容来确定访问的范围；如果该文件不存在，所有的网络爬虫将能够访问网站上所有没有被口令保护的页面。当某个网站包含不希望被搜索引擎收录的内容时，需要使用 robots.txt 文件。如果希望搜索引擎收录网站上所有内容，则不要建立 robots.txt 文件。

如果将一个网站视为酒店里的一个房间，robots.txt 就是入住者在房间门口悬挂的"请勿打扰"或"欢迎打扫"的提示牌。这个文件会告诉来访的搜索引擎哪些房间可以进入和参观，哪些房间因为存放贵重物品，或可能涉及住户及访客的隐私而不对搜索引擎开放。但 robots.txt 不是命令，也不是防火墙，无法阻止恶意闯入者。

2.3　数据预处理

◆　2.3.1　影响数据质量的因素

1. 处理环节对数据质量的影响

（1）在数据采集阶段，引起数据质量问题的因素主要有两点——数据来源和数据录入。数据来源一般分为两种——直接来源和间接来源。每种来源又有不同途径，如直接来源数据主要是调查数据和实验数据，由用户通过调查、观察或实验等方式获取，可信度相对来说比较高。间接来源是指收集一些权威机构公开出版或发布的数据和资料。

（2）在数据整合阶段，也就是将多个数据源合并的时候，最容易产生的质量问题是数据集成错误。将多个数据源中的数据并入一个数据库是大数据最常见的操作，在数据集成时需要解决数据库之间的不一致性或冲突问题。

（3）在数据分析阶段，我们可能需要对数据进行建模，好的数据建模方法可以用合适的结构将数据组织起来，减少数据重复并提供更好的数据共享；数据之间的约束条件的使用也可以保证数据之间的依赖关系，防止出现不准确、不完整和不一致的质量问题。

（4）在数据可视化阶段，质量问题相对较少。这一阶段的主要问题是数据表达质量不高，即展示数据的图表不容易被理解、表达不一致或者不够简洁。

2. 评估数据质量的标准

1）准确性

准确性是指数据应是精确的。数据存储在数据库中，对应真实世界的值。

数据质量的准确性问题可能存在于个别记录，也可能存在于整个数据集，例如数量级记录错误。

2）完整性

完整性指的是数据信息是否存在缺失的状况，数据缺失的情况包括整个数据记录缺失，也包括数据中某个字段信息缺失。不完整的数据所能借鉴的价值就会大大降低，因此完整性是数据质量更为基础的一项评估标准。在传统关系型数据库中，完整性通常与空值（null）有关。空值是缺失或不知道具体值的值。

3）一致性

数据一致性指关联数据之间的逻辑关系是否正确和完整。

一致性约束是用来保证数据间逻辑关系正确和完整的一种语义规则。例如，地址字段列出了邮政编码和城市名，但是有的邮政编码数据并未与字段中城市名准确对应，可能在人工输入该信息时颠倒了两个数字，或者是在手写体扫描时错读了一个数字。下面以表2.1和表2.2为例，说明一致性的问题。

表2.1描述学生的基本信息，包括学号、姓名、性别、年龄和所在专业号，而所在专业信息必须从专业信息表中获取。表2.2描述专业基本信息。从这两个表可以看到，表2.1中的学生王小二所在的专业号并没有出现在表2.2中，说明该条记录的专业号有误，必须

修改正确，这样才能保证两张表对应字段的一致性。

表 2.1　学生信息表

学　号	姓　名	性　别	年　龄	所在专业号
95001	张晓云	女	18	M01
95002	刘一天	男	19	M02
95003	邓茹	女	18	M03
95004	王小二	男	20	M15

表 2.2　专业信息表

专　业　号	专 业 名 称	专业班级数	负　责　人
M01	计算机科学与技术	2	刘莉莉
M02	软件工程	3	朱晓波
M03	信息安全	2	李瑶
M04	通信工程	4	陈杨勇
M05	物联网	3	罗莉

4）及时性

在现实世界中，相对目标发生变化的真实时间，数据库中表示其数据更新及使其应用的时间总是存在延迟，因此及时性也可被称为时效性，是与时间相关的因素。及时性对于数据分析本身要求并不高，但如果数据分析周期加上数据建立的时间过长，就可能导致分析得出的结论失去了借鉴的意义。

5）可信性

数据的可信性由 3 个因素决定，即数据来源的权威性、数据的规范性和数据产生的时间。比如，要确定微博内容的可信性，首先要确定数据来源是否具有权威性；另外，如果字数较多且叙述比较详细，可信性也会增加；发布时间是否接近实时等也会影响可信性。

6）可解释性

可解释性也被称为可读性，指数据被人理解的难易程度。

◆ 2.3.2　数据预处理的目的

数据预处理是一个广泛的领域，其总体目标是为进行后续的数据挖掘工作提供可靠和高质量的数据，减小数据集规模，提高数据抽象程度和数据挖掘效率。

在实际处理过程中，我们需要根据所分析数据的具体情况选用合适的预处理方法，也就是根据不同的挖掘问题采用相应的理论和技术。数据预处理的主要任务包括数据清洗、数据集成、数据变换、数据归约等。

经过数据预处理步骤，我们可以从大量的数据属性中提取出一部分对目标输出有重要影响的属性，降低源数据的维数，去除噪声等，为数据挖掘算法提供干净、准确且更有针对性的数据，减少挖掘算法的数据处理量，改进数据的质量，提高挖掘效率。

我国自古以来就有尊崇和弘扬工匠精神的优良传统。执着专注、精益求精、一丝不苟、追求卓越的工匠精神，既是中华民族世代传承的价值理念，也是我们立足新发展阶段、贯彻新发展理念、构建新发展格局、推动高质量发展的时代需要。

数据预处理是大数据处理流程中极其花费时间、极其乏味，但也是极其重要的一步。

在数据预处理的过程中，我们要本着认真、细心、一丝不苟的精神，于细微之处见境界、于细微之处见水平，认真对待每一个步骤、每一个环节，不心浮气躁、不好高骛远，尽力为后期的分析和挖掘工作提供高质量的数据。

◆ 2.3.3　数据预处理的流程

数据预处理是大数据处理流程中必不可少的关键步骤，更是进行数据分析和挖掘的准备工作。我们一方面要保证挖掘数据的正确性和有效性，另一方面要通过对数据格式和内容的调整，使数据更符合挖掘的需要。因此，在数据挖掘执行之前，必须对收集到的原始数据进行预处理，达到改进数据的质量，提高数据挖掘过程的效率、精度和性能的目的。数据预处理的流程如图 2.8 所示。

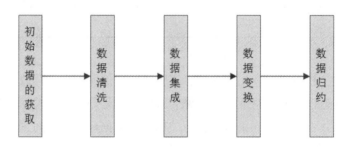

图 2.8　数据预处理的流程

1. 数据清洗

数据清洗（data cleaning）是对数据进行重新审查和校验的过程，目的在于删除重复信息、纠正存在的错误，并提供数据一致性。

数据清洗的任务是处理那些不符合要求的数据，不符合要求的数据主要有残缺数据、噪声数据、冗余数据三大类。

残缺数据：缺少属性值，缺少某些属性。

噪声数据：可能出现的相对于真实值的偏差或错误，主要包括错误数据、假数据和异常数据。

冗余数据：既包括重复的数据，也包括与分析处理的问题无关的数据。

1）处理空缺值

空缺值是数据中缺少的值。处理空缺值的基本方法如下。

（1）忽略元组。当元组的多个属性残缺时，可以考虑用此方法。弊端：采用忽略元组的方法，意味着不能使用该元组的剩余属性值，而这些剩余属性值很可能是分析问题所必需的。除非元组有多个属性残缺，否则该方法不是很有效。当某个属性有很多元组缺失时，它的性能特别差。

（2）人工填写空缺值。仅适用于数据量小且缺失值少的情况；当数据量很大、缺失很多值时，该方法可能行不通。需要注意的是，在某些情况下，缺失值并不意味着数据有错误。比如，申请信用卡时，银行要求用户填写驾驶证号，没有驾驶证的人就无法填写该项，该项缺失值，但该数据无误。

人工填写空缺值的主要方法有以下四种：

①用全局常量替换空缺值。

②用属性的中心度量（如均值或中位数）填充空缺值。

③使用与给定元组属同一类的所有样本的属性的中心度量填充。

④使用最可能的值填充缺失值，可以用回归法、贝叶斯法或决策树法等来确定缺失值。

2）消除噪声数据

噪声数据是一个测量变量中的随机错误或偏差，包括错误的值或偏离期望的孤立点值。噪声数据是无意义的数据，真实世界中的噪声数据永远都是存在的，它可能影响数据分析和挖掘的结果，因此，我们必须消除数据集中经常出现的噪声数据，避免这些噪声数据使结果错误。出现噪声数据的原因可能有数据收集工具的问题、数据输入错误、数据传输错误、技术的限制或命名规则不一致。针对这些原因，我们通常采用分箱法、回归法、聚类法等数据平滑方法来消除噪声数据。

①分箱法。通过考察数据的"近邻"（即周围的值）来光滑有序数据值。这些有序数据值被分布到一些"桶"或"箱"中。由于分箱法考察近邻的值，因此它进行的是局部的光滑。

②回归法。回归法即采用一个函数拟合数据来光滑数据。线性回归涉及找出拟合两个属性（或变量）的最佳直线，使一个属性能够预测另一个属性。多元线性回归是线性回归的扩展，它涉及多个属性，并将数据拟合到一个多维面。使用回归法，找出适合数据的数学方程式，能够帮助消除噪声数据。

③聚类法。它将类似的值组织成群或簇，将落在群或簇集合之外的点视为离群点。这种离群点一般是异常数据，最终会影响整体数据的分析结果，因此对离群点的操作是删除。

这里仅对分箱法进行进一步的说明。分箱法是指把待处理的数据按照一定规则放进"箱子"中，采用某种方法对各个"箱子"中的数据进行处理，一般有等深分箱法、等宽分箱法和用户自定义分箱法。

等深分箱法是指每箱具有相同的记录数，每个箱子的记录数称为箱子的深度。

等宽分箱法是指在整个数据值的区间上平均分割，使得每个箱子的区间相等，这个区间被称为箱子的宽度。

用户自定义分箱法是指根据用户自定义的规则进行分箱处理。

在分箱之后，要对每个箱子中的数据进行平滑处理。常用的方法有按平均值、按中值和按边界值进行平滑处理。

按平均值：对同一箱子中的数据求平均值，用平均值代替箱子中的所有数据。

按中值：取箱子中所有数据的中值，用中值代替箱子中的所有数据。中值是指按顺序处于中间位置的一个值或两个值的算术平均数。

按边界值：对箱子中的每一个数据，使用离边界较近的边界值代替，距离两侧边界相同时，取较小的边界值。

下面通过一个例子来说明。

以下是客户收入属性的取值：

800　1000　1200　1500　1500　1800　2000　2300　2500　2800　3000　3500　4000　4500　4800　5000

如按照上述三种方法进行分箱处理，结果如图 2.9 所示。再对等宽分箱的结果进行不同的平滑处理及合并，结果如图 2.10 所示。

分箱方法	具体标准	分箱结果
等深分箱法	箱子深度为4	箱1: 800 1000 1200 1500
		箱2: 1500 1800 2000 2300
		箱3: 2500 2800 3000 3500
		箱4: 4000 4500 4800 5000
等宽分箱法	箱子宽度为1000	箱1: 800 1000 1200 1500 1500 1800
		箱2: 2000 2300 2500 2800 3000
		箱3: 3500 4000 4500
		箱4: 4800 5000
用户自定义分箱法	将客户收入属性取值划分为1000以下、1000~2000、2001~3000、3001~4000和4000以上五组	箱1: 800
		箱2: 1000 1200 1500 1500 1800 2000
		箱3: 2300 2500 2800 3000
		箱4: 3500 4000
		箱5: 4500 4800 5000

图 2.9　分箱结果

平滑处理方式	平滑处理结果	合并后的结果
按平均值	箱1: 1300 1300 1300 1300 1300 1300	1300 1300 1300 1300 1300 1300 2520 2520 2520 2520 2520 4000 4000 4000 4900 4900
	箱2: 2520 2520 2520 2520 2520	
	箱3: 4000 4000 4000	
	箱4: 4900 4900	
按中值	箱1: 1350 1350 1350 1350 1350 1350	1350 1350 1350 1350 1350 1350 2500 2500 2500 2500 2500 4000 4000 4000 4900 4900
	箱2: 2500 2500 2500 2500 2500	
	箱3: 4000 4000 4000	
	箱4: 4900 4900	
按边界值	箱1: 800 800 800 1800 1800 1800	800 800 800 1800 1800 1800 2000 2000 2000 3000 3000 3500 3500 4500 4800 5000
	箱2: 2000 2000 2000 3000 3000	
	箱3: 3500 3500 4500	
	箱4: 4800 5000	

图 2.10　平滑处理及合并结果

2. 数据集成

假设某公司的管理人员想在分析数据时使用来自多个数据源的数据，这就涉及集成多个数据库或者文件，即数据集成。数据集成是将多个数据源中的数据整合到一个一致的数据存储（如数据仓库）中，由于数据源存在多样性，因此需要解决可能出现的各种集成问题。数据集成同样是预处理中的重要部分，它有助于减少结果数据集的冗余和不一致，有助于提高其后挖掘过程的准确性和速度。

1）实体识别

实体识别的目的是匹配不同数据源的现实实体，如 A.user_id=B.customer_id。通常以元数据为依据进行实体识别，避免模式集成时出现错误。

每个属性的元数据包括属性名字、含义、数据类型、允许取值范围、空值规则等。元数据还可以用来帮助变换数据。

2）冗余问题

在数据集成时，数据冗余是不可避免的。有些冗余可以被相关分析检测到，如给定两个属性，根据可用的数据，度量一个属性能在多大程度上蕴含另一个属性。对于数值属性，我们使用相关系数和协方差进行分析，它们都可以评估一个属性的值如何随另一个变化。

如 A 系统中有月营业额属性，B 系统中有日营业额属性，而月营业额是可以由日营业额导出的，即存在冗余问题。

3）数值冲突的检测与处理

在整合数据源的过程中，一是可能会出现字段意义问题，二是可能会出现字段结构问题。

字段意义问题举例：

①两个数据源中都有一个字段名称为"Payment"，但其实一个数据源中记录的是税前的薪水，另一个数据源中记录的是税后的薪水。

②两个数据源中都有字段记录税前的薪水，但是一个数据源中字段名称为"Payment"，另一个数据源中字段名称为"Salary"。

字段结构问题举例：

①字段数据类型不同。一个数据源中存为 integer 型，另一个数据源中存为 char 型。

②字段数据格式不同。一个数据源中使用逗号分隔，另一个数据源中用科学记数法。

③字段单位不同。一个数据源中单位是万元人民币，另一个数据源中是美元。

④字段取值范围不同。同样是存储员工薪水的 Payment 数值型字段，一个数据源中允许空值（null 值），另一个数据源中不允许。

针对数据值冲突，需要根据元数据提取该属性的规则，并在目标系统中建立统一的规则，将原始属性值转换为目标属性值。

3. 数据变换

数据变换是将数据从一种格式或结构转换为另一种格式或结构的过程。数据变换对于数据集成和数据管理等活动至关重要。

（1）光滑：去掉数据中的噪声。我们的数据是不平滑的，这对拟合来说就有影响，而且有的噪声数据会影响拟合的函数的准确性，所以在对数据进行拟合前，应该进行光滑处理。光滑处理方法包括分箱法、聚类法和回归法。

（2）属性构造（或特征构造）：可以由给定的属性构造新的属性并添加到属性集中，以利挖掘。

根据原属性与目标属性之间的映射关系，可将属性变化分成一对一映射和多对一映射两种。

①一对一映射：原数据类型与目标数据类型之间为一一对应的关系，如将"××年××月××日"的日期转换为"××/××/××"，这只是形式上的转换，是一对一的关系。

②多对一映射：原数据类型与目标数据类型之间为多对一的关系。表2.3所示的原数据类型与目标数据类型之间的关系即为多对一关系。

表2.3　多对一映射

原数据类型（得分，int）	目标数据类型（品质，string）
9~10	优等品
6~8	中等品
1~5	劣等品

（3）聚集：对数据进行汇总和集中。例如，可以聚集日销售数据，计算月和年销售量。通常，这一步用来为多个抽象层的数据分析构造数据立方体。

（4）离散化：把无限空间中有限的个体映射到有限的空间中去，以此提高算法的时空效率。通俗来说，离散化是指在不改变数据相对大小的条件下，对数据进行相应的缩小。

数值属性（如年龄）的原始值用区间标签（如0~10、11~20等）或概念标签（如youth、adult、senior）替换。这些标签可以递归地组织成更高层概念，使数值属性的概念分层。

（5）规范化：在数据挖掘、数据处理过程中，不同评价指标往往具有不同的量纲和量纲单位，这样的情况会影响到数据分析的结果，为了消除指标之间的量纲影响，需要进行数据规范化（标准化）处理，以解决数据指标之间的可比性问题，如可以取消由于量纲不同、自身变异或者数值相差较大所引起的误差。原始数据经过数据标准化处理后，各指标处于同一数量级，适合进行综合对比评价。

在一些实际问题中，我们得到的样本数据都是多个维度的，即一个样本是用多个特征来表达的。比如在预测房价的问题中，影响房价的因素（特征）有房子面积、卧室数量等，很显然，这些特征的量纲和数值的量级都是不一样的，在预测房价时，如果直接使用原始的数据值，那么它们对房价的影响程度将是不一样的，而通过标准化处理，可以使不同的特征具有相同的尺度（scale）。简言之，当原始数据不同维度上的特征的尺度（单位）不一致时，需要实施规范化步骤对数据进行预处理。

规范化通常是把属性数据按比例缩放，使之落入一个特定的小区间，如 –1.0~1.0 或 0.0~1.0，主要有以下3种方法：

第一种，最小－最大规范化。

假定 min 和 max 分别为属性 A 的最小值和最大值，则通过下面公式将属性 A 上的值 v 映射到区间 [new_min, new_max] 中的 v'：

$$v' = \frac{v - \min}{\max - \min}(\text{new\_max} - \text{new\_min}) + \text{new\_min}$$

第二种，零－均值规范化。

将属性 A 的值，根据其平均值 mean 和标准差 std 进行规范化：

$$v' = \frac{v - \text{mean}}{\text{std}}$$

第三种，小数定标规范化。

通过移动属性 A 的小数点位置进行规范化，小数点的移动依赖于 A 的最大绝对值：

$$v' = \frac{v}{10^j}$$

其中，j 是使 $\max(|v'|) < 1$ 的最小整数。

4. 数据归约

数据归约技术可以用来得到数据集的归约表示，归约后的数据集比原数据集小得多，但仍近似地保持原数据的完整性。

数据归约的策略包括以下几种。

1）数据立方体聚集

在图 2.11（a）中，销售数据按季度显示；在图 2.11（b）中，数据聚集提供年销售额。我们可以看出，结果数据量小得多，但并不丢失分析任务所需的信息。

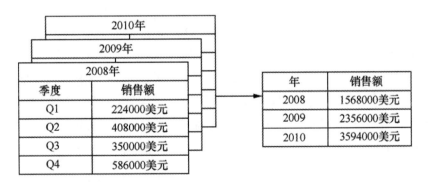

图 2.11　某分店 2008—2010 年的销售数据

2）属性子集选择

属性子集选择策略通过删除不相关或冗余的属性（或维）减少数据量。属性子集选择的目标是找出最小属性集，使数据类的概率分布尽可能地接近使用所有属性的原分布。在缩小的属性集上挖掘还有其他优点：减少了出现在发现模式上的属性数目，使模式更易于理解。

3）数据压缩

数据压缩是指利用数据编码或数据转换将原来的数据集合压缩为一个较小规模的数据集合，主要分为无损压缩和有损压缩。

无损压缩：可以不丢失任何信息地还原压缩数据，如字符串压缩，压缩格式为 ZIP 或 RAR。为了有助于理解文件压缩，我们可以在脑海里想象一幅蓝天白云的图画。对于成千上万个单调重复的蓝色像点而言，与其一个一个定义得到长长的一串颜色定义数据，不如告诉电脑"从这个位置开始存储 1117 个蓝色像点"来得简洁，这样还能大大节约存储空间。这是一个非常简单的图像压缩的例子。

有损压缩：只能重新构造原数据的近似表示，如音频 / 视频压缩。

4）数值归约

数值归约是通过选择替代的、较小的数据表示形式来减少数据量的，包括无参方法和有参方法。

无参方法：需要存放实际数据，如使用直方图、聚类、抽样的技术来实现。

有参方法：通常使用一个参数模型来评估数据。该方法只需要存储参数，而不需要存放实际数据，能大大减少数据量，但只对数值型数据有效。

在数据预处理的实际应用过程中，上述步骤有时并不是完全分开的，可以一起使用。总之，数据的世界是庞大而复杂的，会有残缺的、虚假的、过时的数据。想要获得高质量的分析挖掘结果，就必须在数据准备阶段提高数据的质量。

通过数据预处理，可以对采集到的数据进行清洗、填补、平滑、合并、规范化以及检查一致性等，将那些杂乱无章的数据转化为相对单一且便于处理的结构，从而改进数据的质量，以提高其后挖掘过程的准确率和效率，为决策带来高回报。

2.4 大数据采集应用案例——互联网行业职场分析

互联网行业这几年迅猛发展，越来越多的年轻人投入互联网的浪潮。互联网公司需要哪些人才？哪一类职业更抢手？哪些人更容易在互联网公司找到工作？各类职业工作年限对应年薪分布如何？哪些城市互联网公司发展得更好？各个细分领域的互联网公司对人才的需求如何？下面就用大数据的方式来对互联网行业的职场进行分析。

1. 数据来源

数据来源于专注互联网招聘的垂直领域网站——拉勾网，采集时间为 2014 年 9 月—2015 年 9 月，涉及超过 75 万个独立的真实发布职位，职位来自约 10 万家互联网公司，分布于 266 个不同城市区域。

2. 互联网各类职位需求状况

整个互联网行业是建立在计算机技术开发的基础之上的，因此该行业对于技术类人才的需求占了 45% 左右。另外，现在的互联网产品模仿问题非常严重，新产品上线不久往往就有很多的竞争者，加之现在的互联网产品中技术越来越不能成为其壁垒，那么，除了产品自身优秀外，市场和运营就非常关键，可以说决定着产品的前途和命运。我们从图2.12可以看到，互联网行业对于市场和运营的人才需求比例非常大。从排在前三名的三类职位的细分职业来看，互联网行业对研发工程师、销售人员、运营专员的需求分别占了它们各自所属类别职位的一半以上。

3. 互联网难招/易招职位

根据职位从开放到关闭所经历的平均天数来衡量各个职位的难招/易招程度。从图2.13可以看到，互联网公司招聘一名营销人员平均需要54.4天时间，营销可谓互联网最难招的职位。排名前五的难招职位中，有2个职位属于市场与销售类别，这应该是和目前互联网大量创立面向客户的项目、对市场与销售人员的需求量大增成正相关的，同时由于互联网市场类职位的起薪相对较低，该类职位难招到人。

我们还可以看到，互联网易招的5个职位中，有4个职位均属于职能类别，这表明互联网对这类职位人员的需求量不大。我们发现，新兴职位鼓励师属于互联网最易招的职位，可能是因为：一方面，目前行业内公司对该职位需求量较小，要求不高；另一方面，其有趣的工作职责要求，吸引了很多年轻女性前来应聘。

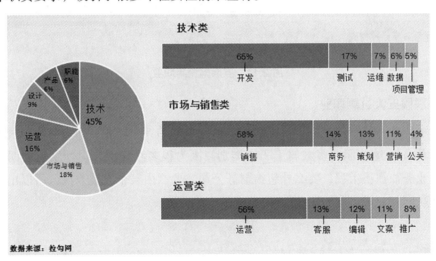

图 2.12　互联网各类职位需求状况

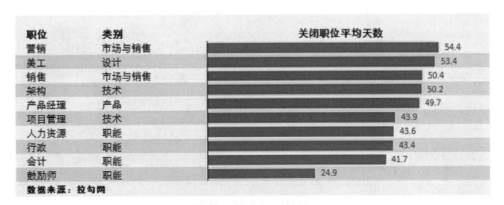

图 2.13　互联网难招/易招职位

4. 互联网五大抢手职业

定义一个职业的抢手程度 = 发布职位数 / 已招到职位数，根据这个公式，我们统计出排名前五的互联网抢手职业，如图2.14所示。可以看到，技术岗位职业占了大半，对架构师的技术能力的高要求和大需求使架构师成为最抢手的职业，产品经理也属于抢手职业之一，这对于那些未特别精通技术又想在互联网行业发展的人们来说无疑是一个很好的消息。

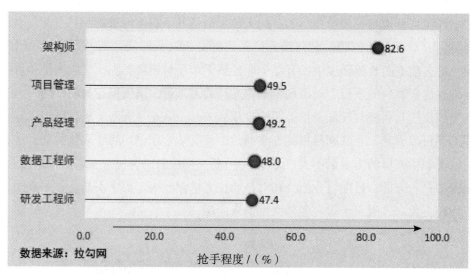

图 2.14　互联网抢手职业

5. 互联网五大过剩职业

与抢手职业计算公式相同，可以统计出得分最低的5个职业，即为互联网过剩职业，如图2.15所示，这些职业多数属于职能类别。因为很多互联网公司处于初创期，对于财务这块的业务往往不重视，要么外包给财务公司，要么由某个人员兼任，所以出纳这个职业成为互联网行业最过剩的职业。

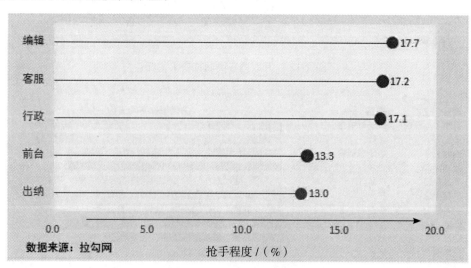

图 2.15　互联网过剩职业

6. 互联网工作年限与对应年薪

从图 2.16 可以看到，前 5 年里，技术和产品类别的职位年薪属于互联网行业中较高的，工作 5 年后，运营类别的职位年薪有了较大的涨幅，后期甚至超过了产品类别。职能部门的人员前期薪酬相对较低，工作 10 年以上，其薪酬和市场、设计相关职位人员达到同一层次。

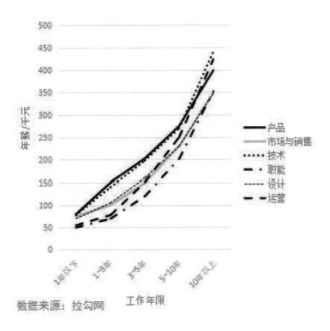

图 2.16　互联网工作年限与对应年薪

7. 各个城市互联网公司发展状况

研究选取了互联网公司较集中、排名前五的城市，从图 2.17 可以看到，上海的非天使轮公司占比最大，上市公司占比也最大，表明上海的互联网创业公司发展还不错，准备在互联网行业创业的人们可以考虑以上海作为创业地。

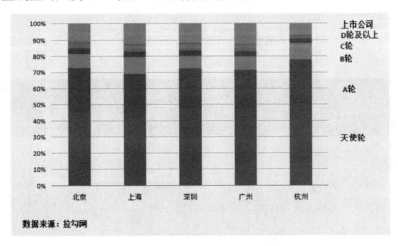

图 2.17　各城市互联网公司发展状况

8. 互联网细分行业统计

根据互联网公司的细分行业，对每个行业互联网公司的每日平均岗位数、平均月薪、平均规模进行统计，结果如图 2.18 所示。从图 2.18 可以看到，移动互联网、搜索、云计算大数据和游戏行业的公司发展都不错，薪酬待遇相应也属于行业的前列。

公司所属行业	平均岗位数（每日）	平均薪水（月薪）/元	平均公司规模 /人
1 O2O	210	9939	206
2 云计算大数据	151	10 424	340
3 企业服务	174	9132	316
4 健康医疗	66	9267	159
5 在线旅游	47	10 976	339
6 媒体	75	9162	276
7 招聘	44	12 125	212
8 搜索	40	17 348	1446
9 教育	105	9363	243
10 智能家居	27	8694	155
11 游戏	156	11 293	245
12 生活服务	65	10 052	441
13 电子商务	506	9551	281
14 硬件	37	9805	228
15 社交	66	10 695	86
16 移动互联网	1280	10 565	289
17 运动体育	15	10 328	485
18 金融互联网	242	10 538	307

数据来源：拉勾网

图 2.18　互联网细分行业统计

本章习题

一、填空题

1. 按照数据来源划分，大数据的三大主要来源为传统商业数据、（　　　）与物联网数据。

2. 大数据的数据采集是在确定用户目标的基础上，针对该范围内所有结构化、（　　　）和非结构化的数据进行采集。

3. （　　　）是指网络空间交互过程中产生的大量数据，包括通信记录及 QQ、微信、微博等社交媒体产生的数据。

4. 互联网数据具有大量化、多样化、（　　）等特点。

5. （　　）是指在计算机、互联网的基础上，利用射频识别、传感器、红外感应器、无线数据通信等技术，构造的一个覆盖世界上万事万物的"internet of things"，也就是实现物物相连的互联网络。

6. 网络数据采集是指通过网络爬虫或（　　）等方式从网站上获取互联网中相关网页内容的过程，并从中抽取用户所需要的属性内容。

7. 网络爬虫是一种按照一定的规则，自动地抓取（　　）的程序或者脚本。

二、选择题

1. PageRank 是一个函数，它对 Web 中的每个网页赋予一个实数值。网页的 PageRank 越高，（　　）。

A. 它的相关性越高　　B. 它就越不重要　　C. 它的相关性越低　　D. 它就越重要

2. 噪声数据的产生原因主要有（　　）。

A. 数据采集设备有问题　　　　B. 在数据录入过程中发生了人为或计算机错误

C. 数据传输过程中发生错误　　D. 由于命名规则或数据代码不同而引起不一致

3. 智能健康手环的应用开发，体现了（　　）数据采集技术的应用。

A. 统计报表　　B. 网络爬虫　　C. API 接口　　D. 传感器

4. （　　）的目的是缩小数据的取值范围，使其更适合于数据挖掘算法的需要，并且能够得到和原始数据相同的分析结果。

A. 数据清洗　　B. 数据集成　　C. 数据变换　　D. 数据归约

三、简答题

1. 数据预处理的方法有哪些？

2. 数据清洗有哪些方法？

3. 数据集成需要重点考虑的问题有哪些？

4. 数据变换主要涉及哪些内容？

第3章 大数据计算平台

随着互联网、物联网等技术得到越来越广泛的应用，数据规模不断增加，TB、PB 量级成为常态，对数据进行的处理已无法由单台计算机完成，而只能由多台机器共同承担计算任务。在分布式环境中进行大数据处理，除了与分布式存储系统有关，还涉及计算任务的分工、计算负荷的分配、计算机之间的数据迁移等工作。Hadoop 是一个开源的、可运行于大规模集群上的分布式计算平台，它实现了分布式文件系统 HDFS 和分布式计算模型 MapReduce。Spark 是一种与 Hadoop 相似的开源集群计算环境，主要基于内存的混合计算框架。Storm 是一个分布式实时计算框架。云计算通过网络实现了可伸缩、廉价的分布式计算。

本章首先介绍 Hadoop 的核心组件，即分布式文件系统 HDFS 和分布式计算模型 MapReduce；然后介绍基于内存的混合计算框架 Spark；最后简单介绍流计算框架 Storm 和云计算平台。

3.1 Hadoop 平台

◆ 3.1.1 Hadoop 概述

Hadoop 起源于 Apache Nutch 项目，始于 2002 年，是 Apache Lucene 的子项目之一。2004 年，Google 在操作系统设计与实现（operating system design and implementation，OSDI）会议上公开发表了题为 "MapReduce: Simplified Data Processing on Large Clusters"（MapReduce：简化大规模集群上的数据处理）的论文之后，受到启发的 Doug Cutting 等人开始尝试实现 MapReduce 计算框架，并将它与 NDFS（Nutch distributed file system）结合，用以支持 Nutch 引擎的主要算法。因为 NDFS 和 MapReduce 在 Nutch 引擎中有着良好的应用，所以它们于 2006 年 2 月被分离出来，成为一套完整而独立的软件，并被命名为 Hadoop。到了 2008 年初，Hadoop 已成为 Apache 的顶级项目，包含众多子项目，被应用到包括 Yahoo 在内的很多互联网公司。Hadoop 这个名字不是一个缩写，而是一个虚构的名字。它是该项目的创建者（Doug Cutting）以他儿子的一个棕黄色大象玩具的称呼命名的。

Hadoop 框架中最核心的设计是 HDFS 和 MapReduce。

HDFS 是 Hadoop 分布式文件系统的缩写，为分布式计算存储提供了底层支持。MapReduce 是 Doug Cutting 根据 Google 论文的思想，基于 Java 设计开发的开源并行计算框架和系统。

Hadoop 框架是用于计算机集群大数据处理的框架，所以它必须是一个可以部署在多台计算机上的软件。部署了 Hadoop 软件的主机之间通过套接字（网络）进行通信。

Hadoop 框架最根本的原理就是利用大量的计算机同时运算来加快大量数据的处理速度。例如，一个搜索引擎公司要从上万亿条没有进行归约的数据中筛选和归纳热门词汇就需要组织大量的计算机组成集群来处理这些数据。如果使用传统数据库来处理这些数据的话，那将会花费很长的时间和很大的处理空间，这个量级对于任何单计算机来说都难以实现，主要难度在于组织大量的硬件并高速地集成为一个计算机，即使成功实现也会产生昂贵的维护成本。

Hadoop 可以在多达几千台廉价的量产计算机上运行，并把它们组织为一个计算机集群。

一个 Hadoop 集群可以高效地储存数据、分配处理任务，这样会有很多好处。首先，可以降低计算机的建造和维护成本；其次，任何一个计算机出现硬件故障，不会对整个计算机系统造成致命的影响，因为面向应用层开发的集群框架本身就必须假定计算机会出故障。

Hadoop 的优点在于：

（1）高可靠性。采用冗余数据存储方式，即使一个副本发生故障，其他副本也可以保证正常对外提供服务。

（2）高效性。Hadoop 能够在节点之间动态地移动数据，并保证各个节点的动态平衡，因此处理速度非常快。

（3）高可扩展性。Hadoop 是在可用的计算机集簇间分配数据并完成计算任务的，这些集簇可以方便地扩展到数以千计的节点中。

（4）高容错性。Hadoop 能够自动保存数据的多个副本，并且能够自动将失败的任务重新分配。

（5）低成本。Hadoop 采用廉价的计算机集群，成本比较低，普通用户也很容易用 PC 搭建 Hadoop 运行环境。

3.1.2　Hadoop 的生态圈

经过时间的累积，Hadoop 已经从最开始的两三个组件，发展成一个拥有 20 多个部件的生态系统。Hadoop 的生态圈如图 3.1 所示。

在整个 Hadoop 架构中，计算框架起到承上启下的作用，一方面可以操作 HDFS 中的数据，另一方面可以被封装，提供 Hive、Pig 这样的上层组件的调用。

下面简单介绍一下其中几个比较重要的组件。

HBase：来源于 Google 的 BigTable，是一个高可靠性、高性能、面向列、可伸缩的分布式数据库。

Hive：一个数据仓库工具，可以将结构化的数据文件映射为一张数据库表，通过类 SQL 语句快速实现简单的 MapReduce 统计，不必开发专门的 MapReduce 应用，十分适合数据仓库的统计分析。

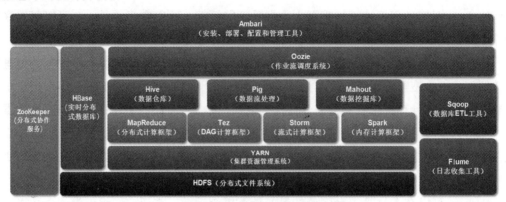

图 3.1　Hadoop 的生态圈

Pig：一个基于 Hadoop 的大规模数据分析工具，它提供的 SQL LIKE 语言叫 Pig Latin，该语言的编译器会把类 SQL 的数据分析请求转换为一系列经过优化处理的 MapReduce 运算。

ZooKeeper：来源于 Google 的 Chubby，它主要用来解决分布式应用中经常遇到的一些数据管理问题，降低分布式应用协调及其管理的难度。

Ambari：Hadoop 管理工具，可以快捷地监控、部署、管理集群。

Sqoop：用于在 Hadoop 与传统的数据库间进行数据的传递。

Mahout：一个可扩展的机器学习和数据挖掘库。

◆ 3.1.3　Hadoop 的版本演进

当前 Hadoop 有两大版本，即 Hadoop 1.0 和 Hadoop 2.0，如图 3.2 所示。Hadoop 1.0 被称为第一代 Hadoop，由 HDFS 和 MapReduce 组成。

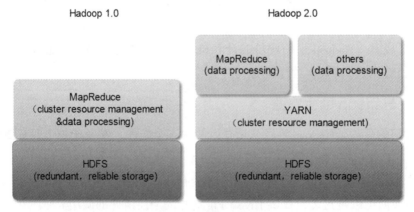

图 3.2　Hadoop 版本

HDFS 由一个 NameNode 和多个 DataNode 组成，MapReduce 由一个 JobTracker 和多个 TaskTracker 组成。

Hadoop 1.0 对应的 Hadoop 版本为 0.20.×、0.21.×、 0.22.× 和 Hadoop 1.×。其中，Hadoop 0.20.× 是比较稳定的版本，它最后演化为 Hadoop 1.×，变成稳定版本。Hadoop

0.21.× 和 Hadoop 0.22.× 则增加了 NameNode HA（high availability，高可用）等新特性。

Hadoop 2.0 被称为第二代 Hadoop，是为克服 Hadoop 1.0 中 HDFS 和 MapReduce 存在的各种问题而提出的，对应的 Hadoop 版本为 0.23.× 和 2.×。

针对 Hadoop 1.0 中 NameNode HA 不支持自动切换且切换时间过长的风险，Hadoop 2.0 提出了基于共享存储的 HA 方式，该方式支持失败自动切换切回。

针对 Hadoop 1.0 中的单 NameNode 制约 HDFS 扩展性的问题，Hadoop 2.0 提出了 HDFS Federation 机制，它允许多个 NameNode 各自分管不同的命名空间，进而实现数据访问隔离和集群横向扩展。

针对 Hadoop 1.0 中的 MapReduce 在扩展性和多框架支持方面的不足，Hadoop 2.0 提出了全新的资源管理框架 YARN，它将 JobTracker 中的资源管理和作业控制功能分开，分别由组件 ResourceManager 和 ApplicationMaster 实现。其中，ResourceManager 负责所有应用程序的资源分配，而 ApplicationMaster 仅负责管理一个应用程序。

相比 Hadoop 1.0，Hadoop 2.0 框架具有更好的扩展性、可用性、可靠性、向后兼容性和更高的资源利用率，Hadoop 2.0 还能支持除 MapReduce 计算框架以外的更多计算框架，Hadoop 2.0 是目前业界使用的主流 Hadoop 版本。

3.1.4 Hadoop 的发展现状

Hadoop 设计之初的目标就定位于高可靠性、高可扩展性、高容错性和高效性，正是这些设计上与生俱来的优点，才使 Hadoop 一出现就受到众多大公司的青睐，同时也引起了研究界的普遍关注。

Hadoop 技术在互联网领域已经得到了广泛的运用。例如，Yahoo 使用 4000 个节点的 Hadoop 集群来支持广告系统和 Web 搜索的研究；Facebook 使用 1000 个节点的集群运行 Hadoop，存储日志数据，支持其上的数据分析和机器学习。

国内采用 Hadoop 的公司主要有百度、淘宝、网易、华为、中国移动等。其中，淘宝的 Hadoop 集群比较大。据悉，淘宝的 Hadoop 集群拥有 2860 个节点，全部基于英特尔处理器的 x86 服务器，其总存储容量达到 50 PB，实际使用容量超过 40 PB，日均作业数高达 15 万，服务于阿里巴巴集团各部门。数据源于各部门产品的线上数据库备份、系统日志以及爬虫数据等，每天在 Hadoop 集群中运行着各种 MapReduce 任务，如数据魔方、量子统计、推荐系统、排行榜等。

作为全球最大的中文搜索引擎公司，百度对海量数据的存储和处理要求是非常高的。百度将 Hadoop 主要用于日志的存储和统计、网页数据的分析和挖掘、商业分析、在线数据反馈、网页聚类等。百度公司目前拥有三个 Hadoop 集群，计算机节点数量在 700 个左右，并且规模还在不断扩大，每天运行的 MapReduce 任务在 3000 个左右，处理数据约 120 TB/ 天。

除了上述大型企业将 Hadoop 技术运用在自身的服务中外，一些提供 Hadoop 解决方案的商业型公司也纷纷跟进，利用自身技术对 Hadoop 进行优化、改进、二次开发等，然后以公司自有产品形式对外提供 Hadoop 的商业服务。比较知名的有创办于 2008 年的

Cloudera 公司，它是一家专业从事基于 Apache Hadoop 的数据管理软件销售和服务的公司。该公司基于 Apache Hadoop 发行了相应的商业版本 Cloudera Enterprise，它还提供 Hadoop 相关的支持、咨询、培训等服务。在 2009 年，Cloudera 聘请了 Doug Cutting（Hadoop 的创始人）担任公司的首席架构师，从而加强了 Cloudera 公司在 Hadoop 生态系统中的影响和地位。同样，Intel 也基于 Hadoop 发行了自己的版本 IDH。

3.2　HDFS

文件系统是操作系统用来组织磁盘文件的方法和数据结构。传统的文件系统都是单机文件系统，也称本地文件系统（local file system）。随着网络的兴起，为了解决资源共享问题，出现了分布式文件系统（distributed file system）。传统的文件系统的存储容量有限，但是大数据一般都是海量数据，无法在传统的文件系统中进行存储。相较于传统的文件系统，分布式文件系统是一种通过网络实现将文件在多台主机上进行分布式存储的文件系统。分布式文件系统把文件分布存储到多个计算机节点上，成千上万的计算机节点构成计算机集群。计算机集群的基本架构如图 3.3 所示。

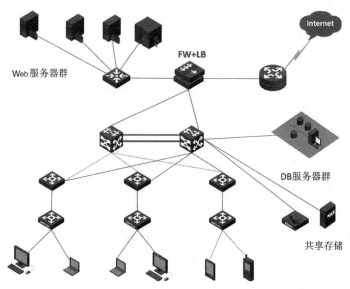

图 3.3　计算机集群的基本架构

分布式文件系统在物理结构上讲，是由计算机集群中的多个节点构成的，如图 3.4 所示。

构成分布式文件系统的节点分为两类：一类叫主节点（master node），另一类叫从节点（slave node），也被称为数据节点（组件名为 DataNode）。主节点负责文件和目录的创建、删除和重命名等，同时管理着数据节点和文件块的映射关系，因此客户端只有访问主节点才能找到请求的文件块所在的位置，进而到相应位置读取所需文件块。数据节点负责数据的存储和读取，在存储时，由主节点分配存储位置，然后由客户端把数据直接写入相应数据节点；在读取时，客户端从主节点获得数据节点和文件块的映射关系，然后就可以到相应位置访问文件块。数据节点也要根据主节点的命令创建、删除数据块和进行冗余复制。

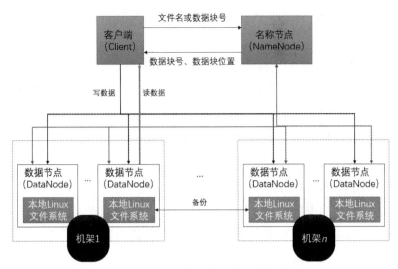

图 3.4   分布式文件系统存储结构

3.2.1   HDFS 简介

目前，已得到广泛应用的分布式文件系统主要包括 GFS（Google file system）和 HDFS（Hadoop distributed file system）。GFS 是 Google 公司开发的分布式文件系统，通过网络实现文件在多台机器上的分布式存储，较好地满足了大规模数据存储的需求。HDFS 是针对 GFS 的开源实现，它是 Hadoop 平台两大核心组成部分之一，提供了在廉价服务器集群中进行大规模分布式文件存储的能力。

1. HDFS 的优点

1）处理超大文件

这里的"超大文件"通常指数百兆字节甚至数百太字节的文件。目前在实际应用中，HDFS 已经能用来存储、管理 PB 级的数据。

2）流式访问数据

HDFS 的设计建立在"一次写入、多次读/写"任务的基础上。这意味着一个数据集一旦由数据源生成，就会被复制分发到不同的存储节点中，然后响应各种各样的数据分析任务请求。在多数情况下，分析任务都会涉及数据集中的大部分数据，也就是说，对 HDFS 来说，请求读取整个数据集要比读取一条记录更加高效。

3）运行于廉价的商用机器集群上

Hadoop 设计对硬件需求比较低，只需运行在低廉的商用硬件集群上，而无须在昂贵的高可用性机器上。用于廉价的商用机也就意味着大型集群中出现节点故障情况的概率较高。HDFS 通过多副本提高可靠性，并提供了容错和恢复机制。

2. HDFS 的局限性

HDFS 在处理一些特定问题时不但没有优势，反而存在诸多局限性。

1）不适合低延迟数据访问

如果要处理一些用户要求的时间比较短的低延迟应用请求，则 HDFS 不适合。HDFS

是为处理大型数据集任务，主要是为达到高的数据吞吐量而设计的，这就要求以高延迟作为代价。

2）无法高效存储大量的小文件

NameNode 把文件系统的元数据放置在内存中，所有文件系统能容纳的文件数目由 NameNode 的内存大小决定。存储大量小文件的话，会占用 NameNode 大量的内存来存储文件目录和块信息。这样是不可取的，因为 NameNode 的内存总量是有限的。同时，小文件存储的寻址时间会超过读取时间，它违反了 HDFS 的设计目标。

3）不支持多用户写入及任意修改文件

在 HDFS 的一个文件中只有一个写入者，而且写操作只能在文件末尾完成，即只能执行追加操作，目前 HDFS 还不支持多个用户对同一文件进行写操作，以及在文件任意位置进行修改。

◆ 3.2.2 HDFS 的相关概念

1. HDFS 数据块

每个磁盘都有默认的数据块大小，这是文件系统进行数据读写的最小单位。HDFS 同样也有数据块的概念，默认一个块（block）的大小为 128 MB，要在 HDFS 中存储的文件可以划分为多个分块，每个分块可以成为一个独立的存储单元。与本地磁盘不同的是，HDFS 中小于一个块大小的文件并不会占据整个 HDFS 数据块。

对 HDFS 存储进行分块有很多好处：

（1）一个文件的大小可以大于网络中任意一个磁盘的容量，文件的块可以利用集群中的任意一个磁盘进行存储。

（2）使用抽象的块而不是整个文件作为存储单元，可以简化存储管理，使得文件的元数据可以单独管理。

（3）冗余备份。数据块非常适合用于数据备份，进而可以提供数据容错能力和提高可用性。每个块可以有多个备份（默认为三个），分别保存到相互独立的机器上去，这样就可以保证单点发生故障不会导致数据丢失。

2. NameNode 和 DataNode

HDFS 集群（即 HDFS 体系结构，如图 3.5 所示）的节点分为两类，即 NameNode 和 DataNode，以管理节点 – 工作节点的模式运行，理解这两类节点对理解 HDFS 工作机制非常重要。

NameNode 作为管理节点，负责整个文件系统的命名空间，并且维护着文件系统树和整棵树内所有的文件和目录，这些信息以两个文件的形式（命名空间镜像文件和编辑日志文件）永久存储在 NameNode 的本地磁盘上。除此之外，NameNode 也记录每个文件中各块所在的数据节点信息，但是不永久存储块的位置信息，因为块的信息可以在系统启动时重新构建。

DataNode 作为文件系统的工作节点，根据需要存储并检索数据块，定期向 NameNode

发送它们所存储的块的列表。

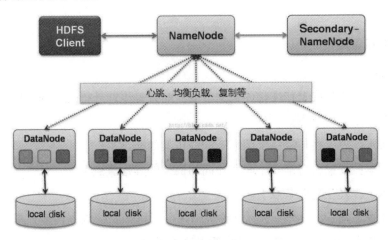

图 3.5　HDFS 体系结构

3.2.3　HDFS 的存储原理

设计 HDFS 主要是为了应对海量数据的存储，由于数据量非常大，因此一台服务器是不能够应付的，需要一个集群来存储这些数据。在这个集群中，存在一个 NameNode，该节点用于管理元数据，即管理用户上传的文件位于哪个服务器上，有多少个副本等信息。此外，还有多个 DataNode，这些节点就是文件存储位置。文件存储到集群中需要考虑数据的冗余存储、数据存取策略和数据容错机制。

1. 数据的冗余存储

作为一个分布式文件系统，为了保证系统的容错性和可用性，HDFS 采用了多副本方式对数据进行冗余存储；为了防止设备崩溃，导致文件无法使用，通常一个数据块有三个副本，且多个副本会被分配到不同的数据节点上。若是其中一个副本损坏则可以换一个服务器以保证运行。分布式文件系统存储方式如图 3.6 所示。

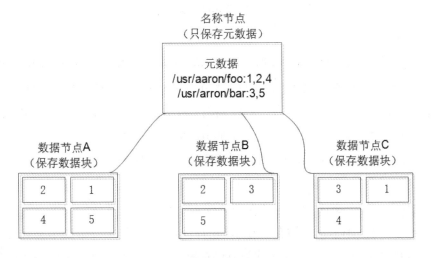

图 3.6　分布式文件系统存储方式

图 3.6 中，数据块 1 被分别存放到数据节点 A 和 C 上，数据块 2 被存放在数据节点 A 和 B 上。

2. 数据存取策略

1）数据存放

第一个副本：放置在上传文件的数据节点；如果是集群外提交，则随机挑选一个磁盘不太满、CPU 不太忙的节点。

第二个副本：放置在与第一个副本不同的机架的节点上。

第三个副本：放置在与第一个副本相同的机架的其他节点上。

更多副本：放置在随机节点上。

副本的放置策略如图 3.7 所示。这种策略减少了机架间的数据传输，提高了写操作的效率。机架的错误远远比节点的错误少，所以这种策略不会影响到数据的可靠性和可用性。与此同时，因为数据块只存放在两个不同的机架上，所以此策略减少了读取数据时需要的网络传输总带宽。

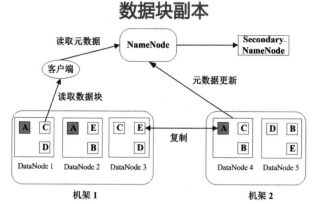

图 3.7 副本的放置策略

2）数据读取

HDFS 提供了 API，可以确定数据节点所属的机架 ID，客户端也可以调用 API 获取自己所属的机架 ID。客户端读取数据时，从名称节点获得数据块不同副本的存放位置列表，列表中包含了副本所在的数据节点，可以调用 API 来确定客户端和这些数据节点所属的机架 ID。当发现某个数据块副本对应的机架 ID 和客户端对应的机架 ID 相同时，就优先选择该副本读取数据，如果没有发现，就随机选择一个副本读取数据。

3）数据复制

在 HDFS 中，一个文件会被拆分为一个或多个数据块。默认情况下，每个数据块都会有三个副本。每个副本都会被存放在不同的机器上，而且每一个副本都有自己唯一的编号。HDFS 的数据复制采用了流水线复制的策略，大大提高了数据复制过程的效率。假设 HDFS 副本系数为 3，当本地暂时文件积累到一个数据块大小时，Client 会从 NameNode 获取一个列表用于存放副本。然后，Client 开始向第一个 DataNode 传输数据，第一个 DataNode 一小部分一小部分地接收数据，将每一部分写入本地磁盘，并同一时间传输该部分到列表中的第二个 DataNode。第二个 DataNode 也是这样，一小部分一小部分地接收数据，写入本地磁盘，并同一时间转发给下一个节点，数据以流水线的方式从前一个 DataNode 拷贝到下一个 DataNode。最后，第三个 DataNode 接收数据并存储到本地。

3. 数据容错机制

HDFS 的容错可以通过 NameNode 高可用、SecondaryNameNode 机制、数据块副本机制和心跳机制来实现。

具体的流程如下：

（1）备 NameNode 实时备份主 NameNode 上的元数据信息，一旦主 NameNode 发生故障不可用，则备 NameNode 迅速接管主 NameNode 的工作。

（2）客户端向 NameNode 读取元数据信息。

（3）NameNode 向客户端返回元数据信息。

（4）客户端向 DataNode 读取 / 写入数据，此时分为读取数据和写入数据两种情况。

①读取数据：HDFS 会检测文件块的完整性，确认文件块的检验和是否一致，如果不一致，则从其他的 DataNode 上获取相应的副本。

②写入数据：HDFS 会检测文件块的完整性，同时记录新创建的文件的所有文件块的检验和。

（5）DataNode 会定期向 NameNode 发送心跳信息，将自身节点的状态告知 NameNode；NameNode 会将 DataNode 需要执行的命令放入心跳信息的返回结果中，返回给 DataNode 执行。

当 DataNode 发生故障，没有正常发送心跳信息时，NameNode 会检测文件块的副本数是否小于系统设置值，如果小于设置值，则自动复制新的副本并分发到其他的 DataNode 上。

（6）集群中有数据关联的 DataNode 之间复制数据副本。

集群中的 DataNode 发生故障而失效，或者在集群中添加新的 DataNode，可能会导致数据分布不均匀。当某个 DataNode 上的空闲空间资源大于系统设置的临界值时，HDFS 就会从其他的 DataNode 上将数据迁移过来。相对地，如果某个 DataNode 上的资源出现超负荷运载，HDFS 就会根据一定的规则寻找有空闲资源的 DataNode，将数据迁移过去。

3.3 大数据计算模式

MapReduce 是大家熟悉的大数据处理技术，人们提到大数据时就会很自然地想到 MapReduce，可见其影响力之广。实际上，大数据处理的问题复杂多样，单一的计算模式是无法满足不同类型的计算需求的，MapReduce 其实只是大数据计算模式中的一种，它代表了针对大规模数据的批量处理技术，除此以外，还有批处理计算、流计算、图计算、查询分析计算等多种大数据计算模式。大数据计算模式及其代表产品如表 3.1 所示。

表 3.1 大数据计算模式及其代表产品

大数据计算模式	解决问题	代表产品
批处理计算	大规模数据的批量处理	MapReduce、Spark 等
流计算	流数据的实时计算	Flink、Storm、S4、Flume、Streams、Puma、DStream、Super Mario 等
图计算	大规模图结构数据的处理	Pregel、GraphX、Giraph、PowerGraph 等
查询分析计算	大规模数据的存储管理和查询分析	Dremel、Hive、Cassandra、Impala 等

◆ 3.3.1 批处理计算

批处理计算主要针对大规模数据的批量处理，这也是我们日常数据分析工作中非常常见的一类数据处理需求。

MapReduce 是最具有代表性和影响力的大数据批处理技术，可以并行执行大规模数据处理任务，用于大规模数据集（大于 1 TB）的并行计算。MapReduce 极大地方便了分布式编程工作，它将复杂的、运行于大规模集群上的并行计算过程高度地抽象为两个函数——Map 和 Reduce，编程人员在不会分布式并行编程的情况下，也可以很容易地将自己的程序运行在分布式系统上，完成海量数据集的计算。

Spark 是一个针对超大数据集合的低延迟的集群分布式计算系统，比 MapReduce 快许多。Spark 启用了内存分布式数据集，除了能够提供交互式查询外，还可以优化迭代工作负载。在 MapReduce 中，数据流从一个稳定的来源进行一系列加工处理后，流出到一个稳定的文件系统（如 HDFS），而 Spark 使用内存替代 HDFS 或本地磁盘来存储中间结果，因此 Spark 要比 MapReduce 的速度快许多。

◆ 3.3.2 流计算

流数据也是大数据分析中的重要数据类型。流数据（或数据流）是指在时间分布和数量上无限的一系列动态数据集合体，数据的价值随着时间的流逝而降低，因此必须采用实时计算的方式给出秒级响应。流计算可以实时处理来自不同数据源的、连续到达的流数据，经过实时分析处理，给出有价值的分析结果。目前业内已涌现出许多的流计算框架和平台。第一类是商业级的流计算平台，包括 IBM InfoSphere Streams 和 IBM StreamBase 等；第二类是开源流计算框架，包括 Twitter Storm、Yahoo S4（Simple Scalable Streaming System）、Spark Streaming、Flink 等；第三类是公司为支持自身业务开发的流计算框架，如百度开发了通用实时流数据计算系统 DStream。

3.3.3 图计算

在大数据时代，许多大数据都是以大规模图或网络的形式呈现的，如社交网络、传染病传播途径、交通事故对路网的影响等。此外，许多非图结构的大数据也常常会被转化为图模型后再进行处理分析。MapReduce 作为单输入、两阶段、粗粒度数据并行的分布式计算框架，在表达多迭代、稀疏结构和细粒度数据时往往显得力不从心，不适合用来解决大规模图计算问题。因此，针对大型图的计算，需要采用图计算模式。目前已经出现了不少图计算产品，比如谷歌公司的 Pregel 就是一个用于分布式图计算的计算框架，主要用于 PageRank 计算、最短路径和图遍历等。其他代表性的图计算产品还包括 Spark 生态系统中的 GraphX、Flink 生态系统中的 Gelly、图数据处理系统 PowerGraph 等。

3.3.4 查询分析计算

针对超大规模数据的存储管理和查询分析，需要提供实时或准实时的响应，才能很好地满足企业经营管理需求。谷歌公司开发的 Dremel 是一种可扩展的、交互式的实时查询系统，用于只读嵌套数据的分析。通过结合多级树状执行过程和列式数据结构，它能做到几秒内完成对万亿张表的聚合查询。系统可以扩展到成千上万的 CPU 上，满足谷歌上万用户操作 PB 级数据的要求，并且可以在 2~3 秒内完成 PB 级数据的查询。此外，Cloudera 公司参考 Dremel 系统开发了实时查询引擎 Impala，它提供结构化查询语言（SQL），能快速查询存储在 Hadoop 的 HDFS 和 HBase 中的 PB 级大数据。

3.4 MapReduce

传统的程序基本是以单指令、单数据流的方式按顺序执行的。这种程序开发起来比较简单，符合人们的思维习惯，但是性能会受到单台计算机的性能的限制，很难在给定的时间内完成任务。分布式并行程序运行在大量计算机组成的集群上，可以同时利用多台计算机并发完成同一个数据处理任务，提高了处理效率，同时，可以通过增加新的计算机增强集群的计算能力。Google 最先实现了分布式并行处理模式 MapReduce，并于 2004 年以论文的方式对外公布了其工作原理，Hadoop MapReduce 是它的开源实现。

Hadoop MapReduce 是一个使用简易的软件框架，基于它写出来的应用程序能够运行在由上千个服务器组成的大型集群上，并以一种可靠容错的方式并行处理 TB 级别的数据集。Hadoop MapReduce 运行在 HDFS 上。

3.4.1 如何理解 MapReduce？

如果我们想知道相当多的一些牌中有多少张红桃，如图 3.8 所示，最直接的方法就是一张张检查这些牌，并且数出有多少张是红桃。这种方法的缺陷是速度太慢，特别是在牌的数量特别大的情况下，获取结果的时间会很长。

图 3.8　统计牌中红桃的数量

采用 MapReduce 方法则步骤如下：

（1）把这些牌分配给在座的所有玩家。

（2）让每个玩家数自己手中的牌，看有几张是红桃，然后把这个数目汇报上来。

（3）把所有玩家汇报的数字加起来，得到最后的结论。

显而易见，MapReduce 方法通过让所有玩家同时并行检查牌来找出有多少红桃，可以大大加快得到答案的速度。

以上采用 MapReduce 方法的步骤中，"玩家"代表计算机，因为它们同时工作，所以它们是个集群。把牌分给多个玩家并且让他们各自数数，就是在并行执行运算，此时每个玩家都在同时计数。这就把统计工作变成了分布式，因为多个不同的人在解决同一个问题的过程中并不需要知道他们的"邻居"在干什么。告诉每个人去数数，实际上就是对一项检查每张牌的任务进行了映射。不是让玩家把红桃牌递回来，而是让他们把想要的东西化简为一个数字。需要注意的是牌分配得是否均匀。如果某个玩家分到的牌远多于其他玩家，那么他数牌的过程可能比其他人要慢很多，从而会影响整个数牌的进度。

MapReduce 算法的机制要远比数牌复杂得多，但是主体思想是一致的，即通过分散计算来分析大量数据。无论是 Google、百度、腾讯还是小创业公司，MapReduce 都是目前分析互联网级别数据的主流方法。

◆　3.4.2　MapReduce 编程模型原理

MapReduce 系统通过 map（映射）和 reduce（化简）这样两个简单的概念来构成运算基本单元。用户只需编写 Map 函数和 Reduce 函数即可实现对大规模海量数据集的并行处理。MapReduce 系统可以根据输入数据的大小及作业的配置等信息，自动将该作业初始化为多个相同的 Map 任务和 Reduce 任务，分别读取不同的输入数据块并调用 Map 函数和 Reduce 函数进行处理。在 Map 函数中指定对各分块数据的处理过程，在 Reduce 函数中指定如何对分块数据处理的中间结果进行化简。

MapReduce 编程模型原理是：用户自定义的 Map 函数处理一个输入的基于 key–value 的集合，输出中间基于 key–value 的集合，MapReduce 把中间所有具有相同 key 值的 value 值，形成一个较小 value 值的集合。

◆ 3.4.3 MapReduce 的类型与格式

MapReduce 的数据模型（见表 3.2）比较简单，它的 Map 和 Reduce 函数使用 key–value 进行输入和输出，Map 和 Reduce 函数遵循的形式如表 3.2 所示。MapReduce 库支持多种不同格式的输入数据类型。MapReduce 的预定义输入类型能够满足大多数的输入要求，使用者还可通过提供一个简单的 Reader 接口，实现一个新的输入类型。MapReduce 还提供了预定义的输出类型，通过这些预定义类型能够产生不同格式的输出数据，用户可采用类似添加新输入数据类型的方式增加新输出类型。

表 3.2　MapReduce 的数据模型

函　　数	输　　入	输　　出	说　　明
Map	<k1,v1> 如：< 行号，"a,b,c" >	list（<k2,v2>） 如：< "a" ,1> < "b" ,1> < "c" ,1>	1. 将小数据集进一步解析成一批 <key,value> 对，输入 Map 函数进行处理； 2. 每一个输入的 <k1,v1> 会输出一批 <k2,v2>，<k2,v2> 是计算的中间结果
Reduce	<k2,list（v2）> 如：< "a" ,<1,1,1>>	list（<k3,v3>） 如：< "a" ,3>	输入的中间结果 <k2,list（v2）> 中的 list（v2）表示是一批属于同一个 k2 的 value

◆ 3.4.4 MapReduce 的体系结构及执行流程

1. MapReduce 的体系结构

MapReduce 的体系结构主要由四个部分组成，分别是 Client、JobTracker、TaskTracker 以及 Task。和 HDFS 一样，MapReduce 也是采用 master/slave 的架构，其架构如图 3.9 所示。

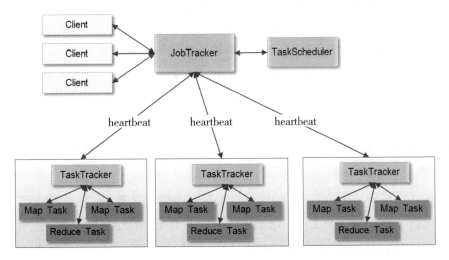

图 3.9　MapReduce 的体系结构

1）Client

用户编写的 MapReduce 程序通过 Client 提交到 JobTracker 端。用户可通过 Client 提供的一些接口查看作业运行状态。

2）JobTracker

JobTracker 负责资源监控和作业调度。JobTracker 监控所有 TaskTracker 与 Job 的健康状况，一旦发现失败，就将相应的任务转移到其他节点。JobTracker 会跟踪任务的执行进度、资源使用量等信息，并将这些信息告诉任务调度器（TaskScheduler），而调度器会在资源出现空闲时，选择合适的任务去使用这些资源。

3）TaskTracker

TaskTracker 会周期性地通过"心跳"（heartbeat）将本节点上资源的使用情况和任务的运行进度汇报给 JobTracker，同时接收 JobTracker 发送过来的命令并执行相应的操作（如启动新任务、杀死任务等）。TaskTracker 使用 slot 等量划分本节点上的资源量（CPU、内存等）。一个 Task 获取到一个 slot 后才有机会运行，而 Hadoop 调度器的作用就是将各个 TaskTracker 上的空闲 slot 分配给 Task 使用。slot 分为 Map slot 和 Reduce slot 两种，分别供 Map Task 和 Reduce Task 使用。

4）Task

Task 分为 Map Task 和 Reduce Task 两种，均由 TaskTracker 启动。

2. MapReduce 的执行流程

一个 MapReduce 作业（application/job）通常会把输入的数据集切分为若干独立的数据块，由 Map 任务（task）以完全并行的方式来处理。框架会对 Map 的输出先进行排序，然后把结果输入给 Reduce 任务，最后返回给客户端。通常作业的输入和输出都会被存储在文件系统中。整个框架负责任务的调度和监控，以及重新执行已经失败的任务。

一般来说，一个典型的 MapReduce 执行流程如图 3.10 所示。

MapReduce 执行过程主要包括以下几方面。

（1）将输入的海量数据切分给不同的机器处理。

（2）执行 Map 任务的 Worker 将输入数据解析成 key-value，用户定义的 Map 函数把输入的 key-value 转成中间形式的 key-value。

（3）按照 key 值对中间形式的 key-value 进行排序、聚合。

（4）把不同的 key 值和相应的 value 集分配给不同的机器，完成 Reduce 运算。

（5）输出 Reduce 结果。

任务成功完成后，MapReduce 的输出存放在 R 个输出文件中，一般情况下，这 R 个输出文件不需要合并成一个文件，而是作为另外一个 MapReduce 的输入，或者在另一个可处理多个分割文件的分布式应用中使用。

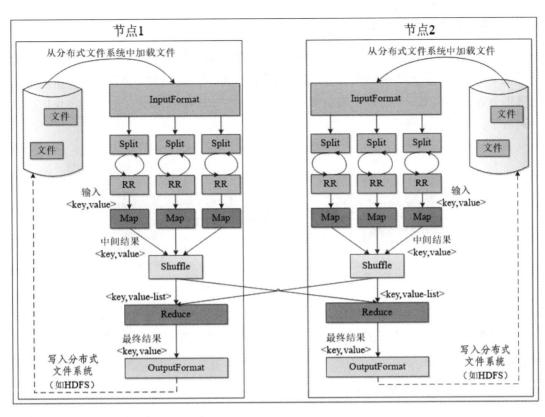

图 3.10　典型的 MapReduce 执行流程

3.4.5　MapReduce 的特征

目前利用 MapReduce 可以进行数据划分、计算任务调度、系统优化及出错检测和恢复等操作，在设计上具有以下四方面的特征。

1）易于使用

它简单地实现一些接口，就可以完成一个分布式程序，这个分布式程序可以分布到大量廉价的 PC 上运行。也就是说，写一个分布式程序，跟写一个简单的串行程序是一模一样的。就是因为这个特点，MapReduce 编程变得非常流行。

2）良好的扩展性

当用户的计算资源不能得到满足的时候，用户可以通过简单地增加机器来扩展计算能力。

3）高容错性

MapReduce 设计的初衷就是使程序能够部署在廉价的 PC 上，这就要求它具有很高的容错性。比如其中一台机器出了故障，它可以把上面的计算任务转移到另外一个节点上运行，不至于使这个任务运行失败，而且这个过程不需要人工参与。

4）适合 PB 级以上海量数据的离线处理

MapReduce 可以进行大规模数据处理，应用程序可以通过 MapReduce 在超过 1000 个以上节点的大型集群上运行，但它适合离线处理而不适合在线处理。

◆ 3.4.6 WordCount 运行实例

下面以 WordCount 程序为例。WordCount 主要解决文本处理中的词频统计问题，就是统计文本中每一个单词出现的次数。如果只是统计一篇文章的词频，涉及几万字节到几兆字节的数据，那么写一个程序，将数据读入内存，建一个 Hash 表记录每个词出现的次数就可以了，如图 3.11 所示。

图 3.11　统计一篇文章的词频

如果想统计全世界互联网所有网页（数万亿计）的词频（这正是 Google 这样的搜索引擎的典型需求），不可能写一个程序把全世界的网页都读入内存，这时候就需要用 MapReduce 编程来解决。

1. WordCount 的 Map 过程

使用三个 Map 任务并行读取三行内容，对读取的单词进行 Map 操作，每个单词都以 <key, value> 形式生成。Map 操作示例如图 3.12 所示。

Map 函数的计算过程就是，将文本中的单词提取出来，针对每个单词输出一个 <word, 1> 这样的 <key, value>。

MapReduce 计算框架会将这些 <word, 1> 收集起来，将相同的 word 放在一起，形成 <word, <1,1,1,1,1,1,1.....>> 这样的 <key, value 集合 > 数据，然后将其输入给 Reduce 函数。

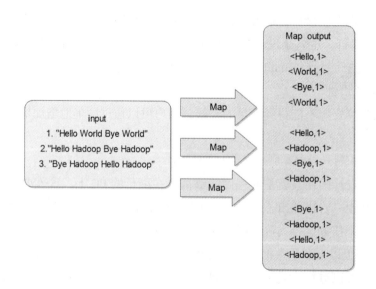

图 3.12　Map 操作示例

Map 端源码

```
public class WordMapper extends
  Mapper<Object, Text, Text, IntWritable> {

    private final static IntWritable one = new IntWritable（1）;
    private Text word = new Text（）;

    public void map（Object key, Text value, Context context）
    throws IOException, InterruptedException {
      String line = value.toString（）;
      StringTokenizer itr = new StringTokenizer（line）;
      while（itr.hasMoreTokens（）） {
        word.set（itr.nextToken（）.toLowerCase（））;
        context.write（word, one）;
      }
    }
}
```

2. WordCount 的 Reduce 过程

这里的 Reduce 的输入参数 values 就是由很多个 1 组成的集合，而 key 就是具体的单词 word。

Reduce 函数的计算过程就是，对这个集合里的 1 求和，再将单词（word）和这个和（sum）组成一个 <key , value>（<word , sum>）输出。每一个输出就是一个单词和它的词频统计总和。Reduce 操作示例如图 3.13 所示。

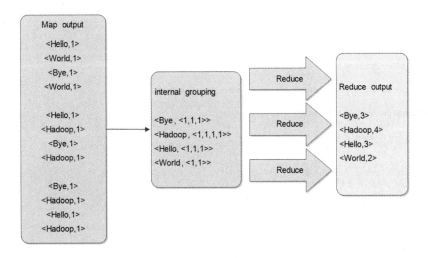

图 3.13　Reduce 操作示例

Reduce 端源码

```
public class WordReducer extends
    Reducer<Text, IntWritable, Text, IntWritable> {
        private IntWritable result = new IntWritable ( ) ;


        public void reduce ( Text key, Iterable<IntWritable> values,Context context )
        throws IOException, InterruptedException {
            int sum = 0;
            for ( IntWritable val:values ) {
                sum += val.get ( ) ;
            }
            result.set ( sum ) ;
            context.write ( key, new IntWritable ( sum ) ) ;

        }
    }
```

WordCount 源码

```
import java.io.IOException;
import java.util.StringTokenizer;
import org.apache.hadoop.conf.Configuration;
import org.apache.hadoop.fs.Path;
import org.apache.hadoop.io.IntWritable;
import org.apache.hadoop.io.Text;
import org.apache.hadoop.mapreduce.Job;
import org.apache.hadoop.mapreduce.Mapper;
import org.apache.hadoop.mapreduce.Reducer;
import org.apache.hadoop.mapreduce.lib.input.FileInputFormat;
import org.apache.hadoop.mapreduce.lib.output.FileOutputFormat;
import org.apache.hadoop.util.GenericOptionsParser;
public class WordCount {

    public static class WordMapper extends
    Mapper<Object, Text, Text, IntWritable> {


        private final static IntWritable one = new IntWritable ( 1 ) ;
        private Text word = new Text ( ) ;
```

```
   public void map（Object key, Text value, Context context）
   throws IOException, InterruptedException {
       String line = value.toString（）;
       StringTokenizer itr = new StringTokenizer（line）;
       while（itr.hasMoreTokens（））{
           word.set（itr.nextToken（）.toLowerCase（））;
           context.write（word, one）;
       }
   }
}


public static class WordReducer extends
Reducer<Text, IntWritable, Text, IntWritable> {
   private IntWritable result = new IntWritable（）;

   public void reduce（Text key, Iterable<IntWritable> values,Context context）
   throws IOException, InterruptedException {
       int sum = 0;
       for（IntWritable val:values）{
           sum += val.get（）;
       }
       result.set（sum）;
       context.write（key, new IntWritable（sum））;
   }
}


public static void main（String[] args）throws Exception {
   Configuration conf = new Configuration（）;
   String[] otherArgs = new GenericOptionsParser（conf, args）
       .getRemainingArgs（）;
   if（otherArgs.length != 2）{
       System.err.println（"Usage: wordcount <in> <out>"）;
       System.exit（2）;
   }
   Job job = new Job（conf, "word count"）;
   job.setJarByClass（WordCount.class）;
```

```
        job.setMapperClass（WordMapper.class）;

        job.setCombinerClass（WordReducer.class）;

        job.setReducerClass（WordReducer.class）;

        job.setOutputKeyClass（Text.class）;

        job.setOutputValueClass（IntWritable.class）;

        FileInputFormat.addInputPath（job, new Path（otherArgs[0]））;

        FileOutputFormat.setOutputPath（job, new Path（otherArgs[1]））;

        System.exit（job.waitForCompletion（true）? 0:1）;

    }

}
```

3.5　Spark 平台

◆　3.5.1　Spark 简介

Apache Spark 是专为大规模数据处理而设计的快速通用的计算引擎。Spark 是 UC Berkeley AMPLab（加州大学伯克利分校的 AMP 实验室）所研发的类似 Hadoop MapReduce 的开源通用并行框架。Spark 拥有 Hadoop MapReduce 所具有的优点；但不同于 MapReduce，Job 中间输出结果可以保存在内存中，从而不再需要读写 HDFS。

从需求角度来看，一方面信息行业数据量不断积累膨胀，传统单机因本身软硬件限制无法处理，很需要能对大量数据进行存储和分析处理的系统，另一方面如 Google、Yahoo 等大型互联网公司因为业务数据量增长非常快，其强劲的需求促进了数据存储和计算分析系统技术的发展，同时各公司对大数据处理技术的高效、实时性要求越来越高，Spark 就是在这样一个需求导向的背景下出现的，其设计的目的就是快速处理多种场景下的大数据问题，能高效挖掘大数据中的价值，从而为业务发展提供决策支持。

目前 Spark 已经在电商、电信、视频娱乐、零售、商业分析和金融等领域有广泛应用。

◆　3.5.2　Spark 与 Hadoop

Hadoop 已经成为大数据技术的事实标准，Hadoop MapReduce 也非常适合于对大规模数据集合进行批处理操作，但是其本身还存在一些缺陷。特别是 MapReduce 存在延迟过高的问题，无法胜任实时、快速计算需求，它只适用于离线批处理的应用场景。

根据 Hadoop MapReduce 的工作流程，可以分析出 Hadoop MapReduce 的一些缺点。

①Hadoop MapReduce 的表达能力有限。

所有计算都需要转换成 Map 和 Reduce 两个操作，不能适用于所有场景，对于复杂的数据处理过程难以描述。

②磁盘 I/O 开销大。

Hadoop MapReduce 要求每个步骤间的数据序列化到磁盘，所以 I/O 成本很高。

③计算延迟高。

如果想要利用 MapReduce 完成比较复杂的工作，就必须将一系列的 MapReduce 作业串联起来然后顺序执行这些作业。每一个作业都是高延迟的，而且只有在前一个作业完成之后下一个作业才能开始启动。因此，Hadoop MapReduce 不能胜任比较复杂的、多阶段的计算服务。

Spark 是借鉴了 Hadoop MapReduce 技术发展而来的，继承了其分布式并行计算的优点并改进了 MapReduce 明显的缺陷。

Spark 使用 Scala 语言实现，Scala 语言是一种面向对象的函数式编程语言，能够像操作本地集合对象一样轻松地操作分布式数据集。Spark 具有运行速度快、易用性好、通用性强和随处运行等特点，具体优势如下。

（1）Spark 提供了内存计算，把中间结果放到内存中，带来了更高的迭代运算效率。通过支持有向无环图（DAG）的分布式并行计算的编程框架，Spark 减少了迭代过程中数据需要写入磁盘的需求，提高了处理效率。

（2）Spark 为我们提供了一个全面、统一的框架，用于满足各种有着不同性质（文本数据、图表数据等）的数据集和数据源（批量数据或实时的流数据）的大数据处理需求。Spark 使用函数式编程范式扩展了 MapReduce 模型以支持更多计算类型，可以涵盖广泛的工作流，这些工作流之前被认为是 Hadoop 之上的特殊系统才能实现的。

（3）Spark 比 Hadoop 更加通用。Hadoop 只提供了 Map 和 Reduce 两种处理操作，而 Spark 提供的数据集操作类型更加丰富，从而可以支持更多类型的应用。Spark 的计算模式也属于 MapReduce 类型，但提供的操作不仅包括 Map 和 Reduce，还包括 Filter、FlatMap、Sample、GroupByKey、ReduceByKey、Union、Join、Cogroup、MapValues、Sort、PartionBy 等多种转换操作，以及 Count、Collect、Lookup、Save 等行为操作。

（4）Spark 基于 DAG 的任务调度执行机制比 Hadoop MapReduce 的迭代执行机制更优越。

图 3.14 中对 Hadoop MapReduce 和 Spark 的执行流程进行了对比。

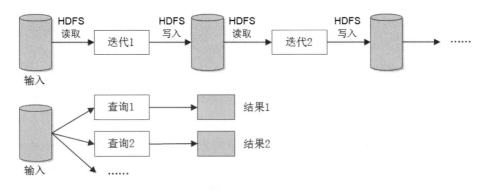

（a）Hadoop MapReduce 执行流程

图 3.14　Hadoop MapReduce 和 Spark 的执行流程对比

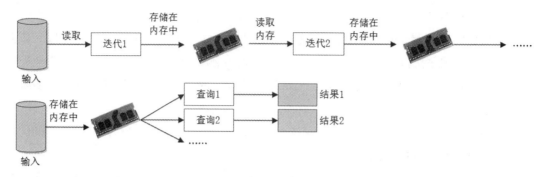

（b）Spark 执行流程

续图 3.14

从图 3.14 中可以看出，Hadoop 不适合做迭代计算，因为每次迭代都需要从磁盘中读取数据和向磁盘写中间结果，而且执行每个任务都需要从磁盘中读取数据，处理的结果也要写入磁盘，磁盘 I/O 开销很大；而 Spark 将数据载入内存后，后面的迭代都可以直接使用内存中的中间结果做计算，从而避免了从磁盘中频繁读取数据。

对于多维度随机查询也是一样。在对 HDFS 同一批数据做成百或上千维度查询时，Hadoop 每做一个独立的查询，都要从磁盘中读取这个数据，而 Spark 只需要从磁盘中读取一次，就可以针对保留在内存中的中间结果进行反复查询。

Spark 在 2015 年打破了 Hadoop 保持的基准排序（SortBenchmark）记录，使用 206 个节点在约 23 分钟的时间里完成了 100 TB 数据的排序，而此前 Hadoop 则是使用了 2000 个节点在 72 分钟才完成相同数据的排序。也就是说，与 Hadoop 相比，Spark 只使用了百分之十的计算资源，就获得了三倍的速度。

尽管与 Hadoop 相比，Spark 有较大优势，但是 Spark 并不能够取代 Hadoop，其主要用于替代 Hadoop 中的 MapReduce 计算模型。因为 Spark 是基于内存进行数据处理的，所以它不适合数据量特别大、对实时性要求不高的场合。另外，Hadoop 可以使用廉价的通用服务器来搭建集群，而 Spark 对硬件要求比较高，特别是对内存和 CPU 有更高的要求。目前，Spark 已经很好地融入了 Hadoop 生态系统，并成为其中重要的一员，它可以借助于 YARN 实现资源调度管理，借助于 HDFS 实现分布式存储。

3.5.3　Spark 的架构及工作流程

1. Spark 的基本架构

Spark 集群的运行模式有多种，但 Spark 的基本架构都是相似的，如图 3.15 所示。

1）Cluster Manager

Cluster Manager 是 Spark 的集群管理器，负责资源的分配与管理。Cluster Manager 属于一级分配，它将各个 Worker 上的内存、CPU 等资源分配给应用程序。YARN、Mesos、EC2 等都可以作为 Spark 的集群管理器，如 YARN 的 ResourceManager 可以作为 Spark 的 Cluster Manager 使用。

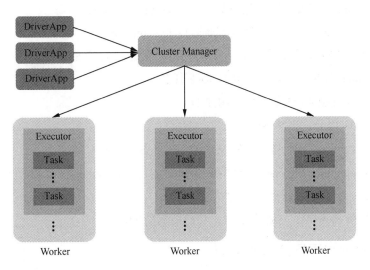

图 3.15 Spark 的基本架构

2）Worker

Worker 是 Spark 的工作节点。对 Spark 应用程序来说，由 Cluster Manager 分配得到资源的 Worker 节点主要负责创建 Executor，将资源和任务进一步分配给 Executor，并同步资源信息给 Cluster Manager。在 Spark on YARN 模式下，Worker 就是 NodeManager 节点。

3）Executor

Executor 是具体应用运行在 Worker 节点上的一个进程，该进程负责运行某些 Task，并且负责将数据存到内存或磁盘上，每个应用都有各自独立的一批 Executor。Executor 同时与 Worker、DriverApp 保持信息的同步。

4）DriverApp

DriverApp 属于客户端驱动程序，用于将任务程序转化为 RDD 和 DAG，并与 Cluster Manager 进行通信与调度。

2. Spark 的工作流程

Spark 的工作流程如图 3.16 所示。

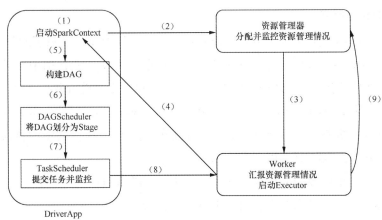

图 3.16 Spark 的工作流程

（1）构建 Spark 应用程序的运行环境，启动 SparkContext。

（2）SparkContext 向资源管理器申请运行 Executor 资源。

（3）资源管理器分配资源给 Executor，并由 Worker 启动 Executor。

（4）Executor 向 SparkContext 申请 Task 任务。

（5）SparkContext 根据应用程序构建 DAG。

（6）将 DAG 划分为多个 Stage。

（7）把每个 Stage 需要的任务集发送给 TaskScheduler。

（8）TaskScheduler 将 Task 发送给 Executor 运行，Executor 在执行任务过程中需要与 DriverApp 通信，告知目前任务的执行状态。

（9）Task 在 Executor 上运行完后，释放所有资源。

3.5.4　Spark RDD 的基本知识

Spark 的核心建立在统一的抽象 RDD（resilient distributed datasets）之上，这使得 Spark 的各个组件可以无缝地进行集成，在同一个应用程序中完成大数据计算任务。RDD 是 Spark 提供的最重要的抽象概念，它是一种有容错机制的特殊数据集合，可以分布在集群的节点上，以函数操作集合的方式进行各种并行操作。

1. RDD 的设计背景

在实际应用中，存在许多迭代式算法（比如机器学习、图计算等）和交互式数据挖掘，这些应用场景的共同之处是，不同计算阶段之间会重用中间结果集，即一个阶段的输出结果会作为下一个阶段的输入数据。但是，目前的 MapReduce 框架都是把中间结果写入 HDFS，带来了大量的数据复制、磁盘 I/O 和序列化开销。虽然类似 Pregel 等图计算框架也是将结果保存在内存当中，但是这些框架只能支持一些特定的计算模式，并没有提供一种通用的数据抽象。RDD 就是为了满足这种需求而出现的，它提供了一个抽象的数据结构，我们不必担心底层数据的分布式特性，只需将具体的应用逻辑表达为一系列转换处理，不同 RDD 之间的转换操作形成依赖关系，可以实现管道化，从而避免了中间结果的存储，大大降低了数据复制、磁盘 I/O 和序列化开销。

2. RDD 的基本概念

我们可以将 RDD 理解为一个分布式对象集合，其本质上是一个只读的分区记录集合。每个 RDD 可以分成多个分区，每个分区就是一个数据集片段。一个 RDD 的不同分区可以保存到集群中的不同节点上，从而可以在集群中的不同节点上进行并行计算。

图 3.17 展示了 RDD 的分区及分区与工作节点（Worker node）的分布关系。

RDD 具有容错机制，并且属性为只读，不能修改，可以执行确定的转换操作创建新的 RDD。具体来讲，RDD 具有以下几个属性。

（1）只读：不能修改，只能通过转换操作生成新的 RDD。

（2）分布式：可以分布在多台机器上进行并行处理。

（3）弹性：计算过程中内存不够时它会和磁盘进行数据交换。

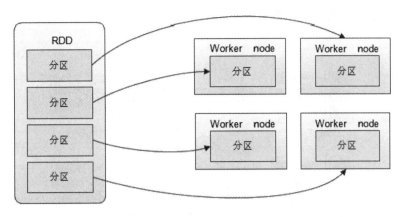

图 3.17　RDD 分区及分区与工作节点的分布关系

（4）基于内存：可以全部或部分缓存在内存中，在多次计算间重用。

RDD 实质上是一种更为通用的迭代并行计算框架，用户可以显示或控制计算的中间结果，然后将其自由运用于之后的计算。

在大数据实际应用开发中，使用 MapReduce 具有自动容错、负载平衡和可扩展的优点，但是其采用非循环式的数据流模型，在迭代计算时要进行大量的磁盘 I/O 操作。

通过使用 RDD，用户可以实现管道化，避免了中间结果的存储，从而大大降低了数据复制等的开销。

3. RDD 血缘关系

RDD 的重要特性之一就是血缘关系（lineage），它描述了一个 RDD 是如何从父 RDD 计算得来的。如果某个 RDD 丢失了，则可以根据血缘关系，从父 RDD 计算得来。

图 3.18 给出了一个 RDD 执行过程的实例。系统从输入中逻辑上生成了 A 和 C 两个 RDD，经过一系列转换操作，逻辑上生成了 F 这个 RDD。Spark 记录了 RDD 之间的生成和依赖关系。当 F 进行行动操作时，Spark 才会根据 RDD 的依赖关系生成 DAG，并从起点开始真正地计算。

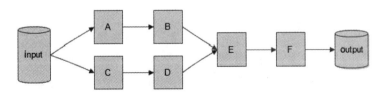

图 3.18　RDD 血缘关系（RDD 执行过程的实例）

上述一系列处理称为一个血缘关系，即 DAG 拓扑排序的结果。在血缘关系中，下一代的 RDD 依赖于上一代的 RDD。例如，在图 3.18 中，B 依赖于 A，D 依赖于 C，而 E 依赖于 B 和 D。

4. RDD 依赖类型

根据不同的转换操作，RDD 血缘关系的依赖分为窄依赖和宽依赖，如图 3.19 所示。窄依赖是指父 RDD 的每个分区都只被子 RDD 的一个分区所使用。宽依赖是指父 RDD 的每个分区被子 RDD 的多个分区所依赖。

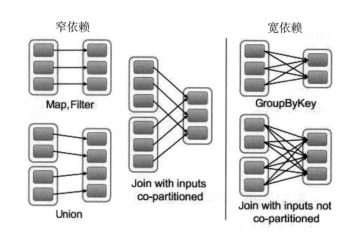

图 3.19　RDD 窄依赖和宽依赖

Map、Filter、Union 等操作是窄依赖，而 GroupByKey、ReduceByKey 等操作是宽依赖。Join 操作有两种情况，如果 Join 操作中使用的每个 Partition 仅仅和固定个 Partition 进行合并，则该 Join 操作是窄依赖，其他情况下的 Join 操作是宽依赖。

Spark 的这种依赖关系设计，使其具有了天生的容错性，大大加快了 Spark 的执行速度。RDD 通过血缘关系记住了它是如何从其他 RDD 中演变过来的。当这个 RDD 的部分分区数据丢失时，它可以通过血缘关系获取足够的信息来重新运算和恢复丢失的数据分区，从而带来性能的提升。

相对而言，窄依赖的失败恢复更为高效，它只需要根据父 RDD 分区重新计算丢失的分区即可，而不需要重新计算父 RDD 的所有分区。对于宽依赖来讲，单个节点失效，即使只是 RDD 的一个分区失效，也需要重新计算父 RDD 的所有分区，开销较大。

宽依赖操作就像是将父 RDD 中所有分区的记录进行了洗牌，数据被打散，然后在子 RDD 中进行重组。

◆ 3.5.5　Spark 生态系统

Spark 设计目的是全栈式解决批处理、结构化数据查询、流计算、图计算和机器学习业务场景中的问题，此外其通用性还体现在对存储层（如 HDFS、Cassandra）和资源管理层（Mesos、YARN）的支持。图 3.20 所示的是 Spark 生态系统，在 Spark Core 的上层有支持 SQL 查询的子项目 Spark SQL、支持机器学习的 MLlib 库、支持图计算的 GraphX 以及支持流计算的 Spark Streaming 等。这样的生态圈让 Spark 的核心 RDD 抽象数据集能在不同应用中使用，大大减少数据转换的消耗和运维管理需要的资源。

1. Spark Core

Spark Core 是整个生态系统的核心组件，是一个分布式大数据处理框架。Spark Core 提供了多种资源调度管理，通过内存计算、有向无环图（DAG）等机制保证分布式计算的快速，并引入了 RDD 的抽象保证数据的高容错性，其重要特性描述如下。

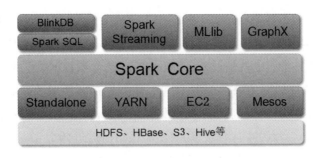

图 3.20　Spark 生态系统

（1）Spark Core 提供了多种运行模式，不仅可以使用自身运行模式处理任务，如本地模式、Standalone，而且可以使用第三方资源调度框架来处理任务，如 YARN、Mesos 等。相比较而言，第三方资源调度框架能够以更细粒度管理资源。

（2）Spark Core 提供了有向无环图的分布式并行计算框架，并提供内存机制来支持多次迭代计算或者数据共享，大大减少迭代计算之间读取数据的开销；另外，在任务处理过程中移动计算而非移动数据，RDD Partition 可以就近读取分布式文件系统中的数据块到各个节点内存中进行计算。

（3）在 Spark 中引入了 RDD 的抽象，它是分布在一组节点中的只读对象集合，这些集合是弹性的，如果数据集一部分丢失，则可以根据转换过程对它们进行重建，保证了数据的高容错性。

2. Spark Streaming

Spark Streaming 是一个对实时数据流进行高吞吐、高容错流式处理的系统，可以对多种数据源（如 Kafka、Flume、Twitter 和 ZeroMQ 等）进行类似 Map、Reduce 和 Join 等复杂操作，并将结果保存到外部文件系统、数据库或应用到实时仪表盘。

Spark Streaming 提供的处理引擎和 RDD 编程模型可以同时进行批处理与流处理。

Spark Streaming 使用的将流数据离散化处理（discretized streams）的方式能够进行秒级以下的数据批处理。在 Spark Streaming 处理过程中，Receiver 并行接收数据，并将数据缓存至 Spark 工作节点的内存中。经过延迟优化，Spark 引擎对短任务（几十毫秒）能够进行批处理，并且可将结果输出至其他系统中。Spark 可基于数据的来源将可用资源动态分配给工作节点。

使用离散化流数据（DStreaming），Spark Streaming 将具有如下特性。

（1）动态负载均衡：Spark Streaming 将数据划分为小批量，通过这种方式可以实现对资源更细粒度的分配。采用传统实时流记录处理系统，在输入数据流以键值进行分区处理的情况下，如果一个节点计算压力较大，超出了负荷，该节点将成为瓶颈，进而拖慢整个系统的处理速度。在 Spark Streaming 中，作业任务将会动态地平衡分配给各个节点，即如果任务处理时间较长，分配的任务数量将少些；如果任务处理时间较短，则分配的任务数据将多些。

（2）快速故障恢复机制：在 Spark 中，计算将被分成许多小的任务，保证在任何节点运行后能够正确进行合并。因此，在某节点出现故障的情况下，这个节点的任务将均匀地分散到集群中的其他节点进行计算，相对于传统故障恢复机制能够更快地恢复。

（3）批处理、流处理与交互式分析的一体化：Spark Streaming 是将流式计算分解成一系列短小的批处理作业，也就是把 Spark Streaming 的输入数据按照批处理大小（如几秒）分成一段一段的离散数据流（DStream），每一段数据都转换成 Spark 中的 RDD，然后将 Spark Streaming 中对 DStream 的流处理操作变为针对 Spark 中 RDD 的批处理操作。另外，流数据都储存在 Spark 节点的内存里，用户便能根据所需进行交互查询。正是利用了这种工作机制，Spark 将批处理、流处理与交互式工作结合在一起。

3. Spark SQL

Spark SQL 的前身是 Shark，即 Hive on Spark，本质上是通过 Hive 的 HQL 进行解析的，把 HQL 翻译成 Spark 上对应的 RDD 操作，然后通过 Hive 的元数据信息获取数据库里的表信息，实际为 HDFS 上的数据和文件，最后由 Shark 获取并放到 Spark 上运算。

Spark SQL 允许开发人员直接处理 RDD，开发人员也可查询在 Hive 上存储的外部数据。Spark SQL 的一个重要特点是能够统一处理关系表和 RDD，这使开发人员可以轻松地使用 SQL 命令进行外部查询，同时可以进行更复杂的数据分析。

4. BlinkDB

BlinkDB 是一个用来在海量数据上运行交互式 SQL 近似查询的大规模并行查询引擎。它允许用户在查询结果精度和时间上做出权衡，其数据的精度被控制在允许的误差范围内。BlinkDB 达到这样目标的两个核心思想，一个是提供一个自适应优化框架，从原始数据到随着时间的推移建立并维护一组多维样本，另一个是使用一个动态样本选择策略，选择一个适当大小的实例，基于查询的准确性和响应时间来实现需求。

5. MLlib

MLlib 是 Spark 生态系统在机器学习领域的重要应用，它充分发挥 Spark 迭代计算的优势，能比传统 MapReduce 模型算法快 100 倍以上。

MLlib 实现了逻辑回归、线性 SVM、随机森林、K-means、奇异值分解等多种分布式机器学习算法，充分利用 RDD 的迭代优势，能对大规模数据应用机器学习模型，并能与 Spark Streaming、Spark SQL 进行协作开发应用，让机器学习算法在基于大数据的预测、推荐和模式识别等方面应用更广泛。

6. GraphX

GraphX 是分布式图计算框架，它提供了对图的抽象 Graph，Graph 由顶点、边及边的权值 3 种结构组成。对 Graph 的所有操作最终都会转换成 RDD 操作来完成，即对图的计算在逻辑上等价于一系列的 RDD 转换过程。目前，Graph 已经封装了最短路径、网页排名、连接组件、三角关系统计等算法的实现，用户可以自行选用。

7. Mesos

Mesos 是一个集群管理器，与 YARN 功能类似，提供跨分布式应用或框架的资源隔离与共享，上面运行 Hadoop、Hypertable（一种类似 Google 公司 BigTable 的数据库）、Spark 等。

Mesos 使用分布式应用程序协调服务 ZooKeeper 实现容错，同时利用基于 Linux 的容器隔离任务，支持不同的资源分配计划。

8. YARN

YARN（yet another resource negotiator）最初是为 Hadoop 生态系统设计的资源管理器，能在上面运行 Hadoop、Hive、Pig（Pig 是一种基于 Hadoop 平台的高级过程语言）、Spark 等应用框架。在 Spark 使用方面，YARN 与 Mesos 很大的不同是，Mesos 是 AMPLab 开发的资源管理器，对 Spark 支持力度很大，但国内主流仍是使用 YARN，主要是 YARN 对 Hadoop 生态圈的适用性更好。

3.6 流计算框架 Storm

◆ 3.6.1　Storm 概述

随着互联网应用的高速发展，企业积累的数据量越来越大、越来越多。随着 Google MapReduce、Hadoop 等相关技术的出现，处理大规模数据变得简单起来，但是这些数据处理技术都不是实时的系统，它们的设计目标也不是实时计算。

随着大数据业务的快速增长，针对大规模数据处理的实时计算变成了一种业务上的需求，缺少"实时版 Hadoop 系统"已经成为整个大数据生态系统中的一个巨大缺失。Storm 正是在这样的需求背景下出现的，它很好地满足了这一需求。

在 Storm 出现之前，对于需要实时计算的任务，开发者需要手动维护一个消息队列和消息处理者所组成的实时处理网络，消息处理者从消息队列中取出消息进行处理，然后更新数据库，发送消息给其他队列。所有这些操作都需要开发者自己实现。这种编程实现的模式不仅单调乏味，而且写出的程序不够健壮，可伸缩性差。

Storm 是 Twitter 的开源分布式实时大数据处理框架，被业界称为"实时版 Hadoop"。随着越来越多的场景对 Hadoop MapReduce 的高延迟无法容忍，比如网站统计、推荐系统、预警系统、金融系统（高频交易、股票）等，大数据实时处理解决方案（流计算）的应用日趋广泛，目前已是分布式技术领域最新爆发点，而 Storm 更是流计算技术中的佼佼者和主流。

◆ 3.6.2　Storm 的特点

Storm 具有以下特点：

（1）适用场景广：Storm 可以用来处理消息和更新数据库（消息的流处理），以及对一个数据量进行持续的查询并将结果返回给客户端（连续计算），对于耗费资源的查询进行并行化处理（分布式方法调用）。

（2）可伸缩性强：Storm 实现计算任务的扩展，只需要在集群中添加机器，然后提高计算任务的并行度设置。

（3）保证数据不丢失：Storm 可以保证每一条消息都会被处理，这是 Storm 区别于 S4

（Yahoo 开发的实时计算系统）的关键特征。

（4）健壮性强：Storm 集群很容易进行管理，容易管理是 Storm 的设计目标之一。

（5）高容错性：如果一条消息在处理过程中失败，那么 Storm 会重新安排出错的处理逻辑。Storm 可以保证一个处理逻辑永远运行。

（6）语言无关性：虽然 Storm 是使用 Clojure 语言开发实现的，但是 Storm 的处理逻辑和消息处理组件都可以使用任何语言来进行定义，这就是说，任何语言的开发者都可以使用 Storm。

◆ 3.6.3 Storm 的设计思想

Storm 对一些设计思想进行了抽象化，其主要包括 Streams、Spouts、Bolt、Topology 和 Stream Groupings。

1. 消息流（Streams）

消息流是 Storm 中最关键的抽象，一个消息流就是一个没有边界的 Tuple 序列，Tuple 是一种 Storm 中使用的数据结构。这些 Tuple 序列会被分布式并行地在集群上进行创建和处理。对消息流进行定义主要就是对消息流里面的 Tuple 进行定义，为了更好地使用 Tuple，需要给 Tuple 里的每一个字段取一个名字，并且不同的 Tuple 字段对应的类型要相同。默认情况下，Tuple 的字段类型可以为 integer、long、short、byte、string、double、float、Boolean 和 byte array 等基本类型，也可以为自定义类型，只需要实现相应的序列化接口。

2. 消息源（Spouts）

Spouts 是 Storm 集群的一个计算任务（Topology）中消息流的生产者，Spouts 一般是从别的数据源（例如，数据库或者文件系统）加载数据，然后向 Topology 中发射消息。

3. 消息处理者（Bolt）

所有消息处理的逻辑都在 Bolt 中完成，在 Bolt 中可以完成如过滤、分类、聚集、计算、查询数据库等操作。Bolt 既可以处理 Tuple，也可以将处理后的 Tuple 作为新的 Streams 发送给其他 Bolt。

4. 计算拓扑（Topology）

在 Storm 中，一个实时计算应用程序的逻辑被封装在一个被称为 Topology 的对象中，这一对象称为计算拓扑。Topology 有点类似于 Hadoop 中的 MapReduce Job，它们之间的关键区别在于，一个 MapReduce Job 最终是会结束的，然而一个 Storm 的 Topology 会一直运行。在逻辑上，一个 Topology 是由 Spouts（消息的发送者）和一些 Bolt（消息的处理者）组成图状结构的，而连接 Spouts 和 Bolt 的则是 Stream Groupings。

5. 消息分组策略（Stream Groupings）

Storm 中的 Stream Groupings 用于告知 Topology 如何在两个组件间（如 Spout 和 Bolt 之间，或者不同的 Bolt 之间）进行 Tuple 的传送。一个 Topology 中 Tuple 的流向如图 3.21

所示，其中，箭头表示 Tuple 的流向，圆圈表示任务，每一个 Spout 和 Bolt 都可以有多个分布式任务，一个任务在什么时候、以什么方式发送 Tuple 就是由 Stream Groupings 来决定的。

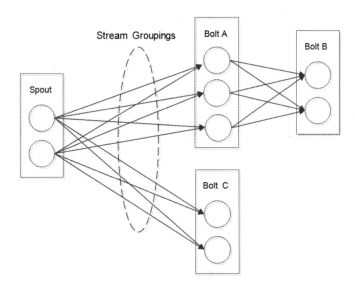

图 3.21　由 Stream Groupings 控制 Tuple 的流向

Storm 里面有 6 种类型的 Stream Groupings。

（1）Shuffle Grouping：随机分组，随机派发 Stream 里面的 Tuple，保证每个 Bolt 接收到的 Tuple 数目相同。

（2）Fields Grouping：按字段分组，比如按 Userid 来分组，具有同样 Userid 的 Tuple 会被分到相同的 Bolt，而不同的 Userid 则会被分配到不同的 Bolt。

（3）All Grouping：广播发送，对于每一个 Tuple，所有的 Bolt 都会收到。

（4）Global Grouping：全局分组，这个 Tuple 被分配到 Storm 中一个 Bolt 的其中一个 Task。再具体一点就是分配给 ID 值最低的那个 Task。

（5）Non Grouping：不分组，意思是 Stream 不关心到底谁会收到它的 Tuple。目前这种分组和 Shuffle Grouping 是一样的效果，有一点不同的是，Storm 会把这个 Bolt 放到此 Bolt 的订阅者的同一个线程里面去执行。

（6）Direct Grouping：直接分组，这是一种比较特别的分组方法，用这种方法分组意味着消息的发送者指定由消息接收者的哪个 Task 处理这个消息。只有被声明为 Direct Stream 的消息流才可以声明这种分组方法，而且 Tuple 必须使用 emitDirect 方法来发送这种消息。

3.6.4　Storm 的框架设计

Storm 运行在分布式集群中，其运行任务的方式与 Hadoop 类似：在 Hadoop 上运行的是 MapReduce 作业，而在 Storm 上运行的是 Topology。但两者的任务大不相同，其中主要的不同是，一个 MapReduce 作业最终会完成计算并结束运行，而一个 Topology 将持续处理消息（直到人为终止）。

Storm 集群采用"Master—Worker"的节点方式：

Master 节点运行名为 Nimbus 的后台程序（类似 Hadoop 中的 JobTracker），负责在集群范围内分发代码、为 Worker 分配任务和监测故障。

Worker 节点运行名为 Supervisor 的后台程序，负责监听分配给它所在机器的工作，即根据 Nimbus 分配的任务来决定启动或停止 Worker 进程，一个 Worker 节点上同时运行若干个 Worker 进程。

Storm 使用 ZooKeeper 来作为分布式协调组件，负责 Nimbus 和多个 Supervisor 之间的所有协调工作。借助于 ZooKeeper，即使 Nimbus 进程或 Supervisor 进程意外终止，重启时也能读取、恢复之前的状态并继续工作，这使得 Storm 极其稳定。Storm 集群框架如图 3.22 所示。

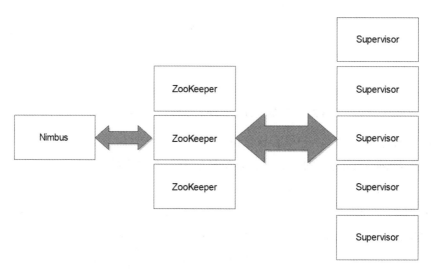

图 3.22　Storm 集群框架

基于这样的框架设计，Storm 的工作流程如图 3.23 所示，包含以下 4 个过程。

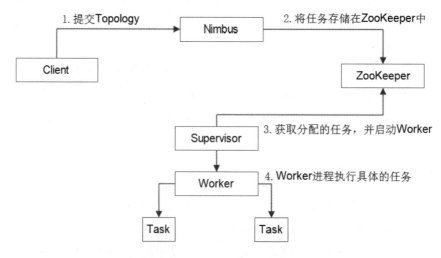

图 3.23　Storm 的工作流程

（1）客户端提交 Topology 到 Storm 集群中。

（2）Nimbus 将分配给 Supervisor 的任务写入 ZooKeeper。

（3）Supervisor 从 ZooKeeper 中获取所分配的任务，并启动 Worker 进程。

（4）Worker 进程执行具体的任务。

所有 Topology 任务的提交必须在 Storm 客户端节点上进行，提交后，由 Nimbus 节点分配给其他 Supervisor 节点进行处理。

Nimbus 节点首先将提交的 Topology 进行分片，分成一个个 Task，分配给相应的 Supervisor，并将 Task 和 Supervisor 相关的信息提交到 ZooKeeper 集群上。

Supervisor 会去 ZooKeeper 集群上认领自己的 Task，通知自己的 Worker 进程进行 Task 的处理。

3.7　云计算平台

3.7.1　云计算的产生背景

互联网自 1960 年兴起，主要用于军方、大型企业等，为纯文字电子邮件或新闻集群组服务。直到 1990 年才开始进入普通家庭，随着 Web 网站与电子商务的发展，网络已经成为目前人们的生活必需品之一。云计算这个概念首次在 2006 年 8 月的搜索引擎会议上提出，被称为互联网的第三次革命。

近几年来，云计算也正在成为信息技术产业发展的战略重点，全球的信息技术企业都在纷纷向云计算转型。每家企业都需要实行数据信息化，存储相关的运营数据，进行产品管理、人员管理、财务管理等，而进行这些数据管理的基本设备就是计算机了。

对于一家企业来说，一台计算机的运算能力是远远无法满足数据运算需求的，那么企业就要购置一台运算能力更强的计算机，也就是服务器。对于规模比较大的企业来说，一台服务器的运算能力显然还是不够，那就需要企业购置多台服务器，甚至演变出一个具有多台服务器的数据中心，而且服务器的数量会直接影响这个数据中心的业务处理能力。除了高额的初期建设成本之外，计算机的运营支出中花费的电费要比初期投资成本高得多，再加上计算机和网络的维护支出，这些费用是中小型企业难以承担的，于是云计算的概念便应运而生了。

3.7.2　云计算的定义

"云"实质上就是一个网络，狭义上讲，云计算就是一种提供资源的网络，使用者可以随时获取"云"上的资源，按需求量使用，并且这种网络可以看成是无限扩展的，只要按使用量付费就可以。"云"就像自来水厂一样，我们可以随时接水，并且不限量，再按照自己家的用水量付费给自来水厂就可以。从广义上说，云计算是与信息技术、软件、互联网相关的一种服务，这种计算资源共享池叫作"云"，云计算把许多计算资源集合起来，通过软件实现自动化管理，只需要很少的人参与，就能让资源被快速提供。也就是说，计算能力作为一种商品，可以在互联网上流通，就像水、电、燃气一样，可以被人们方便地取用，且价格较为低廉。

总之，云计算不是一种全新的网络技术，而是一种全新的网络应用概念。云计算的核心概念就是，以互联网为中心，在网络上提供快速且安全的云计算服务与数据存储，让每一个使用互联网的人都可以使用网络上的庞大计算资源与数据中心。

云计算是继互联网、计算机后信息时代的又一种革新，是信息时代的一个大飞跃，未来的时代可能是云计算的时代。虽然目前有关云计算的定义有很多，但总体来说，云计算的基本含义是一致的，即云计算具有很强的扩展性，可以为用户提供一种全新的体验。云计算的核心是将很多的计算机资源协调在一起，使用户通过网络就可以获取到无限的资源，同时获取资源不受时间和空间的限制。

实质上，云计算是分布式计算、并行计算、效用计算、网络存储、虚拟化、负载均衡等传统计算和网络技术融合而成的产物，是整合了这些技术的商业化实现。

3.7.3 云计算的特点

与传统的网络应用模式相比，云计算具有如下优势与特点。

1. 虚拟化

虚拟化是指突破了时间、空间的界限，这是云计算最为显著的特点。虚拟化技术包括应用虚拟和资源虚拟两种。云计算支持用户在"云"覆盖的范围内随时随地、使用各种各样的终端获取云服务。用户所请求的资源都来自"云"，而不是固定的有形的实体。用户的应用在"云"中某处运行，但实际上用户无须了解、也不用担心应用运行的具体位置。

2. 高可靠性

"云"使用了数据多副本容错、计算节点同构可互换等措施来保障服务的高可靠性，使用云计算比使用本地计算机可靠。

3. 通用性

云计算不针对特定的应用，在"云"的支撑下可以构造出千变万化的应用，同一个"云"可以同时支撑不同的应用运行。

4. 高可扩展性

"云"的规模可以动态伸缩，满足应用和用户规模增长的需要。

5. 按需服务

"云"是一个庞大的资源池，用户可按需购买；"云"可以像自来水、电、燃气那样计费。

6. 极其廉价

"云"由极其廉价的节点构成，"云"的自动化集中式管理使大量企业无须负担日益高昂的数据中心管理成本，"云"的通用性使资源的利用率较之传统系统大幅提升，因此用户可以充分享受"云"的低成本优势，只要花费几百美元、几天时间就能完成以前需要数万美元、数月时间才能完成的任务。

云计算可以彻底改变人们未来的生活，但同时我们也要重视环境问题，这样才能使云计算真正为人类进步做贡献，而不是成为简单的技术提升。

7. 潜在的危险性

云计算除了提供计算服务外，还提供存储服务。但是，云计算当前垄断在私人机构（企业）手中，而仅仅提供商业信用。对于政府机构、商业机构（特别是像银行这样持有敏感数据的商业机构），选择云计算服务时应保持足够的警惕。一旦商业用户大规模使用私人机构提供的云计算服务，无论其技术优势有多强，都将不可避免地让这些私人机构以数据（信息）的重要性挟制整个社会。对于信息社会而言，信息是至关重要的。另外，云计算中的数据对于数据所有者以外的其他云计算用户是保密的，但是对于提供云计算的商业机构而言却毫无秘密可言。这就像常人不能监听别人的电话，但是在电信公司内部可以随时监听任何电话。所有这些潜在的危险，是商业机构和政府机构选择云计算服务、特别是国外机构提供的云计算服务时，不得不考虑的一个重要的前提。

3.7.4 云计算的服务模式

云计算是一种全新的商业模式，核心仍然是数据中心。云计算的一个典型特征是将传统的 IT 产品、运算能力通过互联网以服务的形式交付给用户，形成云计算服务模式。

云计算的典型服务模式有 3 类，即软件即服务（software as a service，SaaS）、平台即服务（platform as a service，PaaS）和基础设施即服务（infrastructure as a service，IaaS），如图 3.24 所示。

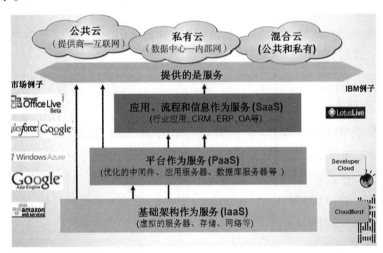

图 3.24　云计算的 3 种典型服务模式

1. 软件即服务

SaaS 是一种以互联网为载体，以浏览器为交互方式，把服务器端的程序软件传给远程用户来提供软件服务的应用模式。在服务器端，SaaS 为用户提供搭建信息化所需要的所有网络基础设施及软硬件运作平台，负责所有前期的实施、后期的维护等一系列工作。

SaaS 的典型应用包括在线邮件服务、网络会议、网络传真、在线杀毒等各种工具型服务，在线客户关系管理系统、在线人力资源系统、在线项目管理等各种管理型服务，以及网络搜索、网络游戏、在线视频等娱乐性应用。

常见的 SaaS 平台如下：

（1）Google Apps：也称为 Google 企业应用套件，提供多个在线办公工具。该套件价格低廉，使用方便。

（2）Salesforce CRM：一款在线客户管理工具，在销售、市场、服务和合作伙伴这四个商业领域中提供完善的 IT 支持，还提供强大的定制和扩展机制。

（3）Office Web Apps：微软开发的完全免费的在线版 Office，兼容 Firefox、Safari 等非 IE 系列浏览器，为用户提供随时随地办公的条件。

（4）Zoho：一款在线办公套件，在功能方面较全面，有邮件、CRM、项目管理、Wiki、在线会议、论坛和人力资源等几十个在线工具供用户选择。

2. 平台即服务

PaaS 是为用户提供应用软件的开发、测试、部署和运行环境的服务，它抽象掉了硬件和操作系统细节，可以无缝地扩展。开发者只需要关注自己的业务逻辑，不需要关注底层。客户不需要管理或控制底层的云基础设施，包括网络、服务器、操作系统、存储等，但客户可控制部署的应用程序，也可控制运行应用程序的托管环境配置。

常见的 PaaS 平台包括：

（1）Google App Engine：使用户可以在 Google 及基础结构上运行自己的网络应用程序的 PaaS 应用程序，提供整套的开发工具和 SDK 来加速应用的开发，并提供大量的免费额度以节省用户的开支。

（2）Windows Azure Platform：微软推出的 PaaS 产品，运行在微软数据中心的服务器和网络基础上，通过公共互联网对外提供服务。

（3）Heroku：部署 Ruby On Rails 应用的 PaaS 平台，支持多种编程语言。

3. 基础设施即服务

基础设施即服务通过给消费者提供虚拟化的计算资源、存储资源、网络资源等，包括 CPU、存储、网络和其他基本的计算资源，用户无须购买、维护硬件设备和相关系统软件，就可以直接构建自己的平台和应用，能够部署和运行任意软件，包括操作系统和应用程序。

IaaS 的优点是客户只需要具备低成本的硬件，按需租用相应的计算能力和存储能力，大大地降低了客户在硬件方面的支出。

著名的 IaaS 厂商包括：

（1）IBM Blue Cloud：又称蓝云解决方案，是业界的第一个，也是在技术上比较领先的企业级云计算解决方案。

（2）Amazon EC2：基于著名的开源虚拟化技术 Xen，主要提供不同规格的计算资源（虚拟机），提供完善的 API 和 Web 管理界面，方便用户使用。

（3）Cisco UCS：一个集成的可扩展多机箱平台。

（4）Joyent：基于 OpenSolaris 技术的 IaaS 服务。

3.7.5 云计算的部署模式

云计算可以有三种部署模式，即公有云、私有云和混合云。

1. 公有云

公有云，是指为外部客户提供服务的云，它所有的服务都供别人使用，而不是自己用。目前，典型的公有云有微软的 Windows Azure Platform、AWS、Salesforce.com 及国内的阿里巴巴等。

对于使用者而言，公有云的最大优点是，其所应用的程序、服务及相关数据都存放在公有云的提供者处，使用者自己无须做相应的投资和建设。目前最大的问题是，由于数据不存储在使用者自己的数据中心，其安全性存在一定风险。同时，公有云的可用性不受使用者控制，这方面也存在一定的不确定性。

2. 私有云

私有云，是指企业自己使用的云，它所有的服务不是供别人使用，而是供自己内部人员或分支机构使用。私有云的部署比较适合于有众多分支机构的大型企业或政府部门。随着这些大型企业数据中心的集中化，私有云将会成为部署 IT 系统的主流模式。

相对于公有云，私有云部署在企业自身内部，因此其数据安全性、系统可用性都可由企业自己控制。其缺点是投资较大，尤其是一次性的建设投资较大。

3. 混合云

混合云，是指供自己和客户共同使用的云，它所提供的服务既可以供别人使用，也可以供自己使用。相比较而言，混合云的部署方式对提供者的要求更高。

3.7.6 云计算的应用

较为简单的云计算技术已经普遍服务于现如今的互联网，最为常见的就是网络搜索引擎和网络邮箱。人们最为熟悉的搜索引擎莫过于谷歌和百度了，在任何时刻，只要通过移动终端就可以在搜索引擎上搜索任何自己想要的资源，通过云端共享数据资源。网络邮箱也是如此，在过去，寄写一封邮件是一件比较麻烦的事情，同时也是很慢的过程，而在云计算技术和网络技术的推动下，电子邮箱成为社会生活的一部分，只要在网络环境下，就可以实现实时的邮件寄发。其实，云计算技术已经融入现今的社会生活。

1. 存储云

存储云，又称云存储，是在云计算技术上发展起来的一个新的存储技术。云存储是一个以数据存储和管理为核心的云计算系统。用户可以将本地的资源上传至云端，可以在任何地方使用互联网来获取云上的资源。大众所熟知的谷歌、微软等大型网络公司均有云存储的服务。在国内，百度云和微云则是市场占有量最大的存储云。存储云向用户提供了存储容器服务、备份服务、归档服务和记录管理服务等，大大方便了使用者对资源进行管理。

2. 医疗云

医疗云，是指在云计算、移动技术、多媒体、4G 通信、大数据以及物联网等新技术基础上，结合医疗技术，使用云计算来创建医疗健康服务云平台，实现医疗资源的共享和医疗范围的扩大。因为云计算技术的运用与结合，医疗云提高了医疗机构的效率，方便了居民就医。像现在医院的预约挂号、电子病历、医保使用等都是云计算与医疗领域结合的产物。医疗云还具有数据安全、信息共享、动态扩展、布局全面的优势。

3. 金融云

金融云，是指利用云计算的模型，将信息、金融和服务等分散到庞大分支机构构成的互联网"云"中，旨在为银行、保险和基金等金融机构提供互联网处理和运行服务，同时共享互联网资源，从而解决现有问题并且达到高效、低成本的目标。在 2013 年 11 月 27 日，阿里云整合阿里巴巴旗下资源并推出阿里金融云服务。其实，这就是现在基本普及了的手机快捷支付。因为金融与云计算的结合，现在只需要在手机上简单操作，就可以完成银行存款、购买保险和基金买卖等操作。

4. 教育云

教育云，实质上是指教育信息化的一种发展。具体来说，教育云可以将所需要的任何教育硬件资源虚拟化，然后将其传入互联网，以向教育机构和学生、教师提供一个方便快捷的平台。慕课（即 MOOC，massive open online course，大规模开放式在线课程）就是教育云的一种应用。比如，中国大学 MOOC 就是一个非常好的平台。

3.8 云计算的关键技术

云计算作为一种新的超级计算方式和服务模式，以数据为中心，是一种数据密集型的超级计算，它运用了多种计算机技术，其中的关键技术包括虚拟化、分布式存储、分布式计算、多租户等。

◆ 3.8.1 虚拟化技术

虚拟化技术是云计算架构的基石，是指将一台计算机虚拟为多台计算机，在一台计算机上同时运行多个逻辑计算机，每个逻辑计算机可运行不同的操作系统，所有应用程序都可以在相互独立的空间内运行而互不影响，从而显著提高计算机的工作效率。虚拟化的资源可以是硬件（如服务器、磁盘），也可以是软件。

虚拟化技术可以提高利用率，提供同一类型资源的统一访问方式，进而为用户隐藏底层的具体实现，方便用户使用各种不同的 IT 资源。

Hyper-V、VMware、KVM、VirtualBox、Xen、QEMU 等都是非常典型的虚拟化技术。Hyper-V 是微软的一款虚拟化产品，旨在为用户提供成本效益更高的虚拟化基础设施软件，从而为用户降低运作成本，提高硬件利用率，优化基础设施，提高服务器的可用性。VMware 是全球桌面到数据中心虚拟化解决方案的领导者。

近年来发展起来的容器技术（如 Docker），是不同于 VMware 等传统虚拟化技术的一种新型轻量级虚拟化技术（也被称为容器型虚拟化技术）。与 VMware 等传统虚拟化技术相比，Docker 容器具有启动速度快、资源利用率高、性能开销小等优点，受到业界青睐，并得到了越来越广泛的应用。

虚拟化技术包括服务器虚拟化、存储虚拟化、应用虚拟化和桌面虚拟化 4 种。

1. 服务器虚拟化

服务器虚拟化技术是 IaaS 的核心技术，通过服务器虚拟化技术将服务器物理资源抽象成逻辑资源，让一台服务器变成几台甚至上百台相互隔离的虚拟服务器，不再受到物理上的限制，让 CPU、内存、磁盘、I/O 等硬件变成可以动态管理的资源池，从而提高资源的利用率，简化系统管理，实现服务器整合，让 IT 对业务的变化更具适应力。

服务器虚拟化的优点如下。

（1）降低能耗：减少了物理服务器的数量，节省电力。

（2）节省空间：通过虚拟化技术节省了众多物理服务器的空间。

（3）提高基础架构的利用率：虚拟化大幅提升了资源利用率。

（4）提高稳定性、安全性和可用性，可以负载均衡、动态迁移等。

（5）提高灵活性：通过动态资源配置提高 IT 对业务的灵活适应力，支持异构操作系统的整合，支持老应用的持续运行，减少迁移成本。

2. 存储虚拟化

存储虚拟化是指在基础管理层对大量存储设备进行统一管理。对于需要存储数据的用户来说，如何将数据存储到终端、如何保证数据存储的安全性等是他们关心的重点，而对于提供服务的供应商来说，需要做到的是对不同用户的不同数据进行统一的管理和存储。

存储虚拟化在云存储系统中应用广泛，存储的容量成为衡量该系统性能的重要指标，在云存储系统中应用存储虚拟化，可以避免不同厂家因为存储设备的不同而出现的差异化问题，也可以使原有的存储空间变得可伸缩，同时实现动态扩展存储容量和动态分配存储空间。

3. 应用虚拟化

应用虚拟化是 SaaS 的基础，提供一个虚拟化平台，使所有应用都可以在其上运行，所有与应用相关的信息和配置文件都由该平台提供，应用被重新锁定到一个虚拟的位置，通过将与自身相关的运行环境打包，构成一个单独的文件，这样，应用需要运行时就无须考虑安装环境，可以在不同的环境下运行。打包成单独文件的应用在数据中心集中化管理，用户需要安装、更新或者维护应用时，不需要重新安装应用程序，只需要在数据中心下载即可完成。

4. 桌面虚拟化

桌面虚拟化是指将计算机的终端系统（也称作桌面）进行虚拟化，以实现桌面使用的安全性和灵活性。借助桌面虚拟化，用户可以实现使用任何设备（如手机、平板和笔记本电脑等）、在任何地点、任何时间通过网络访问属于个人的桌面系统。

3.8.2 分布式存储

面对数据"爆炸"的时代，集中式存储已经无法满足海量数据的存储需求，分布式存储应运而生。GFS（Google file system）是谷歌公司推出的一款分布式文件系统，可以满足对大量数据进行分布式访问的应用需求。GFS 具有很好的硬件容错性，可以把数据存储到成百上千台数据服务器上面，并在硬件出错的情况下尽量保证数据的完整性。GFS 还支持 GB 或者 TB 级别超大文件的存储，一个大文件会被分成许多块，分散存储在由数百台机器组成的集群里。HDFS（Hadoop distributed file system）是对 GFS 的开源实现，它采用了更加简单的"一次写入，多次读取"的文件模型，文件一旦创建、写入并关闭了，之后就只能对它执行读取操作，而不能执行任何修改操作；同时，HDFS 是基于 Java 实现的，具有强大的跨平台兼容性，只要是 JDK 支持的平台都可以兼容。

谷歌公司后来又以 GFS 为基础开发了分布式数据管理系统 BigTable，它是一个稀疏、分布式、持续多维度的排序映射数组，适合于非结构化数据存储的数据库，具有高可靠性、高性能、可伸缩等特点，可在廉价 PC 服务器上搭建起大规模存储集群。HBase 是针对 BigTable 的开源实现。

◆ 3.8.3 分布式计算

面对海量的数据，传统的单指令、单数据流、顺序执行的方式已经无法满足数据快速处理的要求；同时，我们也不能寄希望于通过硬件性能的不断提升来满足这种需求，因为晶体管电路已经逐渐接近其物理上的性能极限，摩尔定律已经开始慢慢失效，CPU 处理能力再也不会每隔 18 个月翻一番。

在这样的大背景下，谷歌公司提出了并行编程模型 MapReduce，让任何人都可以在短时间内迅速获得海量计算能力，它使开发者在不具备并行开发经验的前提下也能够开发出分布式的并行程序，并让程序同时运行在数百台机器上，在短时间内完成海量数据的计算。MapReduce 将复杂的、运行于大规模集群上的并行计算过程抽象为两个函数——Map 和 Reduce，并把一个大数据集切分成多个小的数据集，分布到不同的机器上进行并行处理，极大提高了数据处理速度，可以有效满足许多应用对海量数据的批量处理需求。Hadoop 开源实现了 MapReduce 编程框架，被广泛应用于分布式计算。

◆ 3.8.4 多租户

多租户技术目的在于使大量用户能够共享同一堆栈的软硬件资源，每个用户按需使用资源，能够对软件服务进行客户化配置，而不影响其他用户的使用。多租户技术的核心包括数据隔离、客户化配置、架构扩展和性能定制。

 本章习题

一、填空题

1. HDFS 是 Hadoop 平台下的（　　　），同时也是 GFS 的开源实现。

2. （　　　）是 HDFS 系统中的管理者，负责管理文件系统的命名空间，维护文件系统的文件树及所有的文件和目录的元数据。

3. （　　　）可在 NameNode 发生故障时进行数据恢复。

4. HDFS 采用了主从结构构建。其中，（　　）为主，其他 DataNode 为从。

5. （　　）语言是 Spark 框架的开发语言，是一种类似 Java 的编程语言。

6. Spark 使用（　　）代替了传统 HDFS 存储中间结果。

7. （　　）作为 Spark 大数据框架的一部分，主要用于结构化数据处理和对 Spark 数据执行类 SQL 的查询。

8. （　　）是一个分布式机器学习库，即在 Spark 平台上对一些常用的机器学习算法进行了分布式实现。

9. （　　）是构建于 Spark 上的图计算模型，它利用 Spark 框架提供的内存缓存 RDD、DAG 和基于数据依赖的容错等特性，实现高效、健壮的图计算框架。

10. （　　）是 Spark 系统中的分布式流处理框架，扩展了 Spark 流式大数据处理能力。

11. NIST 对云计算的定义为：云计算是一种（　　），它可以根据需要，用一种很简单的方法通过（　　）访问已配置的计算资源。这些资源由服务提供商以最小的代价或专业的运作快速地配置和发布。

12. 云计算的一个典型特征是将传统的 IT 产品、运算能力通过互联网以（　　）的形式交付给用户。

13. 虚拟化的资源可以是硬件（如服务器、磁盘），也可以是（　　）。

二、选择题

1. （　　）负责 HDFS 的数据存储。

A. NameNode　　B. JobTracker　　C. DataNode　　D. SecondaryNameNode

2. HDFS 中的一个块默认保存（　　）份。

A. 3　　　　　B. 2　　　　　C. 1　　　　　D. 不确定

3. 下面与 HDFS 类似的框架是（　　）。

A. NTFS　　　　B. FAT32　　　　C. GFS　　　　D. EXT3

4. HDFS 是基于流数据模式访问和处理超大文件的需求而开发的，默认的基本存储单位是 128MB，具有高容错性、高可靠性、高可扩展性、高吞吐率等特征，适合的读写任务是（　　）。

A. 一次写入，少次读写　　　　　B. 多次写入，少次读写

C. 一次写入，多次读写　　　　　D. 多次写入，多次读写

5. MapReduce 的 Map 函数产生很多的（　　）。

A. key　　B. value　　C. <key,value>　　D. Hash 表

6. Hadoop 是由（　　）开发的。

A. Microsoft　　B. Apache　　C. Google　　D. Intel

7. （　　）是 Google 提出的用于处理海量数据的并行编程模式和大规模数据集的并行运算的软件架构。

A. GFS　　　　B. MapReduce　　　　C. Chubby　　　　D. BigTable

8. Hadoop 按块存储和处理数据的能力值得人们信赖。它假设计算元素和存储会失败，因此它

维护多个工作数据副本，确保能够针对失败的节点重新分布处理。这一特性属于（   ）。

A. 高容错性   B. 高可靠性   C. 高可扩展性   D. 高性能

9. HDFS 的全称是（   ）。

A. 分布式文件存储系统   B. Hadoop 分布式文件系统

C. 文件存储系统   D. 文件系统

10. HDFS 中的 NameNode 有（   ）。

A. 1 个   B. 2 个   C. 3 个   D. 不确定

11. 以下哪项技术不是大数据常用框架？（   ）。

A. Spark   B. Linux   C. Storm   D. Hadoop

12. 下列不属于 NameNode 的功能的是（   ）。

A. 提供名称查询服务   B. 保存块信息，汇报块信息

C. 保存元数据信息   D. 元数据信息在启动后会加载到内存

三、简答题

1. 简述 Hadoop 的起源。

2. HDFS 和传统的分布式文件系统相比较，有哪些特性？

3. HDFS 中数据副本的存放策略是什么？

4. NameNode 和 DataNode 的功能分别是什么？

5. 简述 MapReduce 的功能及局限性。

6. MapReduce 架构由哪几部分组成？各自的功能是什么？

7. 与 Hadoop 进行比较，Spark 在工作方式、处理速度、存储方式和兼容性等方面有哪些优点？

8. 什么是 RDD？

9. Storm 是什么？有哪些特点？

10. 什么是云计算？简述云计算的基本特征。

11. 简述 IaaS、PaaS 和 SaaS 的含义。

12. 简述云计算的部署模式。

第 **4** 章　大数据管理——大数据的高效之道

　　云计算、物联网、社交网络等新兴服务促使人类社会的数据种类和规模正以前所未有的速度增长，大数据时代正式到来。数据从简单的处理对象开始转变为一种基础性资源，如何更好地管理和利用大数据已经成为普遍关注的话题。大数据的规模效应给数据管理以及数据分析带来了极大的挑战，数据管理方式上的变革正在酝酿和发生。传统的关系型数据库可以较好地支持结构化数据存储和管理，它以完善的关系代数理论作为基础，具有严格的标准，支持事务 ACID 特性，借助索引机制可以实现高效的查询。Web 2.0 时代的到来，使关系型数据库的发展越来越力不从心。在新的应用需求的驱动下，各种新型的 NoSQL 数据库不断涌现，并逐渐获得市场的青睐。

　　本章首先介绍 NoSQL 兴起的原因，比较 NoSQL 数据库与传统的关系型数据库的差异；然后介绍 NoSQL 数据库的四大类型以及 NoSQL 数据库的三大基石；最后简要介绍 NewSQL 数据库和云数据库。

4.1　大数据管理之 NoSQL 数据库

◆ 4.1.1　传统数据存储

　　传统的数据来源单一，且存储、管理和分析数据量也相对较小，大多采用关系型数据库和并行数据仓库即可处理。传统的数据管理技术的发展历程总体上可以划分为 3 个重要阶段，即人工管理阶段、文件系统阶段和数据库系统阶段，如表 4.1 所示。

表 4.1　数据管理发展的 3 个阶段

阶　　段	时　　间	特　　征
人工管理阶段	20 世纪 50 年代中期及以前	数据不能长期保存，没有专门的应用软件管理，不能共享，不具有独立性
文件系统阶段	20 世纪 50 年代后期到 60 年代中期	数据可以长期保存，有简单的数据管理功能，共享能力差，不具有独立性
数据库系统阶段	20 世纪 60 年代后期至今	数据库技术产生，出现统一管理数据的专门软件，数据独立性高，共享能力强

◆ 4.1.2　NoSQL 简介

NoSQL 是一种不同于关系型数据库的数据库管理系统设计方式，是对非关系型数据库的统称，它所采用的数据模型并非传统关系型数据库的关系模型，而是类似键/值、列族、文档等非关系模型。NoSQL 数据库没有固定的表结构，通常也不存在连接操作，没有严格遵守 ACID 约束。因此，与关系型数据库相比，NoSQL 具有灵活的水平可扩展性，可以支持海量数据存储。此外，NoSQL 数据库支持 MapReduce 风格的编程，可以较好地应用于大数据时代的各种数据管理场合。NoSQL 数据库的出现，一方面弥补了关系型数据库在当前商业应用中存在的各种缺陷，另一方面也撼动了关系型数据库的传统垄断地位。

当应用场合需要简单的数据模型、灵活的 IT 系统、较高的数据库性能和较低的数据库一致性时，NoSQL 数据库是一个很好的选择。通常 NoSQL 数据库具有以下 3 个特点。

1. 灵活的可扩展性

传统的关系型数据库由于自身设计机理的原因，通常很难实现"横向扩展"，在数据库负载大规模增加时，往往需要通过升级硬件来实现"纵向扩展"。但是，当前的计算机硬件制造工艺已经达到一个限度，性能提升的速度开始减缓，已经远远赶不上数据库系统负载的增加速度，而且配置高端的高性能服务器价格不菲，因此寄希望于通过"纵向扩展"满足实际业务需求，已经变得越来越不现实。相反，"横向扩展"仅需要非常普通廉价的标准化刀片服务器，不仅具有较高的性价比，也提供了理论上近乎无限的扩展空间。NoSQL 数据库设计的初衷就是满足"横向扩展"的需求，因此它天生具备良好的水平扩展能力。

2. 灵活的数据模型

关系模型是关系型数据库的基石，它以完备的关系代数理论为基础，具有规范的定义，遵守各种严格的约束条件。采用关系模型虽然保证了业务系统对数据一致性的需求，但是过于死板的数据模型，也意味着无法满足各种新兴的业务需求。相反，NoSQL 数据库天生就以摆脱关系型数据库的各种束缚条件为目的，摈弃了流行多年的关系数据模型，转而采用键/值、列族等非关系模型，允许在一个数据元素里存储不同类型的数据。

3. 与云计算紧密融合

云计算具有很好的水平扩展能力，可以根据资源使用情况进行自由伸缩，各种资源可以动态加入或退出，而 NoSQL 数据库凭借自身良好的横向扩展能力，可以充分自由利用云计算基础设施，很好地融入云计算环境，构建基于 NoSQL 的云数据库服务。

◆ 4.1.3　NoSQL 的产生

随着大数据时代的到来，尤其是 Web 2.0 时代的到来，传统的关系型数据库在应付 Web 2.0 网站，特别是较大规模和高并发的 SNS 类型的 Web 2.0 纯动态网站方面，已经暴露了很多难以克服的问题。

1. 海量数据的高效存储和管理需求

在 Web 2.0 时代，每个用户都是信息的发布者，用户的购物、社交、搜索等网络行为都在产生大量数据。据统计，在一分钟内，新浪微博可以产生 2 万条微博，淘宝网可以卖出 6 万件商品，人人网可以发生 30 万次访问，百度可以产生 90 万次搜索查询。

对于上述网站而言，很快就可以产生超过 10 亿条的记录，对于关系型数据库来说，在一张 10 亿条记录的表里进行 SQL 查询，效率是极其低下甚至是不可忍受的。

2. 对数据库高并发读写的需求

在 Web 2.0 时代，各种用户数据都在不断地发生更新，购物记录、搜索记录、微博粉丝数等信息都需要实时更新，动态页面静态化技术基本没有用武之地，所有信息都需要动态实时生成，这就会导致高并发的数据库访问，可能产生每秒上万次的读写请求，对于关系型数据库而言，这都是"难以承受之重"。

3. 对数据库的高可扩展性和高可用性的需求

在 Web 2.0 时代，对数据库存储容量的要求越来越高，单机无法满足需求，很多时候需要用集群来解决问题，而关系型数据库要支持 Join、Union 等操作，一般不支持分布式集群。

另外，关系型数据库通常是难以水平扩展的，没有办法像网页服务器和应用服务器那样简单地通过添加更多的硬件和服务节点来扩展性能和负载能力。

在上面提到的需求面前，关系型数据库遇到了难以克服的障碍，而对于 Web 2.0 网站来说，关系型数据库的很多主要特性却往往无用武之地，例如：

1）数据库事务一致性需求

很多 Web 实时系统并不要求严格的数据库事务，对读一致性的要求很低，有些场合对写一致性要求也不高，因此数据库事务管理成了数据库高负载下的一个沉重负担。

2）数据库的写实时性和读实时性需求

对关系型数据库来说，插入一条数据之后立刻查询，是肯定可以读出来这条数据的，但是对于很多 Web 应用来说，它们并不要求这么高的实时性，比方说 JavaEye 的 Robbin 发一条消息之后，过几秒乃至十几秒，订阅者才看到这条动态是完全可以接受的。

3）对复杂的 SQL 查询，特别是多表关联查询的需求

任何大数据量的 Web 系统，都非常忌讳多个大表的关联查询，以及复杂的数据分析类型的复杂 SQL 报表查询，特别是 SNS 类型的网站，从需求以及产品设计角度，就避免了这种情况的产生，往往更多的只是单表的主键查询，以及单表的简单条件分页查询，SQL 的功能被极大地弱化了。

因此，关系型数据库在这些越来越多的应用场景下就显得不那么合适了，解决这类问题的非关系型数据库应运而生。NoSQL 打破了长久以来关系型数据库与 ACID 理论"大一统"的局面。NoSQL 数据存储不需要固定的表结构，通常不存在连接操作，在大数据存储上具备关系型数据库无法比拟的性能优势。

NoSQL 的全称为 not only SQL，泛指非关系型数据库，是对关系型数据库的一种补充，这意味着 NoSQL 与关系型数据库并不是对立关系，二者各有优劣，取长补短，在合适的场景下选择合适的存储引擎才是正确的做法。NoSQL 通常不保证 ACID，同时采用分布式架构，具有很强的扩展性，这种特点使得 NoSQL 数据库适应于许多需要支持大规模、高并发、海量数据存储分析的新时代业务。

NoSQL 概念演变如图 4.1 所示。

图 4.1　NoSQL 概念演变

NoSQL 数据库有很多种分类，大致包括键值数据库、文档数据库、列族数据库以及图数据库等，可以应对各式各样的场景。

对于 NoSQL 并没有一个明确的范围和定义，但是人们普遍认为 NoSQL 存在以下共同特征：

（1）不需要预定义模式。不需要实现定义数据模式或预定义表结构。数据中的每条记录都可能有不同的属性和格式。插入数据时，并不需要预先定义它们的模式。

（2）无共享架构。共享架构将所有数据存储到远端服务器，通过网络访问，而 NoSQL 往往将数据划分后存储在各个本地服务器上。因为从本地磁盘读取数据的性能往往好于通过网络传输读取数据的性能，此举提高了系统的性能。

（3）弹性可扩展。可以在系统运行的时候，动态增加或删除节点；不需要停机维护，数据可以自动迁移。

（4）分区。相对于将数据存放于同一个节点，NoSQL 数据库需要对数据进行分区，将记录分散在多个节点上面，并且通常在分区的同时还要进行复制，这样既提供了并行性能，又能保证没有单点失效的问题。

（5）异步复制。和共享架构存储系统不同的是，NoSQL 中的复制往往是基于日志的异步复制。这样，数据就可以尽快地写入一个节点，不会受网络传输影响而延迟。缺点是并不总是能保证一致性，采用这样的方式在出现故障的时候，可能会丢失少量的数据。

4.2　NoSQL 与关系型数据库的比较

表 4.2 给出了 NoSQL 和关系型数据库（relational database management system，RDBMS）的简单比较，对比指标包括数据库原理、数据规模、数据库模式、查询效率、一致性、数据完整性、扩展性、可用性、标准化、技术支持和可维护性。从表 4.2 中可以看出，关系型数据库的突出优势在于，以完善的关系代数理论作为基础，有严格的标准，支持事务 ACID 四性，借助索引机制可以实现高效查询，技术成熟，有专业公司的技术支持；

其劣势在于，可扩展性较差，无法较好地支持海量数据存储，数据模型过于死板，无法较好地支持 Web 2.0 应用，事务机制影响了系统的整体性能等。NoSQL 数据库的明显优势在于，可以支持超大规模数据存储，灵活的数据模型可以很好地支持 Web 2.0 应用，具有强大的横向扩展能力等；其劣势在于，缺乏数学理论基础，复杂查询性能不高，一般都不能实现事务强一致性，很难实现数据完整性，技术尚不成熟，缺乏专业团队的技术支持，维护较困难等。

表 4.2 NoSQL 和关系型数据库的简单比较

对比指标	关系型数据库	NoSQL	备 注
数据库原理	完全支持	部分支持	关系型数据库有关系代数理论作为基础； NoSQL 没有统一的理论基础
数据规模	大	超大	关系型数据库很难实现横向扩展，纵向扩展的空间也比较有限，性能会随着数据规模的增大而降低； NoSQL 可以很容易地通过添加更多设备来支持更大规模的数据
数据库模式	固定	灵活	关系型数据库需要定义数据库模式，严格遵守数据定义和相关约束条件； NoSQL 不存在数据库模式，可以自由、灵活地定义并存储各种不同类型的数据
查询效率	快	可以实现高效简单查询，但是不具备高度结构化查询等特性，复杂查询的性能不尽如人意	关系型数据库借助于索引机制可以实现快速查询（包括记录查询和范围查询）； 很多 NoSQL 数据库没有面向复杂查询的索引，虽然 NoSQL 可以使用 MapReduce 来加速查询，但是在复杂查询方面的性能仍然不如关系型数据库
一致性	强一致性	弱一致性	关系型数据库严格遵守事务 ACID 模型，可以保证事务强一致性； 很多 NoSQL 数据库放松了对事务 ACID 四性的要求，而是遵守 BASE 模型，只能保证最终一致性
数据完整性	容易实现	很难实现	任何一个关系型数据库都可以很容易地实现数据完整性，如通过主键或者非空约束来实现实体完整性，通过主键、外键来实现参照完整性，通过约束或者触发器来实现用户自定义完整性，但是 NoSQL 数据库无法实现
扩展性	一般	好	关系型数据库很难实现横向扩展，纵向扩展的空间也比较有限； NoSQL 在设计之初就充分考虑了横向扩展的需求，可以很容易地通过添加廉价设备实现扩展

续表

对比指标	关系型数据库	NoSQL	备　　注
可用性	好	很好	关系型数据库在任何时候都以保证数据一致性为优先目标，其次才是优化系统性能，随着数据规模的增大，关系型数据库为了保证严格的一致性，只能提供相对较弱的可用性； 大多数 NoSQL 都能提供较高的可用性
标准化	是	否	关系型数据库已经标准化（SQL）； NoSQL 还没有行业标准，不同的 NoSQL 数据库有自己的查询语言，很难规范应用程序接口
技术支持	高	低	关系型数据库经过几十年的发展，已经非常成熟，Oracle 等大型厂商都可以提供很好的技术支持； NoSQL 在技术支持方面仍然处于起步阶段，还不成熟，缺乏有力的技术支持
可维护性	复杂	复杂	关系型数据库需要专门的数据库管理员（DBA）维护； NoSQL 数据库虽然没有关系型数据库复杂，但也难以维护

SQL 数据库和 NoSQL 数据库的比较如图 4.2 所示。

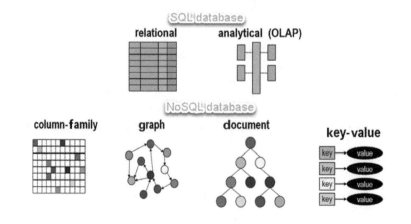

图 4.2　SQL 数据库和 NoSQL 数据库的比较

分布式数据库公司 VoltDB 的首席技术官、Ingres 和 PostgreSQL 数据库的总设计师 Michael Stonebraker 认为，当今大多数商业数据库软件已经在市场上存在 30 年或更长时间，它们的设计并没有围绕自动化以及事务性环境，同时，其在这几十年中不断发展出的新功能并没有想象中的那么好，许多新兴的 NoSQL 数据库（如 MongoDB 和 Cassandra）的普及很好地弥补了传统数据库系统的局限性，但是 NoSQL 没有一个统一的查询语言，这将拖慢 NoSQL 的发展。

通过上述对 NoSQL 数据库和关系型数据库的一系列比较可以看出，二者各有优势，也都存在不同层面的缺陷。因此，在实际应用中，二者都可以有各自的目标用户群体和市场空间，不存在一个完全取代另一个的问题。对于关系型数据库而言，在一些特定应用领域，其地位和作用仍然无法被取代，银行、超市等领域的业务系统仍然需要高度依赖于关系型数据库来保证数据的一致性。此外，对于一些复杂查询分析型应用而言，基于关系型数据库的数据仓库产品，仍然可以比 NoSQL 数据库获得更好的性能。对于 NoSQL 数据库而言，Web 2.0 领域是其未来的主战场，Web 2.0 网站系统对于数据一致性要求不高，但是对数据量和并发读写要求较高，NoSQL 数据库可以很好地满足这些应用的需求。在实际应用中，一些公司也会采用混合的方式构建数据库应用，比如亚马逊公司就使用不同类型的数据库来支撑它的电子商务应用：对于"购物篮"这种临时性数据，采用键值存储会更加高效，而当前的产品和订单信息则适合存放在关系型数据库中，大量的历史订单信息则适合保存在类似 MongoDB 的文档数据库中。

4.3 NoSQL 的四大类型

近些年，NoSQL 数据库发展势头非常迅猛。在短短四五年时间内，NoSQL 领域就爆炸性地产生了 50~150 个新的数据库。

NoSQL 数据库虽然数量众多，但是归结起来，典型的 NoSQL 数据库通常包括键值数据库、列族数据库、文档数据库和图数据库，如图 4.3 所示。

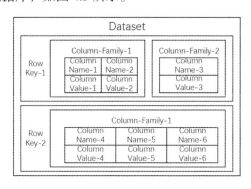

（a）键值数据库　　　　　　　　　　　（b）列族数据库

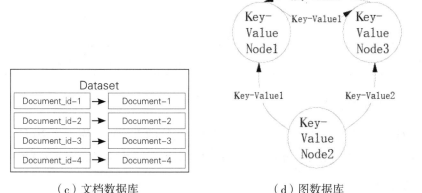

（c）文档数据库　　　　　　　　　　　（d）图数据库

图 4.3　典型的 NoSQL 数据库

4.3.1 键值数据库

传统的关系型数据库处理一对多的问题时，需要把外键放在多的一端，而键值数据库可以在任何一端管理一对多的关系。

键值数据库会使用一个哈希表，这个表中有一个特定的 key 和一个指针指向特定的 value。key 可以用来定位 value，即存储和检索具体的 value。value 对数据库而言是不可见的，不能对 value 进行索引和查询，只能通过 key 进行查询。value 可以用来存储任意类型的数据，包括整型、字符型、数组、对象等。

键值数据库结构如图 4.4 所示。在存在大量写操作的情况下，键值数据库可以比关系型数据库表现出明显更好的性能，因为关系型数据库需要建立索引来加速查询，当存在大量写操作时，索引会发生频繁更新，由此会产生高昂的索引维护代价。

key	value
name	Joe Bloggs
age	42
occupation	Stunt Double
height	175cm
weight	77kg

图 4.4 键值数据库结构

当然，键值数据库也有自身的局限性，条件查询是键值数据库的弱项。因此，如果只对部分值进行查询或更新，效率就会比较低下。在使用键值数据库时，应该尽量避免多表关联查询，可以采用双向冗余存储关系来代替表关联，把多表操作分解成单表操作。

键值数据库特征如表 4.3 所示。

表 4.3 键值数据库特征

相关产品	Redis、Riak、SimpleDB、Chordless、Scalaris、Memcached
数据模型	键值对（key-value）
优点	扩展性好，灵活性好，大量写操作时性能高
缺点	无法存储结构化信息，条件查询效率较低
最佳应用场景	股票价格查询、数据分析、实时数据搜集、实时通信
使用者	百度云数据库（Redis）、GitHub（Riak）、Twitter（Redis 和 Memcached）等

4.3.2 列族数据库

列族数据库通常是用来应对分布式存储海量数据的。该数据库由多个行构成，每行数据包含多个列族，不同的行可以具有不同数量的列族，属于同一列族的数据会被存放在一起。其结构如图 4.5 所示。

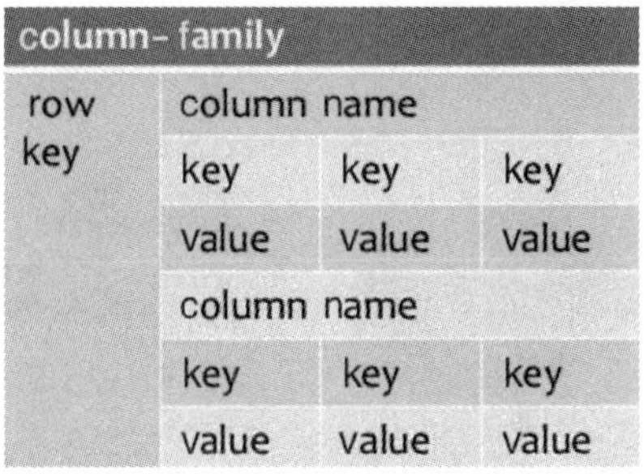

图 4.5 列族数据库结构

每行数据通过行键进行定位，与这个行键对应的是一个列族，从这个角度来说，列族数据库也可以被视为键值数据库。列族数据库特征如表 4.4 所示。

表 4.4 列族数据库特征

相关产品	BigTable、HBase、HadoopDB、Cassandra 等
数据模型	列族
优点	查找速度快，可扩展性强，容易进行分布式扩展，复杂性低
缺点	功能较少，大都不支持事务强一致性
最佳应用场景	Facebook 消息数据库、金融业、销售数据搜集
使用者	eBay（Cassandra）、Twitter（Cassandra 和 HBase）、Facebook（HBase）、Yahoo（HBase）

下面详细介绍一个常用的列族数据库 HBase。

HBase 是一个高可靠性、高性能、面向列、可伸缩的分布式存储系统。

首先，它是一个分布式存储系统，属于分布式数据库；它最主要的特长就是用来存储非结构化和半结构化的松散数据。HBase 存储的通常都是超过十亿行的数据，可以达到几百万列，它的存储规模是非常庞大的。

其次，HBase 是一个稀疏的、多维度的、排序的映射表。这个表包括三个重要的元素，即行键、列族和时间戳。列族是一个非常重要的特性，它支持动态扩展。时间戳是 HBase 的一大特色。这个时间戳到底是什么呢？我们需要清楚，HBase 是不支持更新操作的。如果某个单元格的数据需要修改怎么办？我们只能通过添加新数据的方式完成，而旧的数据并不会被覆盖掉，这就造成了一个问题：在这个单元格里存在两个数据信息，到底哪个是有效的呢？我们就可以通过时间戳来辨识数据的有效性。距离当前时间最近的时间戳所指定的数据就是最新版本的数据。HBase 通过这三个元素可以定位一个具体的数据。

4.3.3 文档数据库

在文档数据库中，文档是数据库的最小单位。文档数据库允许创建许多不同类型的非结构化的或任意格式的字段，通过键来定位一个文档。其结构如图 4.6 所示。对于那些可以把输入数据表示成文档的应用而言，文档数据库是非常合适的。一个文档可以包含非常复杂的数据结构，如嵌套对象，并且不需要采用特定的数据模式，每个文档可能具有完全不同的结构。

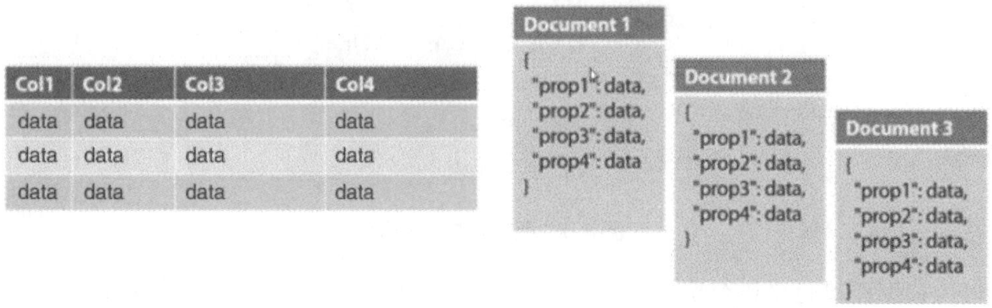

图 4.6 文档数据库结构

文档数据库既可以根据键（key）来构建索引，也可以基于文档内容来构建索引。尤其是基于文档内容来构建索引和查询，是文档数据库不同于键值数据库的地方，因为在键值数据库中，值（value）对数据库是不可见的，不能根据值来构建索引。

文档数据库特征如表 4.5 所示。

表 4.5　文档数据库特征

相关产品	MongoDB、CouchDB、Terrastore、ThruDB、CloudKit 等
数据模型	版本化的文档
优点	性能好，灵活性高，复杂性低，数据结构灵活
缺点	缺乏统一的查询语法
最佳应用场景	适用于数据变化较少、执行预定义查询、进行数据统计的应用程序，如销售管理系统，网站系统
使用者	百度云数据库（MongoDB）、SAP（MongoDB）、Codecademy（MongoDB）

下面介绍一个典型的文档数据库 MongoDB。

MongoDB 是用 C++ 语言编写的，是一个基于分布式文件存储系统的开源数据库，在高负载的情况下，添加更多的节点，可以保证服务器性能。

MongoDB 旨在为 Web 应用提供可扩展的高性能数据存储解决方案。

MongoDB 的数据类型：将数据存储为一个文档，数据结构由键值对（key-value）组成。MongoDB 文档类似于 JSON 对象，字段值可以包含其他文档、数组及文档数组。

◆ 4.3.4　图数据库

图数据库是以图论为基础的，一个图是一个数学概念，用来表示一个对象集合，包括顶点以及连接顶点的边。完全不同于键值、列族和文档数据模型，图数据库使用图作为数据模型来存储数据，可以高效地存储不同顶点之间的关系。其结构如图 4.7 所示。

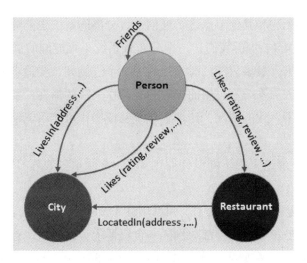

图 4.7　图数据库结构

图数据库专门用于处理具有高度相互关联关系的数据，可以高效地处理实体之间的关系，比较适合于处理社交网络中的模式识别、依赖分析、推荐系统以及路径寻找等问题。

图数据库特征如表 4.6 所示。

表 4.6　图数据库特征

相关产品	Neo4j、OrientDB、InfoGrid、InfiniteGraph、GraphDB
数据模型	图结构
优点	灵活性高，支持复杂的图算法，可用于构建复杂的关系图谱
缺点	复杂性高，只能支持一定的数据规模
最佳应用场景	社会关系、公共交通网络、地图及网络拓扑处理
使用者	Adobe（Neo4j）、Cisco（Neo4j）、T–Mobile（Neo4j）

4.4　NoSQL 的三大基石

NoSQL 的三大基石包括 CAP、BASE 和最终一致性。

4.4.1　CAP

所谓 CAP 指的是：

① C（consistency）：一致性。它是指任何一个读操作总是能够读到之前完成的写操作的结果，也就是在分布式环境中，多点的数据是一致的。

② A（availability）：可用性。它是指可以快速获取数据，在确定的时间内返回操作结果。

③ P（tolerance of network partition）：分区容忍性。它是指出现网络分区的情况时（即

系统中的一部分节点无法和其他节点进行通信），分离的系统也能够正常运行。

CAP 理论（见图 4.8）告诉我们，一个分布式系统不可能同时满足一致性、可用性和分区容忍性这 3 个需求，最多只能同时满足其中 2 个。例如，要追求一致性，可能就要牺牲可用性，需要处理因为系统不可用而导致的写操作失败的情况；要追求可用性，就要预估到可能会发生数据不一致的情况，比如，系统的读操作可能不能精确地读取到写操作写入的最新值。

不同产品在 CAP 理论下的不同设计原则如图 4.9 所示。处理 CAP 的问题时，可以有以下几个明显的选择。

（1）CA，也就是强调一致性（C）和可用性（A），放弃分区容忍性（P），最简单的做法是把所有与事务相关的内容都放到同一台机器上。很显然，这种做法会严重影响系统的可扩展性。传统的关系型数据库（MySQL、SQL Server 和 PostgreSQL）都采用了这种设计原则，因此可扩展性都比较差。

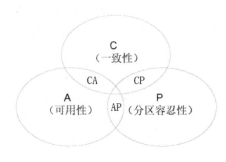

图 4.8　CAP 理论

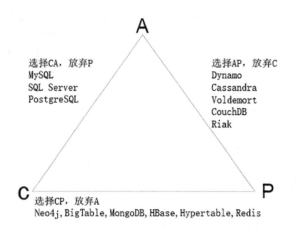

图 4.9　不同产品在 CAP 理论下的不同设计原则

（2）CP，也就是强调一致性（C）和分区容忍性（P），放弃可用性（A），当出现网络分区的情况时，受影响的服务需要等待数据一致，因此在等待期间就无法对外提供服务。Neo4j、BigTable 和 HBase 等 NoSQL 数据库都采用了 CP 设计原则。

（3）AP，也就是强调可用性（A）和分区容忍性（P），放弃一致性（C），允许系统返回不一致的数据。这对于许多 Web 2.0 网站而言是可行的，这些网站的用户首先关注的是网站服务是否可用，当用户需要发布一条微博时，必须能够立即发布，否则，用户就会放弃使用，但是这条微博发布后什么时候能够被其他用户读取到，则不是非常重要的问题，不会影响到用户体验。因此，对于 Web 2.0 网站而言，可用性与分区容忍性优先级要高于数据一致性，网站一般会尽量朝着 AP 的方向设计。当然，在采用 AP 设计原则时，也可以不完全放弃一致性，转而采用最终一致性。Dynamo、Riak、CouchDB、Cassandra 等 NoSQL 数据库就采用了 AP 设计原则。

4.4.2 BASE

BASE 的基本含义是基本可用（basically available）、软状态（soft-state）和最终一致性（eventual consistency）。

1. 基本可用

基本可用是指一个分布式系统的一部分发生问题变得不可用时，其他部分仍然可以正常使用，也就是允许分区失败的情形出现。比如，一个分布式数据存储系统由 10 个节点组成，当其中 1 个节点损坏不可用时，其他 9 个节点仍然可以正常提供数据访问，那么，就只有 10% 的数据是不可用的，其余 90% 的数据都是可用的，这时就可以认为这个分布式数据存储系统"基本可用"。

2. 软状态

软状态（soft-state）是与硬状态（hard-state）相对应的一种提法。数据库保存的数据是硬状态时，可以保证数据一致性，即保证数据一直是正确的。软状态是指状态可以有一段时间不同步，具有一定的滞后性。例如，某个银行中的一个用户 A 转移资金给另外一个用户 B，假设这个操作通过消息队列来实现解耦，即用户 A 在发送队列中放入资金，资金到达接收队列后通知用户 B 取走资金。由于消息传输存在延迟，这个过程中可能会存在一个短时的不一致性，即用户 A 已经在队列中放入资金，但是资金还没有到达接收队列，用户 B 还没拿到资金，这就会出现数据不一致状态，即用户 A 的钱已经减少了，但是用户 B 的钱并没有相应增加，也就是说，在转账的开始和结束状态之间存在一个滞后时间，在这个滞后时间内，两个用户的资金似乎都消失了，出现了短时的不一致状态。虽然这对用户来说有一个滞后，但是这种滞后是用户可以容忍的，甚至用户根本感知不到，因为两边用户实际上都不知道资金何时到达。当经过短暂延迟，资金到达接收队列时，银行就可以通知用户 B 取走资金，状态最终一致。

3. 最终一致性

一致性的类型包括强一致性和弱一致性，二者的主要区别在于，高并发的数据访问操作下，后续操作是否能够获取最新的数据。对于强一致性而言，执行完一次更新操作后，后续的其他读操作就可以保证读到更新后的最新数据；反之，如果不能保证后续访问读到的都是更新后的最新数据，那么就是弱一致性。最终一致性是弱一致性的一种特例，允许后续的访问操作暂时读不到更新后的数据，但是经过一段时间，必须最终读到更新后的数据。最终一致性也是 ACID 的最终目的，只要最终数据是一致的就可以了，而不是每时每刻都保持实时一致。

因其重要性，最终一致性被作为 NoSQL 的三大基石之一，与 BASE 并列提及。

4.5 新兴数据库技术

数据库从 SQL 到 NoSQL 再到 NewSQL 发展，已经有三代了。互联网在 21 世纪初开始迅速发展，互联网应用的用户规模、数据量都越来越大，并且要求"7×24 小时"在线。传统关系型数据库（SQL）在这种环境下遭遇了瓶颈，通常有 2 种解决方法：①升级服务器硬件，虽然提升了性能，但总有天花板；②使用分布式集群结构进行数据分片。可对单点数据库进行数据分片，存放到由廉价机器组成的分布式的集群里。

NoSQL 数据库可以提供良好的扩展性和灵活性，很好地弥补了传统关系型数据库的缺陷，较好地满足了 Web 2.0 应用的需求。但是，NoSQL 数据库也存在不足之处。由于采用非关系数据模型，它不具备高度结构化查询等特性，查询效率（尤其是复杂查询方面）不如关系型数据库，而且不支持事务 ACID 特性。

◆ 4.5.1 NewSQL 数据库

近几年，NewSQL 数据库开始逐渐"升温"。NewSQL 是对各种新的可扩展、高性能数据库的简称。NewSQL 提供了与 NoSQL 相同的可扩展性，而且仍基于关系模型，保留了极其成熟的 SQL 作为查询语言，保证了 ACID 事务特性。简单来讲，NewSQL 就是在传统关系型数据库上集成了 NoSQL 强大的可扩展性。传统的 SQL 架构设计基因中是没有分布式的，而 NewSQL 生于云时代，天生就是分布式架构。

目前，具有代表性的 NewSQL 数据库主要包括 Spanner、ClustrixDB、GenieDB、Scala RC、Schooner、Tokutek 等。此外，还有一些在云端提供的 NewSQL 数据库，包括 Amazon RDS、Microsoft Azure SQL、FathomDB 等。

一些 NewSQL 数据库比传统的关系型数据库更具有明显的性能优势。比如，VoltDB 系统使用了 NewSQL 创新的体系架构，释放了主内存运行的数据库中消耗系统资源的缓冲池，在执行交易时可比传统关系型数据库快 45 倍。VoltDB 可扩展服务器数量为 39 个，并可以每秒处理 160 万个交易（300 个 CPU 核心），而具备同样处理能力的 Hadoop 则需要更多的服务器。

综合来看，大数据时代的到来，引发了数据处理架构的变革，如图 4.10 所示。以前，业界和学术界追求的方向是一种架构支持多类应用（ one size fits all ），包括事务型应用（ OLTP 系统 ）、分析型应用（ OLAP、数据仓库 ）和互联网应用（ Web 2.0 ）。但是，实践证明，这种理想愿景是不可能实现的，不同应用场景的数据管理需求截然不同，一种数据库架构根本无法满足所有场景需求。

因此，到了大数据时代，数据库架构开始向着多元化方向发展，并形成了传统关系型数据库（ old SQL ）、NoSQL 数据库和 NewSQL 数据库 3 个阵营，三者各有自己的应用场景和发展空间。尤其是传统关系型数据库，并没有就此被其他两者完全取代，在基本架构不变的基础上，许多关系型数据库产品开始引入内存计算和一体机技术以提升处理性能。

在未来一段时期内，3 个阵营共存共荣的局面还将持续，不过有一点是肯定的，那就是，传统关系型数据库的辉煌时期已经过去了。

图 4.10　大数据引发数据处理架构变革

为了更清晰地认识 SQL、NoSQL 和 NewSQL 数据库的相关产品，图 4.11 给出了这 3 种数据库相关产品的分类情况。

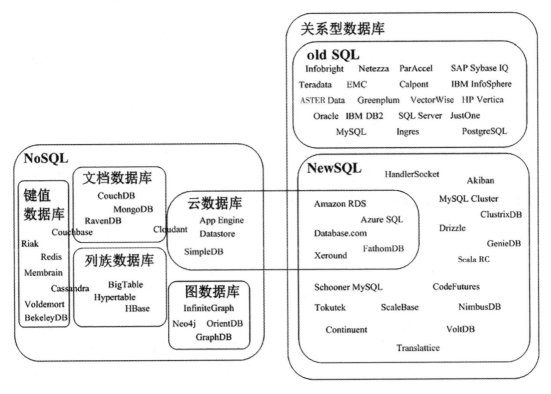

图 4.11　SQL、NoSQL 和 NewSQL 数据库产品分类

◆ 4.5.2 云数据库

研究机构 IDC 预言，数据将按照每年 60% 的速度增加，其中包含结构化和非结构化数据。如何方便、快捷、低成本地存储这些海量数据，是许多企业和机构面临的一个严峻挑战。云数据库就是一个非常好的解决方案。目前云服务提供商正通过云技术推出更多可在公有云中托管数据库的方法，将用户从烦琐的数据库硬件定制中解放出来，同时让用户拥有强大的数据库扩展能力，满足海量数据的存储需求。此外，云数据库还能够很好地满

足企业动态变化的数据存储需求和中小企业的低成本数据存储需求。可以说，在大数据时代，云数据库将成为许多企业数据的目的地。

1. 云数据库的兴起

云计算的发展推动了云数据库的兴起。云计算是分布式计算、并行计算、效用计算、网络存储、虚拟化、负载均衡等计算机和网络技术发展融合的产物。云计算是由一系列可以动态升级和被虚拟化的资源组成的，用户无须掌握云计算的技术，只要通过网络就可以访问这些资源。

云计算主要包括 3 种类型，即 IaaS、PaaS 和 SaaS。SaaS 极大地改变了用户使用软件的方式，用户不需要购买软件再安装到本地计算机上，只要通过网络就可以使用各种软件。SaaS 厂商将应用软件统一部署在自己的服务器上，用户可以在线购买、在线使用、按需付费。与传统的软件使用方式相比，云计算这种模式具有明显的优势。

2. 云数据库的概念

云数据库是部署和虚拟化在云计算环境中的数据库。云数据库是在云计算的大背景下发展起来的一种新兴的共享基础架构的方法，它极大地增强了数据库的存储能力，消除了人员、硬件、软件的重复配置，让软、硬件升级变得更加容易，同时也虚拟化了许多后端功能。云数据库具有高可扩展性、高可用性、采用多租户形式和支持资源有效分发等特点。

在云数据库中，所有数据库功能都是在云端提供的，客户端可以通过网络远程使用云数据库提供的服务。客户端不需要了解云数据库的底层细节，所有的底层硬件都已经被虚拟化，对客户端而言是透明的，就像在使用一个运行在单一服务器上的数据库一样，非常方便容易，同时又可以获得理论上近乎无限的存储和处理能力。

3. 云数据库的特性

云数据库具有以下特性。

①动态可扩展性。

理论上，云数据库具有无限可扩展性，可以满足不断增加的数据存储需求。在面对不断变化的条件时，云数据库可以表现出很好的弹性。例如，对于一个从事产品零售的电子商务公司，会存在季节性或突发性的产品需求变化，或者对于类似 Animoto 的网络社区站点，可能会经历一个指数级的用户增长阶段，这时，就可以分配额外的数据库存储资源来处理增加的需求，这个过程只需要几分钟。一旦需求过去，就可以立即释放这些资源。

②高可用性。

云数据库不存在单点失效问题。如果一个节点失效了，剩余的节点就会接管未完成的事务。而且，在云数据库中，数据通常是冗余存储的，在地理位置上也是分布式的。诸如 Google、Amazon 和 IBM 等大型云计算供应商，具有分布在世界范围内的数据中心，通过在不同地理区间内进行数据复制，可以提供高水平的容错能力。例如，Amazon SimpleDB 会在不同的区域内进行数据复制，因此，即使某个区域内的云设施失效，也可以保证数据继续可用。

③较低的使用代价。

云数据库通常采用多租户的形式，同时为多个用户提供服务，这种共享资源的形式对于用户而言可以节省开销，而且用户采用按需付费的方式使用云计算环境中的各种软、硬件资源，不会产生不必要的资源浪费。另外，云数据库底层存储通常采用大量廉价的商业服务器，这也大大降低了用户开销。腾讯云数据库官方公布的资料显示，实现类似的数据库性能时，如果采用自己投资自建 MySQL 的方式，则单价为每台每天 50.6 元，实现双机容灾需要 2 台，即 101.2 元 / 天，平均存储成本是 0.25 元 /（GB·天），平均 1 元可获得的查询率为 24 次 / 秒；而如果采用腾讯云数据库产品，企业不需要投入任何初期建设成本，平均存储成本为 0.18 元 /（GB·天），平均 1 元可获得的查询率为 83 次 / 秒，相对于自建，云数据库平均 1 元获得的查询率提高为原来的 346%，具有极高的性价比。

④易用性。

使用云数据库的用户不用控制运行原始数据库的机器，也不必了解它身在何处，用户只需要一个有效的 URL 地址就可以开始使用云数据库，而且就像使用本地数据库一样。许多基于 MySQL 的云数据库产品（如腾讯云数据库、阿里云 RDS 等），完全兼容 MySQL 协议，用户可通过基于 MySQL 协议的客户端或者 API 访问实例，还可无缝地将原有 MySQL 应用迁移到云存储平台，无须进行任何代码改造。

⑤高性能。

云数据库采用大型分布式存储服务集群，支撑海量数据访问，多机房自动冗余备份，自动读写分离。

⑥免维护。

用户不需要关注后端机器及数据库的稳定性、网络问题、机房灾难、单库压力等各种风险，云数据库服务商提供"7×24 小时"的专业服务，扩容和迁移对用户透明且不影响服务，并且可以提供全方位、全天候立体式监控，用户无须半夜去处理数据库故障。

⑦安全。

云数据库提供数据隔离服务，不同应用的数据会存在于不同的数据库中而不会相互影响；提供安全性检查，可以及时发现并拒绝恶意攻击性访问；数据提供多点备份，确保不会发生数据丢失。

以腾讯云数据库为例，开发者可快速在腾讯云中申请云服务器实例资源，通过 IP/port 直接访问 MySQL 实例，完全无须再安装 MySQL 实例，可以一键迁移原有 SQL 应用到腾讯云平台，大大节省了人力成本。同时，该云数据库完全兼容 MySQL 协议，可通过基于 MySQL 协议的客户端或 API 便捷地访问实例。此外，该云数据库还采用了大型分布式存储服务集群，支撑海量数据访问，提供"7×24 小时"的专业存储服务，可以提供高达 99.99% 可用性的 MySQL 集群服务，并且数据可靠性超过 99.999%。

4. 云数据库的应用

在大数据时代，几乎每个企业每天都在不断产生大量的数据。企业类型不同，对于存储的需求也千差万别，而云数据库可以很好地满足不同企业的个性化存储需求。

首先，云数据库可以满足大企业的海量数据存储需求。云数据库在当前数据量爆炸式增加的大数据时代具有广阔的应用前景。根据 IDC 的研究报告，企业对结构化数据的存储需求每年会增加 20% 左右，而对非结构化数据的存储需求每年将会增加 60% 左右。传统的关系型数据库难以水平扩展，根本无法存储如此海量的数据，因此，具有高可扩展性的云数据库就成为企业海量数据存储管理的很好选择。

其次，云数据库可以满足中小企业的低成本数据存储需求。中小企业在 IT 基础设施方面的可花费的人力、物力比较有限，非常渴望从第三方方便、快捷、廉价地获得数据库服务。云数据库采用多租户方式同时为多个用户提供服务，降低了单个用户的使用成本，而且用户使用云数据库服务通常按需付费，不会浪费资源或造成额外支出。因此，云数据库使用成本很低，对于中小企业而言可以大大降低企业的信息化门槛，让企业在付出较低成本的同时，获得优质的专业级数据库服务，从而有效提升企业信息化水平。

另外，云数据库可以满足企业动态变化的数据存储需求。企业在不同时期需要存储的数据量是不断变化的，有时增加，有时减少。在小规模应用的情况下，系统负载的变化可以由系统空闲的多余资源来处理，但是在大规模应用的情况下，传统的关系型数据库由于其伸缩性较差，不仅无法满足应用需求，而且会给企业带来高昂的存储成本和管理开销。云数据库的良好伸缩性，可以让企业在需求增加时立即获得数据库能力的提升，在需求减少时立即释放多余的数据库能力，较好地满足企业的动态数据存储需求。

当然，并不是说云数据库可以满足所有不同类型的个性化存储需求。到底选择自建数据库还是选择云数据库，取决于企业自身的具体需求。对于一些大型企业，目前通常采用自建数据库，一方面是由于企业财力比较雄厚，有内部的 IT 团队负责数据库维护，另一方面原因是，数据是现代企业的核心资产，涉及很多高级商业机密，企业出于数据安全考虑，不愿意把内部数据保存在公有云的云数据库中，尽管云数据库供应商也会一直强调数据的安全性，但是这依然不能打消企业的顾虑。对于一些财力有限的中小企业而言，IT 预算比较有限，不可能投入大量资金建设和维护数据库，当企业数据并非特别敏感时，云数据库这种前期零投入、后期免维护的数据库服务，可以很好地满足它们的需求。

5. 云数据库产品

1）Amazon 的云数据库产品

Amazon 是云数据库市场的先行者。Amazon 除了提供著名的 S3 存储服务和 EC2 计算服务以外，还提供基于云的数据库服务 SimpleDB 和 Dynamo。

SimpleDB 是 Amazon 公司开发的一个可供查询的分布式数据存储系统，也是 AWS（Amazon web service）上的第一个 NoSQL 数据库服务，集合了 Amazon 的大量 AWS 基础设施。顾名思义，SimpleDB 是被作为一个简单的数据库来使用的，它的存储元素（属性和值）是由一个 ID 字段来确定的行的位置。这种结构可以满足用户基本的读、写和查询功能。SimpleDB 提供易用的 API 来快速地存储和访问数据。但是，SimpleDB 不是一个关系型数据库：传统的关系型数据库采用行存储，而 SimpleDB 采用了键 / 值存储，它主要是服务于那些不需要关系型数据库的 Web 开发者。同时，SimpleDB 存在一些明显缺陷，如存在单表限制、性能不稳定、只能支持最终一致性等。

Dynamo 吸收了 SimpleDB 以及其他 NoSQL 数据库设计思想的精华，主要为要求更高的应用而设计，这些应用要求可扩展的数据存储以及更高级的数据管理功能。 Dynamo 采用键 / 值存储，其所存储的数据是非结构化数据，不识别任何结构化数据，需要用户自己完成对值的解析。Dynamo 系统中的键（key）不是以字符串的方式进行存储的，而是采用 md5_key（通过 MD5 算法转换后得到）的方式进行存储，因此它只能根据 key 去访问，不支持查询。 Dynamo 使用固态硬盘，实现恒定、低延迟的读写时间，目的是在扩展大容量的同时维持一致的性能，虽然这种性能伴随着更为严格的查询模型。

Amazon RDS（Amazon relational database service）是 Amazon 开发的一种 Web 服务，它可以让用户在云环境中建立、操作关系型数据库（可以支持 MySQL 和 Oracle 等数据库）。用户只需要关注应用和业务层面的内容，而不需要在烦琐的数据库管理工作上耗费过多的时间。

此外，Amazon 和其他数据库厂商开展了很好的合作，Amazon EC2 应用托管服务已经可以部署很多种数据库产品，包括 SQL Server、 Oracle 11g、 MySQL 和 IBM DB2 等主流数据库平台，以及其他一些数据库产品，比如 EnerpriseDB。作为一种可扩展的托管环境，开发者可以在 EC2 环境中开发并托管自己的数据库应用。

2）Google 的云数据库产品

Google Cloud SQL 是谷歌公司推出的基于 MySQL 的云数据库，使用 Cloud SQL 的好处显而易见：所有的事务都在"云"中，并由谷歌管理，用户不需要配置或者排查错误，仅仅依靠它来开展工作即可。由于数据在谷歌多个数据中心完成复制，因此它永远是可用的。谷歌还将提供导入或导出服务，方便用户将数据库带进或带出"云"。谷歌使用用户非常熟悉的 MySQL，带有 JDBC 支持（适用于基于 Java 的 App Engine 应用）和 DB–API 支持（适用于基于 Python 的 App Engine 应用）的传统 MySQL 数据库环境，因此多数应用程序不需过多调试即可运行，数据格式对于大多数开发者和管理员来说也是非常熟悉的。Google Cloud SQL 还有一个好处，就是与 Google App Engine 集成。

3）微软的云数据库产品

2008 年 3 月，微软通过 SQL Data Service（SDS）提供 SQL Server 关系型数据库功能，这使得微软成为云数据库市场上的第一个大型数据库厂商。此后，微软对 SDS 功能进行了扩充，并且将它重新命名为 Azure SQL。微软的 Azure 平台提供了一个 Web 服务集合，允许用户通过网络在"云"中创建、查询和使用 SQL Server 数据库，"云"中的 SQL Server 服务器的位置对于用户而言是透明的。对于云计算而言，这是一个里程碑。 Azure SQL 具有以下特性。

①属于关系型数据库。支持使用 TSQL（transact structured query language）来管理、创建和操作云数据库。

②支持存储过程。它的数据类型、存储过程和传统的 SQL Server 具有很大的相似性，因此应用可以在本地进行开发，然后部署到云平台上。

③支持大量数据类型。它包含了几乎所有典型的 SQL Server 2008 的数据类型。

④支持云中的事务。支持局部事务，但是不支持分布式事务。

Azure SQL 的体系架构中包含了一个虚拟机簇,可以根据工作负载的变化,动态增加或减少虚拟机的数量。每台虚拟机 SQL Server VM(virtual machine)安装了 SQL Server 2008 数据库管理系统,以关系模型存储数据。通常,一个数据库会被分散存储到 3~5 台 SQL Server VM 中,每台 SQL Server VM 同时安装了 SOL Azure Fabric 和 SQL Azure 管理服务,后者负责数据复写工作,以保障 SQL Fabric 的基本高可用性要求,不同 SQL Server VM 内的 SOL Azure Fabric 和管理服务之间会彼此交换监控信息,以保证整体服务的可监控性。

4.6 大数据应用案例——在"北上广"打拼是怎样一种体验

1. "北上广"的"漂"们都来自哪里?

根据有关统计,全国 9433 万跨省流动人口,超过 1/5 涌入了北京、上海、广州三个城市。特别是广州,外来人口数量已经超过了常住户籍人口,而北京和上海,本地人和外地人的比例分别是 1.6:1 和 1.44:1。

到"北上广"等大都市去闯荡、打拼,是很多年轻人的梦想。即便是在高房价、高物价、交通拥堵等情况下离开的人,也有相当一部分重新回来。这些远离亲人,选择面对生活的艰苦和孤独的年轻人,究竟是怎样的群体?又过着什么样的生活?通过大数据分析,我们或许能了解一二。

"北上广"的本地人与外地人数量如图 4.12 所示。

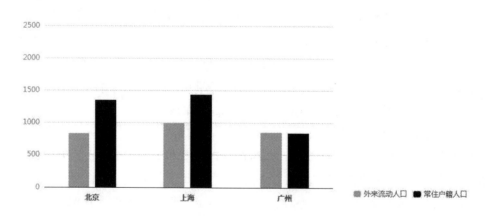

图 4.12 "北上广"的本地人与外地人数量(单位:万人)

从外来人口来源看,北京、上海、广州外来人口分别来自华北、华中、华南地区(以吸收邻省人口为主)。作为人口流出大省的河南、湖北,则同时进入了"北上广"外来人口数量来源省份排名的前五。

2. 年纪轻、学历高,或许更能站稳脚跟?

在"北上广",拼搏奋斗的核心人群在 20~40 岁之间,占整体外来人口比例超过 75%。但从年龄结构比较,上海的年轻群体年龄段更为集中,北京 45 岁以上人群占比明显大于其他,而广州外来人口的年龄构成则更偏向年轻化,如图 4.13 所示。

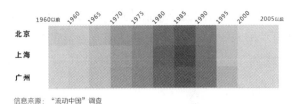

信息来源："流动中国"调查

图 4.13　外来人口年龄结构

国家有关部门曾对"北上广"35 岁以下青年流动人口的生活状态做过监测研究，发现收入是影响他们生活质量的重要因素之一，更是坚守或逃离"北上广"的关键。从调查数据来看，影响收入最关键的因素被认为是学历。图 4.14 所示为外来人口学历构成。

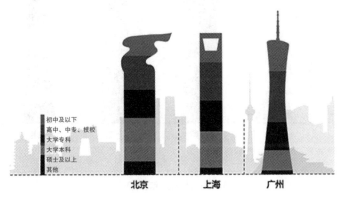

数据来源："流动中国"调查

图 4.14　外来人口学历构成

"流动中国"调查数据显示，广州本科及以上学历的青年人群比例确实远低于北京和上海，这或许是高学历年轻人在广州更吃香的一个原因。

另外，在上海、广州的外来年轻人和全国同龄流动人口一样，以从事制造业为主，占四成左右，其次是建筑等行业。

北京的情况较为不同，从事制造业的比重明显较低，从事互联网行业和金融、保险、房地产的明显高于其他两个城市。这与北京外来青年学历层次较高及城市功能定位有关。

图 4.15 所示为外来人口就业行业构成。

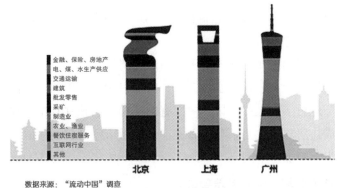

数据来源："流动中国"调查

图 4.15　外来人口就业行业构成

3. 一样的"漂"，却分出了上、中、下

在"北上广"三地，外来人口的住房情况大体一致，均有过半数人租房居住。北京人均租房月支出超过全国平均水平的70%，几乎是用于食品的月支出的两倍，可见租房的花销最让"北漂"们"肉痛"。"流动中国"调查数据中，广州的企业能给解决住宿的比例最高，这一点格外明显。

图4.16所示为外来人群居住状态。

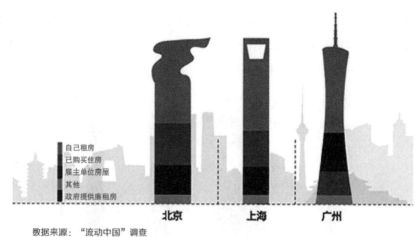

自己租房
已购买住房
雇主单位房屋
其他
政府提供廉租房

北京   上海   广州

数据来源："流动中国"调查

图4.16　外来人群居住状态

当然，在不同历史和政策背景下，"北上广"三地也形成了外来人口聚居的"城中村"，作为多数人"停泊"的首站。随着房价持续上涨，北京的"蚁族"、上海的"蜗居"曾一度在公众中流行。

比较"北上广"的"城中村"，着实是一个有趣的话题，图4.17所示为"城中村"区域分布及房屋空间变化。外来人群的居住状态及房屋空间变化呈现了三地的不同。

广州的"城中村"散布在城市中的各个角落，规模和占地都较大；上海的则靠近外围地区，且规模较小；北京"城中村"主要分布在城市建成区边缘地带，约为五环附近。

更为有趣的是在大量外来人口涌入后"北上广"三地"城中村"内房屋空间的变化。

北京多为不断下压空间。在北京圈层的外扩中，内城的"城中村"逐步被拆迁。"城郊村"在形态上更多地呈现一种原始聚集村落形式，多为一层或两层的平房，每户拥有自己的院落房屋，部分有地下室。

上海则多是不断向内挤压空间。对于管治最为严格的上海，一方面存在强硬的政策与监管，另一方面又拥有异常旺盛的住房需求，所以只能在漫长的"等待拆迁"中通过内部挤压的方法"塞"进更多的人。"村"内原有的楼梯间、独立厨房、独立洗手间、院落等均被改造和分隔成住房。相比北京和上海，广州的城市监管较为松散，"城中村"多向上加建房屋，表现为不断加建空间。

4. 虽然可能并不幸福，但还是希望融入

外来青年们的人际交往状况又是如何？相关统计的结论是，北京、上海的外来青年中

6.3%、11.4% 很少与人交往。其中，上海的外来青年很少与取得上海户籍的同乡及本地人交往。北京的外来青年更愿意与本地人来往，显示出更高的开放性和融入愿望。

如果被问及"在大都市生活是否比在老家更幸福"，北京、上海的外来青年分别有 32.8%、35.8% 的人回答肯定，略高于全国平均水平；而广州只有 28.4% 的人感到幸福。但被问及融入的意愿时，"北上广"三地的外来青年均有超过 90% 的人愿意融入。相关问卷结果如图 4.18 所示。

"城中村"的区域分布：

"城中村"房屋的空间变化：

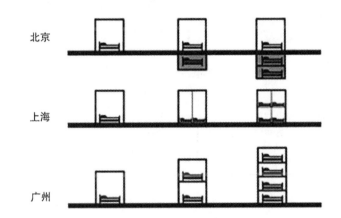

资料来源：《不同管制下的"北上广"城中村外来人口居住研究》

图 4.17 "城中村"区域分布及房屋空间变化

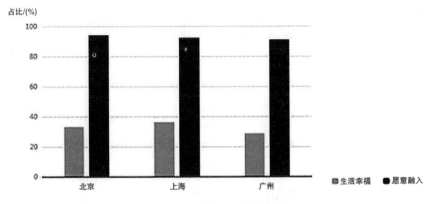

图 4.18 外来青年问卷结果

本章习题

一、选择题

1. 数据管理没有经历（   ）。

A. 人工管理阶段

B. 全自动化阶段

C. 文件系统阶段

D. 数据库系统阶段

2. （   ）不是非关系型数据库。

A. Oracle

B. MongoDB

C. Redis

D. HBase

3. 以下不是 NoSQL 数据库的是（   ）。

A. 键值数据库

B. 文档数据库

C. 图数据库

D. MySQL

4. 下列关于 NoSQL 数据库和关系型数据库的比较，不正确的是（   ）。

A. NoSQL 数据库具有弱一致性，关系型数据库具有强一致性

B. NoSQL 数据库的可扩展性比传统的关系型数据库更好

C. NoSQL 数据库很容易实现数据完整性，关系型数据库很难实现数据完整性

D. NoSQL 数据库缺乏统一的查询语言，而关系型数据库有标准化查询语言

5. 以下对各类数据库的理解错误的是（   ）。

A. 图数据库灵活性高，支持复杂的图算法，可用于构建复杂的关系图谱

B. 文档数据库的数据是松散的，XML 和 JSON 文档等都可以作为数据存储在文档数据库中

C. HBase 数据库是列族数据库，可扩展性强，支持事务一致性

D. 键值数据库的键是一个字符串对象，值可以是任意类型的数据，比如整型和字符型等

6. 下列数据库属于文档数据库的是（   ）。

A. MongoDB

B. HBase

C. Redis

D. MySQL

7. NoSQL 数据库的三大理论基石不包括（   ）。

A. CAP

B. ACID

C. 最终一致性

D. BASE

8. 关于 NoSQL 数据库和关系型数据库，下列说法不正确的是（　　）。

A. 关系型数据库有关系代数理论作为基础，NoSQL 数据库没有统一的理论基础

B. NoSQL 数据库和关系型数据库各有优缺点，但随着 NoSQL 的发展，NoSQL 终将取代关系型数据库

C. 大多数 NoSQL 数据库很难实现数据完整性

D. NoSQL 数据库可以支持超大规模数据存储，具有强大的横向扩展能力

二、简答题

1. 试述关系型数据库在哪些方面无法满足 Web 2.0 应用的需求。

2. 试述键值数据库、列族数据库、文档数据库和图数据库的适用场合和优缺点。

3. 试述 CAP 理论的含义。

4. 试述数据库的 ACID 特性的含义。

5. 什么是 NewSQL 数据库？

第5章 数据挖掘——大数据的智慧之道

数据采集和存储技术的迅速发展，加之数据生成与传播的便捷性，致使数据爆炸性增长，最终形成了当前的大数据时代。大数据不是简简单单指数据多。越来越多的应用涉及大数据，而这些大数据的属性，包括数量、速度、多样性等，都呈现了大数据不断增长的复杂性。一方面大数据的价值巨大，另一方面大数据的价值被海量数据所掩盖，不易获取。这就使得大数据的分析挖掘在大数据领域尤为重要，对各行各业的决策支持活动起着至关重要的作用。

本章首先介绍数据挖掘的基本概念，再分别介绍数据挖掘的各种技术，最后介绍数据挖掘的一些应用。

5.1 数据挖掘概述

面对快速扩张的"数据海洋"，如何有效地挖掘其中蕴含的丰富宝藏，已成为人们越来越关注的焦点。传统的数据分析工具和方法，已经无法有效地为决策者提供其所需要的相关知识，但各个行业又面临着将数据资源转换为有用的信息和知识的迫切需求。人们期望有这样一种技术，能从这些大量数据中去粗取精、去伪存真。这种期望和需求使从大量数据中挖掘信息的核心技术——数据挖掘应运而生。

数据挖掘是从大量的、不完全的、有噪声的、模糊的、随机的实际数据中，提取出蕴含其中的、人们事先不知道但是具有潜在有用性的信息和知识的过程。

用来进行数据挖掘的数据源必须是真实的和大量的，并且可能不完整和包括一些干扰数据项。发现的信息和知识必须是用户感兴趣的和有用的。一般来讲，数据挖掘的结果并不要求是完全准确的知识，而是发现一种大的趋势。

数据挖掘可简单地理解为通过对大量数据进行操作，发现有用的知识的过程。它是一门涉及面很广的交叉学科，包括机器学习、数理统计、神经网络、数据库、模式识别、粗糙集、模糊数学等相关技术。

就具体应用而言，数据挖掘是一个利用各种分析工具在海量数据中发现模型和数据间关系的过程，这些模型和关系可以用来做预测。

数据挖掘的知识发现（KDD），不是要去发现"放之四海而皆准"的真理，也不是要去发现崭新的自然科学定理和纯数学公式，更不是什么机器定理证明。实际上，所有发现的知识都是相对的，是有特定前提和约束条件、面向特定领域的，同时还要能够易于被用户理解，最好能用自然语言表达所发现的结果。通常我们把信息转化为价值，要经历信息、数据、知识、价值四个层面，如图 5.1 所示，数据挖掘就是中间的重要环节，是从数据中发现知识的过程。

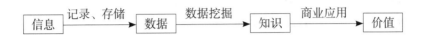

$$信息 \xrightarrow{\text{记录、存储}} 数据 \xrightarrow{\text{数据挖掘}} 知识 \xrightarrow{\text{商业应用}} 价值$$

图 5.1　信息转化为价值的过程

数据挖掘就是利用人工智能、机器学习、统计学、模式识别等技术，从大量的、含有噪声的实际数据中提取隐含的、事先不为人所知的有效信息的过程。数据挖掘基本流程包括商业理解、数据准备、数据理解、模型建立、模型评估和模型应用，如图 5.2 所示。

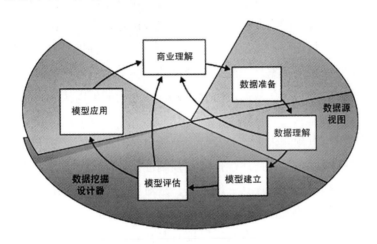

图 5.2　数据挖掘的基本流程

首先是商业理解，也就是对数据挖掘问题本身进行定义。所谓"做正确的事比正确地做事更重要"，在着手做数据模型之前一定要花时间去理解需求，弄清楚真正要解决的问题是什么，根据需求制订工作方案。这个过程需要比较多的沟通和市场调研，了解问题提出的商业逻辑。在沟通交流过程中，为了便于对沟通效果进行把控，可以采取思维导图等工具对结果进行记录、整理。

明确需求后，接下来就是要收集并整理数据建模所需要的数据，即进行数据准备。这个过程是资源调配的过程，需要与企业的相关部门明确可以使用的数据维度有哪些，哪些维度与建模任务相关性比较高。这个过程通常需要一定的专业背景知识。

数据理解即浏览数据，指的是对用于挖掘的数据进行预处理和统计分析的过程，有时也称为 ETL 过程，主要包括数据的抽取、清洗、转换和加载，是整个数据挖掘过程中最耗时的，也是非常关键的一环。数据处理方法是否得当，对数据中所体现出来的业务特点理解是否到位，将直接影响到后面模型的选择及模型的效果，甚至决定整个数据挖掘工作能否完成预定目标。该过程需要有一定的统计学理论和实际经验,并具备一定的项目经验。

模型建立是整个数据挖掘流程中关键的一步,需要在数据理解的基础上选择并实现相关的挖掘算法,并对算法进行反复调试、实验。通常模型建立和数据理解是相互影响的,经常需要反复尝试、磨合,多次迭代后方可训练出真正有效的模型。

模型评估是在数据挖掘工作基本结束的时候,对最终模型效果进行评测的过程。在挖掘算法初期需要制订最终模型的评测方法、相关指标等,在这个过程中对这些评测指标进行量化,判断最终模型是否可以达到预期目标。通常,模型的评估人员和模型的构建人员不是同一批人,以保证模型评估的客观、公正性。

模型应用即部署和更新模型,实施数据挖掘方案。部署阶段可能简单也可能复杂。

5.2 大数据挖掘技术

在大数据时代下,基于大数据的数据挖掘有着无比重要的意义,人们通过对大量数据进行专业分析,可以对现有的商业模式、企业决策提供数据支持。目前,几乎所有的知名企业的管理建议都是以数据分析结论作为依据而提出的,在分析和解决问题时也开始倾向于用数据说话,不掌握大量数据是无法提出合理的、科学的、可行的建议的。此外,当数据量积累到一定程度时再对这些数据进行分析处理,人们就可以从这些数据中找到感兴趣的有效的信息。

因此,数据挖掘可以预测未来趋势及行为,做出具有前瞻性、基于大数据发展趋势的决策。数据挖掘任务可以概括为描述性任务和预测性任务两大类。描述性任务主要是对现有数据进行理解和整理,从中发现其一般特性,是对历史知识的总结和归纳。预测性任务则是利用当前数据对事务的未来发展趋势进行推断,是知识的外延和推理过程。

常用的数据挖掘算法一般分为两大类,即有监督学习和无监督学习,如图5.3所示。

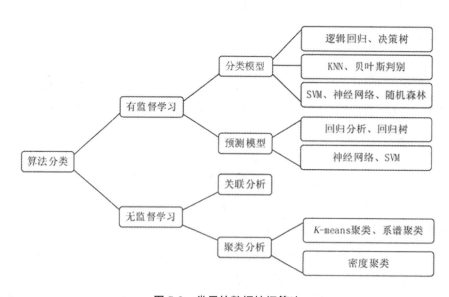

图5.3   常用的数据挖掘算法

有监督学习是基于归纳的学习，是通过对大量已知分类或输出结果的数据进行训练，建立分类或预测模型，用来分类未知实例或预测输出结果的未来值。

无监督学习算法是在学习训练之前，对没有预定义好分类的实例按照某种相似性度量方法，计算实例之间的相似程度，并将最为相似的实例聚类在一组，解释每组的含义，从中发现聚类的意义。

比较常见的数据挖掘技术有如下几类：

（1）分类和预测：两种使用数据进行预测的方式，可用来确定未来的结果。分类是按照已知的分类模型找出数据对象的共同特点，并将样本划分到相应的类别中，是最为基本的数据挖掘技术，广泛用于客户喜好分析、满意度分析等场景。如银行根据用户的消费能力和还款记录对其进行信用评级，这是数据挖掘中的分类任务。预测是将样本映射到连续的数值型目标值，发现属性间的依赖关系。如分析给贷款人的贷款量就是数据挖掘中的预测任务。

（2）聚类分析：将一组对象按照相似性和差异程度划分为几个类别，使同一类别中样本的相似性尽可能大，如在金融行业中对不同股票的发展趋势进行归类，找出股价波动趋势相近的股票集合。

（3）关联规则分析：包括频繁模式挖掘和序列模式挖掘，用于发现能够描述数据项之间关系的规则。典型应用是用户购物篮分析，发现用户经常一起购买的商品集合，如购买啤酒的人经常也会顺手购买小孩尿布，以及用户购买某商品之后最有可能购买的其他商品，如用户购买自行车两个月左右后通常会再购买打气筒。前者可以用来指导商场的商品陈列，将用户最可能一起购买的商品摆列在一起。后者则可以用来对用户的未来消费行为进行推荐引导。

（4）推荐技术：根据用户的兴趣特点和历史行为，向用户推荐其感兴趣的信息或商品。其最为成功的应用是，在电子商务网站中，向用户推荐其可能购买的商品，从而增加商品的销售规模并提高用户黏性。

5.3 分类和预测

分类算法反映的是如何找出同类事物的共同性特征知识和不同事物之间的差异性特征知识。分类是通过有指导的学习训练建立分类模型，并使用模型对未知分类的实例进行分类。分类输出属性是离散的、无序的。

分类技术在很多领域都有应用。当前，市场营销的很重要的一个特点就是强调客户细分。采用数据挖掘中的分类技术，可以将客户分成不同的类别。

例如，可以通过客户分类构造一个分类模型来对银行贷款进行风险评估；设计呼叫中心时可以把客户分为呼叫频繁的客户、偶然大量呼叫的客户、稳定呼叫的客户、其他，来帮助呼叫中心寻找出这些不同种类客户之间的特征，这样的分类模型可以让用户了解不同行为类别客户的分布特征。

其他分类应用还有文献检索和搜索引擎中的自动文本分类，安全领域的基于分类技术的入侵检测等。

分类过程包括两个阶段：第一是模型建立阶段，或者称为训练阶段；第二是评估阶段。

1）训练阶段

训练阶段的目的是描述预先定义的数据类或概念集的分类模型，如图 5.4 所示。该阶段需要从已知的数据集中选取一部分数据作为建立模型的训练集，而把剩余的部分作为检验集。通常会从已知数据集中选取 2/3 的数据项作为训练集，1/3 的数据项作为检验集。

训练数据集由一组数据元组构成，假定每个数据元组都已经属于一个事先指定的类别。训练阶段可以看成学习一个映射函数的过程，对于一个给定元组，可以通过指定映射函数预测其类别标记。该映射函数就是通过训练数据集得到的模型（或者称为分类器）。该模型可以表示为分类规则、决策树或数学公式等形式。

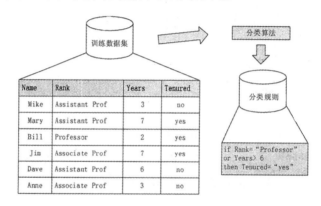

图 5.4　分类算法的训练阶段

2）评估阶段

在评估阶段，需要使用第一阶段建立的模型对检验集数据元组进行分类，从而评估分类模型的预测准确率，如图 5.5 所示。

分类器的准确率是分类器在给定测试数据集上正确分类的检验元组所占的百分比。如果认为分类器的准确率是可以接受的，则使用该分类器对类别标记未知的数据元组进行分类。

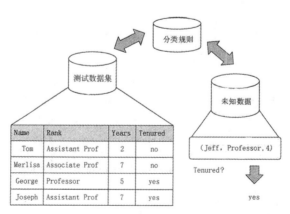

图 5.5　分类算法的评估阶段

分类是在一群已经知道类别标号的样本中，训练一种分类器，让其能够对某种未知的样本进行分类。分类算法属于一种有监督学习。分类算法的分类过程就是建立一种分类模型来描述预定的数据集或概念集，通过分析由属性描述的数据元组来构造模型。分类的目的就是对新的数据集进行划分，其主要涉及分类规则的准确性、过拟合、矛盾划分的取舍等。常用的分类算法包括朴素贝叶斯分类（naive Bayesian classifier，NBC）算法、逻辑回归（logistic regress，LR）算法、迭代二叉树 3 代（iterative dichotomiser 3，ID3）算法、支持向量机（support vector machine，SVM）算法、K 最近邻（K-nearest neighbor，KNN）算法、人工神经网络（artificial neural network，ANN）算法等。

◆ 5.3.1 决策树算法

1. 算法思想

决策树（decision tree，DT）是一种简单且广泛使用的分类技术。

决策树是一个树状预测模型，它是由节点和有向边组成的层次结构。

决策树中包含 3 种节点，即根节点、内部节点和叶子节点。

决策树只有一个根节点，是全体训练数据的集合。

决策树中的一个内部节点表示一个特征属性上的测试，对应的分支表示这个特征属性在某个值域上的输出。

一个叶子节点存放一个类别，也就是说，带有分类标签的数据集合即为实例所属的分类。

使用决策树进行决策的过程就是从根节点开始，测试待分类项中相应的特征属性，并按照其值选择输出分支，直到叶子节点，将叶子节点存放的类别作为决策结果，如图 5.6 所示。数据挖掘中的决策树方法是一种经常被用到的方法，可以用于分析数据，同样也可以用来做预测。

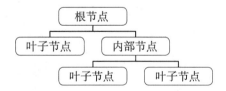

图 5.6 决策树决策的结构

2. 使用决策树的案例

预测一个人是否会购买电脑的决策树如图 5.7 所示。利用这棵树，可以对新记录的数据进行分类。从根节点（年龄）开始，如果某个人的年龄为中年，就直接判断这个人会买电脑；如果是青少年，则需要进一步判断是否是学生；如果是老年，则需要进一步判断其信用等级。

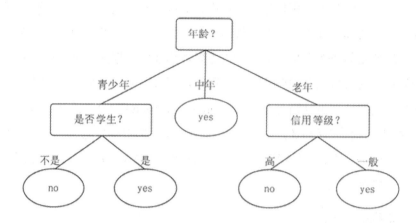

图 5.7 预测是否购买电脑的决策树

假设客户甲具备以下 4 个属性：20 岁、低收入、是学生、信用一般。通过决策树的根节点判断年龄，判断结果为"青少年"，符合左边分支，再判断客户甲是否为学生，判断结果为"是"，符合右边分支，最终客户甲落在"yes"的叶子节点上，所以预测客户甲会购买电脑。

3. 决策树的构造

决策树算法的重点就是决策树的构造。决策树的构造就是进行属性选择，度量确定各个特征之间的树结构；主要分成三个步骤，即特征选择、决策树生成和决策树剪枝，如图5.8 所示。本书主要介绍 ID3 算法。ID3 算法的核心是根据信息增益来选择进行划分的特征，然后递归地构造决策树。

图 5.8 决策树构造的三个步骤

1）特征选择

特征选择决定了使用哪些特征来做判断。在训练数据集中，每个样本的属性可能有很多个，不同属性的作用有大有小，因而需进行特征选择，筛选出跟分类结果相关性较高的特征，也就是分类能力较强的特征。

在特征选择中通常使用的依据是信息增益。

2）决策树生成

选择好特征后，就从根节点出发，对节点计算所有特征的信息增益，选择信息增益最大的特征作为节点特征，根据该特征的不同取值建立子节点；对每个子节点使用相同的方式生成新的子节点，直到信息增益很小或者没有特征可以选择为止。

3）决策树剪枝

在分类模型建立的过程中，很容易出现过拟合的现象。过拟合是指在模型学习训练中，训练样本达到非常高的逼近精度，但对检验样本的逼近误差随着训练次数增多呈现出先下降后上升的现象。过拟合时训练误差很小，但是检验误差很大，不利于实际应用。

决策树的过拟合现象可以通过剪枝进行一定的修复。剪枝分为预先剪枝和后剪枝两种。

预先剪枝是指，在决策树生长过程中，使用一定条件加以限制，使决策树在产生完全拟合的结果之前就停止生长。

是否需要预先剪枝的判断方法也有很多，例如，信息增益小于一定阈值的时候可通过剪枝使决策树停止生长。但确定一个合适的阈值也需要一定的依据，阈值太高会导致模型拟合不足，阈值太低又会导致模型过拟合。

后剪枝是指，在决策树生长完成之后，按照自底向上的方式修剪决策树。后剪枝有两种方式：一种是用新的叶子节点替换子树，该节点的预测类由子树数据集中的多数类决定；另一种是用子树中最常使用的分支代替子树。

预先剪枝可能会过早地终止决策树的生长，而后剪枝一般能够产生更好的效果。但采用后剪枝，在子树被剪掉后，决策树生长过程中的一部分计算就被浪费了。

构造决策树的关键步骤是分裂属性。所谓分裂属性就是在某个节点处按照某一特征属性的不同划分构造不同的分支，其目标是让各个分裂子集尽可能纯。"尽可能纯"就是尽量让一个分裂子集中待分类项属于同一类别。属性选择度量是一种选择分裂准则，将给定的类标记的训练集合中的数据"最好"地分成个体类的启发式方法，它决定了拓扑结构及分裂点的选择。分裂属性分为三种不同的情况：

（1）属性是离散值且不要求生成二叉决策树。此时用属性的每一个划分作为一个分支。

（2）属性是离散值且要求生成二叉决策树。此时使用属性划分的一个子集进行测试，按照"属于此子集"和"不属于此子集"分成两个分支。

（3）属性是连续值。此时确定一个值作为分裂点 split_point，按照 > split_point 和 <= split_point 生成两个分支。

4. 决策树实例分析

用挑西瓜的例子来说明如何利用决策树算法进行分类，判断西瓜的好坏。

假设现在我们买了一个西瓜，它的特点是色泽乌黑，根蒂硬挺，敲声清脆，如何判断这是好瓜还是坏瓜？

首先我们需要获得一个训练数据集，即西瓜数据集，如表 5.1 所示。

表 5.1 西瓜数据集

编　　号	色　　泽	根　　蒂	敲　　声	好　　瓜
1	青绿	蜷缩	清脆	是
2	乌黑	硬挺	浊响	是
3	青绿	蜷缩	浊响	是
4	乌黑	蜷缩	沉闷	否
5	乌黑	硬挺	清脆	否

这里要"学习"的目标是"好瓜"。暂且假设"好瓜"可由"色泽""根蒂""敲声"这三个因素完全确定，换言之，只要某个西瓜的这三个属性取值明确，我们就能判断出它是不是好瓜。现在我们需要根据训练数据集建立一棵决策树来判断任意一个西瓜的好坏。

步骤一：将所有的特征看成一个一个的节点，例如"色泽""根蒂""敲声"。

步骤二：遍历当前特征的每一种分割方式，找到最好的分割点。比如，"根蒂"这个特征，可以按根蒂的状态分为蜷缩和硬挺。将数据划分为不同的子节点，计算划分之后所有子节点的"纯度"信息。

此处需引入两个概念。

1）熵（entropy）

熵表示事务不确定性的程度，也就是信息量的大小（一般说信息量大，就是指背后的不确定性因素太多），熵的计算公式如下：

$$\text{entropy} = -\sum_{i=1}^{n} p(x_i) \times \log_2 p(x_i)$$

其中，$p(x_i)$ 是分类 x_i 出现的概率，n 是分类的数目。

entropy 最大（为 1）的时候，是分类效果最差的状态；它最小（为 0）的时候，是完全分类的状态。因为熵等于零是理想状态，一般实际情况下，熵介于 0 和 1 之间。

熵的不断最小化，实际上就是提高分类正确率的过程。

2）信息增益（information gain）

在划分数据集前后根据信息发生的变化，可计算每个特征值因划分数据集获得的信息增益，获得信息增益最高的特征就是最好的选择。

定义属性 A 对数据集 D 的信息增益为 $\text{infoGain}(D|A)$，它等于 D 本身的熵，减去给定 A 的条件下 D 的条件熵：

$$\text{infoGain}(D|A) = \text{entropy}(D) - \text{entropy}(D|A)$$

其中，$A = \{a_1, a_2, \dots, a_K\}$，有 K 个值。

计算每个属性引入后的信息增益，给 D 带来的信息增益最大的属性，即为最优划分属性。一般，信息增益越大，则意味着使用属性 A 来进行划分所得到的"纯度提升"越大。

该原始数据集（西瓜数据集）包含 5 个样本，分为 2 类，即 $n=2$。正例（好瓜）占的

比例为 $p_1 = \dfrac{3}{5}$，反例（坏瓜）占的比例为 $p_2 = \dfrac{2}{5}$。根据信息熵的计算公式能够计算出数据集 D 的信息熵：

$$\text{entropy}(D) = -\sum_{i=1}^{2} p_i \times \log_2 p_i = -(\frac{3}{5}\log_2 \frac{3}{5} + \frac{2}{5}\log_2 \frac{2}{5}) = 0.97$$

从数据集中能够看出特征集为 { 色泽，根蒂，敲声 }。下面我们来计算每个特征的信息增益。

先计算 "色泽" 的信息增益。

若使用色泽对数据集 D 进行划分，则可得到 2 个子集，分别为 D_1（色泽 = 青绿）和 D_2（色泽 = 乌黑）。

$$\text{entropy}(D_1) = -(1\log_2 1) = 0$$

$$\text{entropy}(D_2) = -(\frac{1}{3}\log_2 \frac{1}{3} + \frac{2}{3}\log_2 \frac{2}{3}) = 0.92$$

因此，特征 "色泽" 的信息增益为：

$$\text{infoGain}(D\,|\,色泽) = \text{entropy}(D) - \sum_{v=1}^{2} \frac{|D_v|}{|D|} \text{entropy}(D_v)$$

$$= 0.97 - (\frac{2}{5}\times 0 + \frac{3}{5}\times 0.92) = 0.42$$

同理可以计算出其他特征的信息增益：

$$\text{infoGain}(D\,|\,根蒂) = 0.02$$
$$\text{infoGain}(D\,|\,敲声) = 0.57$$

比较发现，特征 "敲声" 的信息增益最大，于是它被选为第一划分属性。重复以上步骤，继续选择特征进行划分，得到的决策树如图 5.9 所示。

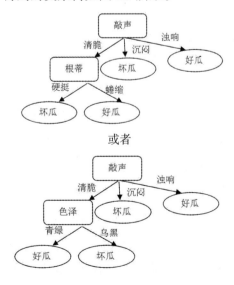

图 5.9　生成的决策树

现在我们根据这棵决策树就能判断出实例中买的西瓜是坏瓜。上面的例子说明，使用决策树算法非常容易直观地得到一个实例的类别判断，只要知道各个特征的具体值，决策树的判定过程就相当于树中从根节点到某一个叶子节点的遍历。如何遍历是由数据各个特征的具体属性决定的。

◆ 5.3.2　KNN 算法

KNN 算法可以说是最简单的分类算法之一，同时，它也是最常用的分类算法之一。

1. KNN 算法概述

最简单、最初级的分类器是将全部的训练数据所对应的类别都记录下来，当测试对象的属性和某个训练对象的属性完全匹配时，便可以对其进行分类。但是可能不是所有测试对象都会找到与之完全匹配的训练对象，还存在一个测试对象同时与多个训练对象匹配，导致一个训练对象被分到了多个类的问题，基于这些问题，就产生了 KNN 算法。

2. KNN 算法原理

如果一个样本在特征空间中存在 K 个与其相邻的样本，其中某一类别的样本数目较多，则待预测样本就属于这一类，并具有这个类别相关特性。该算法在确定分类决策时只依据最邻近的一个或者几个样本的类别来决定待分类样本所属的类别。

KNN 算法简单、易于理解，无须估计参数与训练模型，适合于解决多分类问题。它的不足是，样本不平衡，如一个类的样本容量很大，而其他类样本容量很小，有可能导致输入一个新样本时该样本的 K 个邻居中大容量类的样本占多数，而此时只依照数量的多少去预测未知样本的类型就会增加预测错误概率。此时，我们就可以采用对样本取"权值"的方法来改进。

3. KNN 算法流程

KNN 算法分类主要包括以下 4 个步骤：

①准备数据，对数据进行预处理。

②计算测试样本点（也就是待分类点）到其他每个样本点的距离（选定度量距离的方法）。

③对每个距离进行排序，然后选择出距离最小的 K 个点。

④对 K 个点所属的类别进行比较，按照少数服从多数的原则（多数表决思想），将测试样本点归入 K 个点中占比最高的一类。

4. KNN 算法预测分类实例

下面通过一个简单的例子说明。如图 5.10 所示，要决定将圆赋予哪个类，是三角形类还是正方形类？如果 K=3，由于三角形所占比例为 2/3，圆将被赋予三角形类；如果 K=5，由于正方形比例为 3/5，圆将被赋予正方形类。这也说明了 KNN 算法的结果很大程度上取决于 K 的选择。

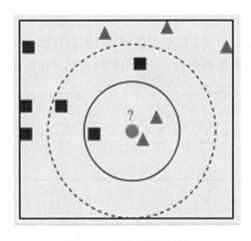

图 5.10　KNN 算法示例

◆ 5.3.3　回归分析

回归分析的基本概念是用一群变量预测另一个变量，如根据几件事情的相关程度来预测另一件事情发生的概率。

回归分析的目的是找到一个联系输入变量和输出变量的最优模型。回归方法有许多种，可通过 3 个因素进行分类，即自变量的个数、因变量的类型和回归线的形状。

①依据相关关系中自变量的个数不同进行分类，回归方法可分为一元回归分析法和多元回归分析法。在一元回归分析法中，自变量只有一个，而在多元回归分析法中，自变量有两个及以上。

②按照因变量的类型，回归方法可分为线性回归分析法和非线性回归分析法。

③按照回归线的形状分类时，如果在回归分析中，只包括一个自变量和一个因变量，且二者的关系可用一条直线近似表示，则这种回归分析称为一元线性回归分析；如果回归分析中包括两个或两个以上的自变量，且因变量和自变量之间是非线性关系，则这种回归分析称为多元非线性回归分析。

线性回归是世界上最知名的建模方法之一。在线性回归中，数据使用线性预测函数来建模，并且模型参数也是通过数据来估计的。这些模型被叫作线性模型。在线性模型中，因变量是连续型的，自变量可以是连续型或离散型的，回归线是线性的。

1）一元线性回归

一元线性回归分析是确定变量 y 与一个或多个变量 x 之间的相互关系的过程。y 通常叫作响应输出或因变量，x 叫作输入、回归量、解释变量或自变量。一元线性回归最适合用直线（回归线）去建立因变量 y 与一个或多个自变量 x 之间的关系。可以用以下公式来表示：

$$y = a + b \cdot x + e$$

其中，a 为截距，b 为回归线的斜率，e 是误差项。

一元线性回归分析样例如图 5.11 所示。

要找到回归线，就是要确定回归系数 a 和 b。假定变量 y 的方差是一个常量，可以用最小二乘法来计算这些系数，使实际数据点和估计回归直线之间的误差最小，误差最小时得出的参数，才是我们最需要的参数。计算出的残差平方和常常被称为回归直线的误差平方和（见图 5.12），用 SSE 来表示，公式如下：

$$\mathrm{SSE} = \sum_{i=1}^{m} e_i^2 = \sum_{i=1}^{m} \left(y_i - y_i'\right)^2 = \sum_{i=1}^{m} \left(y_i - a - bx_i\right)^2$$

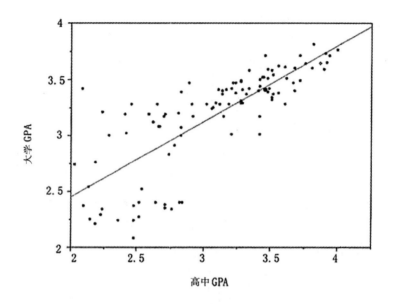

图 5.11　一元线性回归分析样例

回归直线的误差平方和就是所有样本中的 y_i 值与回归线上的点的 y_i 值的差的平方的总和。

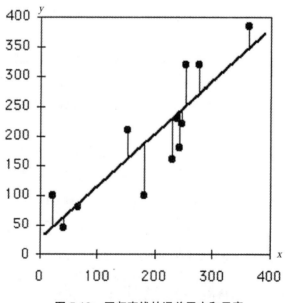

图 5.12　回归直线的误差平方和示意

2）多元线性回归

多元线性回归是一元线性回归的扩展，涉及多个预测变量。响应变量 y 的建模为几个预测变量的线性函数，可通过一个属性的线性组合来进行预测，其基本的形式如下：

$$f(x) = w_1 x_1 + w_2 x_2 + w_3 x_3 + \cdots + w_d x_d + b$$

线性回归模型的解释性很强，模型的权重向量十分直观地表达了样本中每一个属性在预测中的重要度。例如，要预测今天是否会下雨，并且已经基于历史数据学习到了模型中的权重向量和截距，则可以综合考虑各个属性来判断今天是否会下雨。模型如下：

$$f(x) = 0.4 \times x_1 + 0.4 \times x_2 + 0.2 \times x_3 + 1$$

其中，x_1 表示风力，x_2 表示湿度，x_3 表示空气质量。

在训练模型时，要让预测值尽量逼近真实值，做到误差最小，而均方误差就是表达这种误差的一种方法，所以求解多元线性回归模型，就是求解使均方误差最小化的对应参数。

5.4 聚类分析

聚类分析（cluster analysis）是一种将数据所研究的对象进行分类的统计方法，是将一群物理对象或者抽象对象划分成相似的对象类的过程。像聚类分析这样的一类方法有一个共同的特点：事先不知道类别的个数和结构，据以进行分析的数据是对象之间的相似性（similarity）和相异性（dissimilarity）的数据。这些相似（相异）的数据可以看成是对象与对象之间的距离远近的一种度量，将距离近的对象看作一类，不同类之间的对象距离较远。这个可以看作聚类分析方法的一个共同的思路。

聚类分析通常又被称为无监督学习，与有监督学习不同的是，在簇中那些表示数据类别的分类或者分组信息是没有的。

数据之间的相似性是通过定义一个距离或者相似性系数来判别的。图 5.13 是一个按照数据对象之间的距离进行聚类的示例，距离相近的数据对象被划分为一个簇。

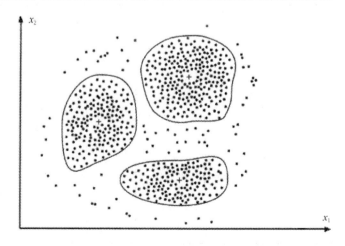

图 5.13 聚类分析示例

聚类分析可以应用在数据预处理过程中，对于复杂结构的多维数据可以通过聚类分析的方法令数据聚集，使复杂结构数据标准化。

聚类分析还可以用来发现数据项之间的依赖关系，从而去除或合并有密切依赖关系的数据项。聚类分析也可以为某些数据挖掘方法（如关联规则、粗糙集方法）提供预处理功能。

在商业上，聚类分析是细分市场的有效工具，被用来发现不同的客户群，并且它可以对不同的客户群的特征进行刻画，被用于研究消费者行为，寻找新的潜在市场。

在生物学上，聚类分析被用来对动植物和基因进行分类，以获取对种群固有结构的认识。

在保险行业中，运用聚类分析可以通过平均消费来鉴定汽车保险单持有者的分组，同时可以根据住宅类型、价值、地理位置来鉴定城市的房产分组。

在互联网应用上，聚类分析被用来在网上进行文档归类。

在电子商务中，运用聚类分析可以分组聚类出具有相似浏览行为的客户，并分析客户的共同特征，从而帮助电子商务企业了解自己的客户，向客户提供更合适的服务。

5.4.1　K-means 算法

1. 算法思想

K-means 算法就是基于距离的聚类算法（cluster algorithm），主要通过不断地取离种子点最近的均值来求解。K-means 聚类算法的整个流程：首先指定需要划分的簇的个数 K，从聚类分析对象中随机选出 K 个对象作为类簇的质心（聚类中心），对剩余的每个对象，根据它们分别到 K 个质心的距离，将它们划归到距离它最近的那个中心所在的簇类中，然后重新计算出质心位置。以上过程不断重复，直到准则函数收敛为止。

2. K-means 算法实例

现有数据集如表 5.2 所示，根据数据点位置（见图 5.14），可以看出分成了两簇，下面通过执行 K-means 算法，验证聚类的结果是否为（P1，P2，P3）簇和（P4，P5，P6）簇。

表 5.2　初始数据集

数　据	X	Y
P1	0	0
P2	1	2
P3	3	1
P4	8	8
P5	9	10
P6	10	7

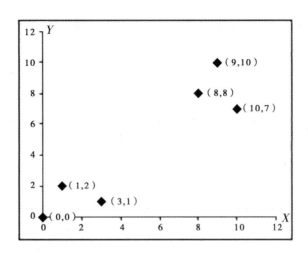

图 5.14　数据平面图（数据点位置）

（1）确定 $K=2$，随机选取 $P1$、$P2$ 为初始质心。

（2）分别计算 $P3$、$P4$、$P5$、$P6$ 到 $P1$ 和 $P2$ 的距离，结果如表 5.3 所示。

表 5.3　对象到质心的距离（$P1$、$P2$ 为质心）

剩余对象	P1	P2
P3	3.16	2.24
P4	11.31	9.22
P5	13.45	11.31
P6	12.21	10.30

由表 5.3 中数据可以看出，$P3$ 至 $P6$ 都和 $P2$ 的距离更近，第一次划分的结果为：

簇 1：$P1$

簇 2：$P2$，$P3$，$P4$，$P5$，$P6$

（3）根据新的划分结果重新确定质心，分别为 $P1$、P。注意，此处的 P 是簇 2 所有点求平均值得到的新的点（6.2，5.6）。

（4）再次分别计算 $P2$ 至 $P6$ 分别到 $P1$ 和 P 的距离，结果如表 5.4 所示。

表 5.4　对象到质心的距离（$P1$、P 为质心）

剩余对象	P1	P
P2	2.24	6.32
P3	3.16	5.60
P4	11.31	3
P5	13.45	5.22
P6	12.21	4.05

从表 5.4 中数据可以看到 $P2$、$P3$ 离 $P1$ 更近，$P4$、$P5$、$P6$ 离 P 更近，所以重新划分簇族，得到结果：

簇 1：$P1$，$P2$，$P3$

簇 2：$P4$，$P5$，$P6$

（5）根据新的划分结果重新确定质心，分别为 A、B。注意，此处的 A 是簇 1 所有点求平均值得到的新的点（1.33，1），B 是簇 2 所有点求平均值得到的新的点（9，8.33）。

（6）第三次分别计算 $P1$ 至 $P6$ 分别到 A 和 B 的距离，结果如表 5.5 所示。

表 5.5　对象到质心的距离（A、B 为质心）

剩余对象	A	B
$P1$	1.67	12.26
$P2$	1.05	10.20
$P3$	1.67	9.48
$P4$	9.67	1.05
$P5$	11.82	1.67
$P6$	10.54	1.67

从表 5.5 中数据可得，$P1$、$P2$、$P3$ 离 A 更近，$P4$、$P5$、$P6$ 离 B 更近，所以此次划分的结果为：

簇 1：$P1$，$P2$，$P3$

簇 2：$P4$，$P5$，$P6$

我们发现，这次划分的结果和上次没有任何变化，说明准则函数已经收敛，聚类结束。聚类结果和我们最开始设想的结果完全一致。

5.4.2　DBSCAN 算法

1. 算法概述

DBSCAN（density-based spatial clustering of application with noise）算法是一种典型的基于密度的聚类方法。它将簇定义为密度相连的点的最大集合，能够把具有足够密度的区域划分为簇，并且可以在有噪声的空间数据集中发现任意形状的簇。

DBSCAN 算法中有两个重要参数，即 Eps 和 MinPts。Eps 是定义密度时的邻域半径，MinPts 为定义核心点时的阈值。在 DBSCAN 算法中将数据点分为以下 3 类。

1）核心点

如果一个对象在其半径 Eps 内含有超过 MinPts 数目的点，则该对象为核心点。

2）边界点

如果一个对象在其半径 Eps 内含有点的数量小于 MinPts，但是该对象落在核心点的邻域内，则该对象为边界点。

3）噪声点

如果一个对象既不是核心点也不是边界点，则该对象为噪声点。通俗地讲，核心点对应稠密区域内部的点，边界点对应稠密区域边缘的点，而噪声点对应稀疏区域中的点。在图 5.15 中，假设 MinPts=5，Eps 如箭线所示，则点 A 为核心点，点 B 为边界点，点 C 为噪声点。点 A 因为在其 Eps 邻域内含有 7 个点，超过了 5 个，所以是核心点。点 B 和点 C 因为在其 Eps 邻域内含有点的个数均少于 5，所以不是核心点；因为点 B 落在了点 A 的 Eps 邻域内，所以点 B 是边界点；点 C 因为没有落在任何核心点的邻域内，所以是噪声点。

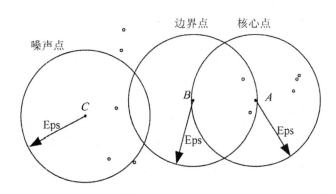

图 5.15　DBSCAN 算法数据点类型示例

进一步来讲，DBSCAN 算法还涉及表 5.6 所示的一些概念。

表 5.6　DBSCAN 算法中的概念

名　称	说　明
Eps 邻域	与点的距离小于等于 Eps 的所有点的集合
直接密度可达	如果点 p 在核心点 q 的 Eps 邻域内，则称数据对象 p 从数据对象 q 出发是直接密度可达的，也称 q 直接密度可达 p
密度可达	如果存在数据对象链 p_1, p_2, $\cdots$, p_n，p_{i+1} 是从 p_i 出发关于 Eps 和 MinPts 直接密度可达的，则数据对象 p_n 是从数据对象 p_1 出发关于 Eps 和 MinPts 密度可达的
密度相连	对于对象 p 和对象 q，如果存在核心对象样本 o，使数据对象 p 和对象 q 均从 o 出发密度可达，则称 p 和 q 密度相连。显然，密度相连具有对称性
密度聚类簇	由一个核心点和与其密度可达的所有对象构成一个密度聚类簇

例如，在图 5.16 中，点 a 为核心点，点 b 为边界点，则 a 直接密度可达 b，但是 b 不直接密度可达 a（因为 b 不是一个核心点）。点 c 为核心点，则 c 直接密度可达 a，a 直接密度可达 b，所以 c 密度可达 b。因为 b 不直接密度可达 a，所以 b 不密度可达 c。但是 b 和 c 密度相连。

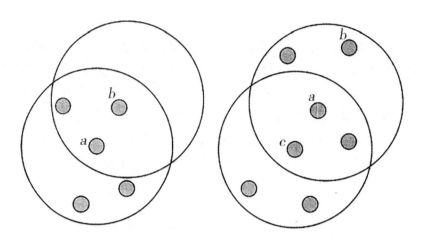

图 5.16　直接密度可达和密度可达示例

2. 算法描述

DBSCAN 算法对簇的定义很简单，由密度可达关系导出的最大密度相连的样本集合，即为最终聚类的一个簇。DBSCAN 算法的簇里面可以有一个或者多个核心点。如果只有一个核心点，则簇里其他的非核心点样本都在这个核心点的 Eps 邻域里。如果有多个核心点，则簇里的任意一个核心点的 Eps 邻域中一定有一个其他的核心点，否则这两个核心点无法密度可达。这些核心点的 Eps 邻域里所有的样本的集合组成一个 DBSCAN 聚类簇。

DBSCAN 算法的描述如下：

输入：数据集，邻域半径 Eps，邻域中数据对象数目阈值 MinPts。

输出：密度联通簇。

处理流程如下：

（1）从数据集中任意选取一个数据对象点 p；

（2）如果对于参数 Eps 和 MinPts，所选取的数据对象点 p 为核心点，则找出所有从 p 出发密度可达的数据对象点，形成一个簇；

（3）如果选取的数据对象点 p 是边界点，选取另一个数据对象点；

（4）重复第（2）步和第（3）步，直到所有点被处理。

DBSCAN 算法的计算复杂度为 $O(n^2)$，n 为数据对象的数目。这种算法对于输入参数 Eps 和 MinPts 是敏感的。

3. 算法实例

下面给出一个样本数据集，如表 5.7 所示，并对其实施 DBSCAN 算法进行聚类，取 Eps=3，MinPts=3。

表 5.7　DSCAN 算法样本数据集

数据	$p1$	$p2$	$p3$	$p4$	$p5$	$p6$	$p7$	$p8$	$p9$	$p10$	$p11$	$p12$	$p13$
X	1	2	2	4	5	6	6	7	9	1	3	5	3
Y	2	1	4	3	8	7	9	9	5	12	12	12	3

数据集中的样本数据在二维空间内的表示如图 5.17 所示。

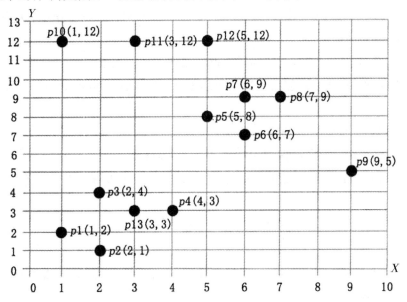

图 5.17　数据集中的样本数据在二维空间内的表示

第一步，顺序扫描数据集的样本点，取到 $p1$（1，2）。

（1）计算 $p1$ 的邻域。计算出每一点到 $p1$ 的距离，如 d（$p1, p2$）=sqrt（1+1）=1.414。

（2）根据每个样本点到 $p1$ 的距离，计算出 $p1$ 的 Eps 邻域为 { $p1, p2, p3, p13$ }。

（3）因为 $p1$ 的 Eps 邻域含有 4 个点，大于 MinPts（3），所以，$p1$ 为核心点。

（4）以 $p1$ 为核心点建立簇 $C1$，即找出所有 $p1$ 密度可达的点。

（5）$p1$ 邻域内的点都是 $p1$ 直接密度可达的点，所以都属于 $C1$。

（6）寻找 $p1$ 密度可达的点 $p2$ 的邻域，为 { $p1, p2, p3, p4, p13$ }，因为 $p1$ 密度可达 $p2$，$p2$ 密度可达 $p4$，所以 $p1$ 密度可达 $p4$，因此 $p4$ 也属于 $C1$。

（7）$p3$ 的邻域为 { $p1, p2, p3, p4, p13$ }，$p13$ 的邻域为 { $p1, p2, p3, p4, p13$ }，$p3$ 和 $p13$ 都是核心点，但是它们邻域的点都已经在 $C1$ 中。

（8）$p4$ 的邻域为 { $p2, p3, p4, p13$ }，为核心点，其邻域内的所有点已经被处理。

（9）以 $p1$ 为核心点出发的那些密度可达的对象全部处理完毕，得到簇 $C1$，为 { $p1, p2, p3, p13, p4$ }。

第二步，继续顺序扫描数据集的样本点，取到 $p5$（5，8）。

（1）计算 $p5$ 的邻域。计算出每一点到 $p5$ 的距离，如 d（$p5, p8$）= sqrt（4+1）=2.236。

（2）根据每个样本点到 $p5$ 的距离，计算出 $p5$ 的 Eps 邻域为 { $p5, p6, p7, p8$ }。

（3）因为 $p5$ 的 Eps 邻域含有 4 个点，大于 MinPts（3），所以，$p5$ 为核心点。

（4）以 $p5$ 为核心点建立簇 $C2$，即找出所有 $p5$ 密度可达的点，可以获得簇 $C2$，为 { $p5, p6, p7, p8$ }。

第三步，继续顺序扫描数据集的样本点，取到 $p9$（9，5）。

（1）计算出 $p9$ 的 Eps 邻域，为 $\{p9\}$，个数小于 MinPts（3），所以 $p9$ 不是核心点。

（2）对 $p9$ 处理结束。

第四步，继续顺序扫描数据集的样本点，取到 $p10$（1，12）。

（1）计算出 $p10$ 的 Eps 邻域，为 $\{p10, p11\}$，个数小于 MinPts（3），所以 $p10$ 不是核心点。

（2）对 $p10$ 处理结束。

第五步，继续顺序扫描数据集的样本点，取到 $p11$（3，12）。

（1）计算出 $p11$ 的 Eps 邻域，为 $\{p10, p11, p12\}$，个数等于 MinPts（3），所以 $p11$ 是核心点。

（2）$p12$ 的邻域为 $\{p11, p12\}$，$p12$ 不是核心点。

（3）以 $p11$ 为核心点建立簇 $C3$，为 $\{p10, p11, p12\}$。

第六步，继续扫描数据的样本点，$p12$、$p13$ 都已经被处理过，算法结束。

4. 算法优缺点

和传统的 K-means 算法相比，DBSCAN 算法不需要输入簇数 K 而且可以发现任意形状的聚类簇，同时，在聚类时可以找出异常点。

DBSCAN 算法的主要优点如下：

（1）可以对任意形状的稠密数据集进行聚类，而 K-means 算法一般只适用于凸数据集。

（2）可以在聚类的同时发现异常点，对数据集中的异常点不敏感。

（3）聚类结果没有偏倚，而 K-means 算法的初始值对聚类结果有很大影响。

DBSCAN 算法的主要缺点如下：

（1）样本集的密度不均匀、聚类间距差相差很大时，聚类质量较差，这时用 DBSCAN 算法一般不适合。

（2）样本集较大时，聚类收敛时间较长，此时可以通过对搜索最近邻时建立的 KD 树进行规模限制来进行改进。

（3）调试参数比较复杂时，需要对距离阈值 Eps、邻域样本数阈值 MinPts 进行联合调参，不同的参数组合对最后的聚类效果有较大影响。

（4）对于整个数据集只采用了一组参数。如果数据集中存在不同密度的簇或者嵌套簇，则 DBSCAN 算法不能处理。为了解决这个问题，有人提出了 OPTICS 算法。

（5）DBSCAN 算法可过滤噪声点，这同时也是其缺点，这造成了其不适用于某些领域，如对网络安全领域中恶意攻击的判断。

5.5 关联规则分析

关联规则分析是指从大量数据中发现项集之间有趣的关联和相关联系。关联规则分析的一个典型例子是购物篮分析。在大数据时代，关联规则分析是最常见的数据挖掘任务之一。

关联规则分析是一种简单、实用的分析技术，是指发现存在于大量数据集中的关联性或相关性，从而描述一个事物中某些属性同时出现的规律和模式。

关联规则分析可从大量数据中发现事物、特征或者数据之间的、频繁出现的相互依赖关系和关联关系。这些关联并不总是事先知道的，而是通过数据集中数据的关联分析获得的。

关联规则分析对商业决策具有重要的价值，常用于实体商店或电商的跨品类推荐、购物车联合营销、货架布局陈列、联合促销、市场营销等，来达到关联项互相提升销量、改善用户体验、减少上货员与用户投入时间、寻找高潜用户的目的。

通过对数据集进行关联规则分析可得出"由于某些事件的发生而引起另外一些事件的发生"之类的规则。

例如，"67% 的顾客在购买啤酒的同时也会购买尿布"，因此通过合理摆放啤酒和尿布的货架或捆绑销售可提高超市的服务质量和效益。"C 语言课程优秀的学生，在学习数据结构课程时成绩为优秀的可能性达 88%"，就可以通过强化 C 语言课程的学习来提高数据结构课程的教学效果。

关联规则分析的一个典型例子是购物篮分析。通过发现顾客放入其购物篮中的不同商品之间的联系，可分析顾客的购买习惯。通过了解哪些商品频繁地被顾客同时购买，可以帮助零售商制订营销策略。其他的应用还包括价目表设计、商品促销、商品的摆放和基于购买模式的顾客划分等。例如，洗发水与护发素形成套装、牛奶与面包相邻摆放等，都基于购买该产品的用户又买了哪些其他商品的分析。

除了上面提到的一些商品间存在的关联现象外，在医学方面，研究人员希望能够从已有的成千上万份病历中找到患某种疾病的病人的共同特征，从而寻找出更好的预防措施。另外，通过对用户银行信用卡账单进行分析也可以得到用户的消费方式，这有助于商家对相应的商品进行市场推广。关联规则分析的数据挖掘方法已经涉及了人们生活的很多方面，为企业的生产和营销及人们的生活提供了极大的帮助。

以下列举一个简单的关联规则：

$$婴儿尿不湿→啤酒 [支持度 =10\%，置信度 =70\%]$$

这个规则表明，在所有顾客中，有 10% 的顾客同时购买了婴儿尿不湿和啤酒，而在所有购买了婴儿尿不湿的顾客中，占 70% 的人同时还购买了啤酒。发现这个关联规则后，超市零售商决定把婴儿尿不湿和啤酒摆放在一起进行促销，结果明显提升了销售额，这就是发生在沃尔玛超市中的"啤酒和尿不湿"经典营销案例。

事实上，支持度（support）和置信度（confidence）是衡量关联规则强度的两个重要指标，它们分别反映着所发现规则的有用性和确定性。其中，规则 $X \to Y$ 的支持度是指事物全集中包含 $X \cup Y$ 的百分比。支持度主要衡量规则的有用性，如果支持度太小，则说明相应规则只是偶发事件。在商业实战中，偶发事件很可能没有商业价值。规则 $X \to Y$ 的置信度是指既包含了 X 又包含了 Y 的事物数量占所有包含了 X 的事物数量的百分比。置信度主要衡量规则的确定性（可预测性），如果置信度太低，那么从 X 就很难可靠地推断

出 Y 来，置信度太低的规则在实践应用中也没有太大用处。在众多的关联规则数据挖掘算法中，最著名的就是 Apriori 算法。

◆ 5.5.1　Apriori 算法

1. 算法原理

Apriori 算法是一种通过频繁项集来挖掘关联规则的算法。该算法既可以发现频繁项集，又可以挖掘物品之间的关联规则，分别采用支持度和置信度来量化频繁项集和关联规则。

Apriori 算法过程分为两个步骤：

第一步，通过迭代，检索出事务数据库中的所有频繁项集，即支持度不低于用户设定的阈值的项集；

第二步，利用频繁项集构造出满足用户最小置信度的规则。

具体做法就是：首先找出频繁 1- 项集，记为 $L1$；然后利用 $L1$ 来产生候选项集 $C2$，对 $C2$ 中的项进行判定，挖掘出 $L2$，即频繁 2- 项集；如此循环下去直到无法发现更多的频繁 k- 项集为止。每挖掘一层 Lk 就需要扫描整个数据库一遍。

2. Apriori 算法实例

9 位顾客在商店购买了不同的商品，表 5.8 是顾客的购物信息。

表 5.8　顾客的购物信息

ID	购买的商品
1	泡面，矿泉水，火腿
2	矿泉水，可乐
3	矿泉水，牛奶
4	泡面，矿泉水，可乐
5	泡面，牛奶
6	矿泉水，牛奶
7	泡面，牛奶
8	泡面，矿泉水，牛奶，火腿
9	泡面，矿泉水，牛奶

需弄清几个概念：

（1）事务：一条交易被称为一个事务，表 5.8 中一共有 9 个事务。

（2）项：交易的每一个物品被称为一个项，如泡面、火腿。

（3）项集：就是项的集合，例如，{ 泡面，矿泉水，可乐 } 是一个 3 项集。

（4）关联规则的表示：例如，泡面→火腿。

（5）支持度：项集 A、B 同时发生的概率称为关联规则的支持度。例如，泡面→火腿的支持度即 { 泡面 }、{ 火腿 } 同时出现的次数占事务总数的比重，为 2/9。

（6）置信度：项集 A 发生的情况下，项集 B 发生的概率。例如，泡面→火腿的置信度即购买了泡面的事务中同时购买了火腿的概率，为 1/3。

（7）对于规则"泡面→火腿"，支持度为 2/9，反映了同时购买了泡面和火腿的顾客在所有顾客中的覆盖范围；置信度为 1/3，反映了可预测的程度，即顾客购买了泡面的同时，购买火腿的可能性有多大。支持度（support）和置信度（confidence）是重要的两个衡量指标。

（8）频繁项集：支持度大于或等于某个阈值的项集即为频繁项集。例如，支持度阈值设为 20%，{泡面，火腿} 的支持度为 2/9 ≈ 22% > 20%，那么 {泡面，火腿} 为频繁项集。

（9）强关联规则：大于或等于最小支持度阈值和最小置信度阈值的规则被称为强关联规则。

关联规则挖掘的最终目标就是要找出强关联规则。挖掘的步骤分两步：①找出所有的频繁项集；②根据频繁项集找出强关联规则。

Apriori 算法的步骤如下：

（1）确定最小支持度为 0.4，开始做第一次迭代，扫描所有的事务，对每个项进行计数，得到候选 1 项集，得到如表 5.9 所示的结果，记为 C1。

表 5.9　候选 1 项集

项　　集	支　持　度
{泡面}	6/9
{火腿}	2/9
{矿泉水}	7/9
{可乐}	2/9
{牛奶}	6/9

（2）比较候选项集支持度和最小支持度，得到频繁 1 项集，记为 L1，如表 5.10 所示。

表 5.10　频繁 1 项集

项　　集	支　持　度
{泡面}	6/9
{矿泉水}	7/9
{牛奶}	6/9

（3）由 L1 产生候选 2 项集 C2，并计算支持度，如表 5.11 所示。

表 5.11　候选 2 项集

项　　集	支　持　度
{泡面，矿泉水}	4/9
{矿泉水，牛奶}	4/9
{泡面，牛奶}	4/9

（4）比较候选项集支持度和最小支持度，得到频繁 2 项集 *L2*，如表 5.12 所示。

表 5.12　频繁 2 项集

项　　集	支　持　度
{泡面，矿泉水}	4/9
{矿泉水，牛奶}	4/9
{泡面，牛奶}	4/9

（5）由 *L1* 与 *L2* 连接，产生候选 3 项集 *C3*，如表 5.13 所示。

表 5.13　候选 3 项集

项　　集	支　持　度
{泡面，矿泉水，牛奶}	2/9

C3 的支持度为 2/9，是小于最小支持度的，不构成频繁 3 项集。

（6）计算关联规则的置信度，如表 5.14 所示，找出强关联规则。

表 5.14　关联规则的置信度计算

规　　则	置　信　度
泡面 → 矿泉水	4/6
矿泉水 → 泡面	4/7
矿泉水 → 牛奶	4/7
牛奶 → 矿泉水	4/6
泡面 → 牛奶	4/6
牛奶 → 泡面	4/6

最小置信度为 0.6，则最后确定强关联规则为泡面 → 矿泉水，牛奶 → 矿泉水，泡面 → 牛奶，以及牛奶 → 泡面。

5.5.2　推荐系统技术

随着电子商务的发展，网络购物成为一种趋势，当你打开某个购物网站比如淘宝、京东的时候，你会看到很多给你推荐的产品，你是否觉得这些推荐的产品都是你似曾相识或者正好需要的呢？这个就是现在电子商务里面采用的推荐系统，向客户提供商品建议和信息，模拟销售人员完成导购的过程。

推荐系统属于资讯过滤的一种应用。推荐系统能够将可能受欢迎的资讯（例如电影、电视节目、音乐、书籍、新闻、图片、网页）等推荐给使用者。

推荐系统首先收集用户的历史行为数据，然后通过预处理的方法得到用户 - 评价矩阵，再利用机器学习领域中相关推荐技术，形成对用户的个性化推荐。有的推荐系统还搜集用户对推荐结果的反馈，并根据实际的反馈信息实时调整推荐策略，产生更符合用户需求的推荐结果。

推荐系统技术离不开它的核心——推荐算法。推荐算法早在 1992 年就被提出来了，但是发展起来是近些年的事情，因为互联网的普及，有了更大的数据量，推荐算法才有了用武之地。

下面介绍几种常用的推荐算法，即基于用户统计信息的推荐、基于内容的推荐、基于协同过滤的推荐。

1. 基于用户统计信息的推荐

基于用户统计信息的推荐是最为简单的一种推荐算法，它只是简单地根据系统用户的基本信息发现用户的相关程度，然后将相似用户喜爱的其他物品推荐给当前用户，如图 5.18 所示。

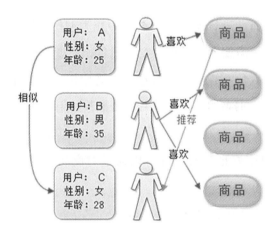

图 5.18　基于用户统计信息的推荐

系统首先根据用户的类型，比如按照年龄、性别、兴趣爱好等进行分类，然后根据用户的这些特点计算相似度和匹配度。如图 5.18 所示，发现用户 A 和 C 的性别一样，年龄相近，于是推荐 A 喜欢的商品给 C。

优点：

①不需要历史数据，没有冷启动问题；

②不依赖于物品的属性，因此几乎所有领域的问题都可无缝接入。

不足：

算法比较粗糙，效果很难令人满意，只适合简单的推荐系统。

2. 基于内容的推荐

基于内容的推荐是建立在产品的信息上的，而不需要依据用户对项目的评价意见，更多地需要用机器学习的方法从关于内容的特征描述的事例中得到用户的兴趣资料，如图 5.19 所示。

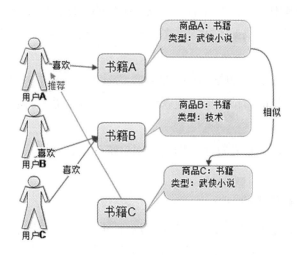

图 5.19　基于内容的推荐

系统首先对商品的属性进行建模，图 5.19 中用类型作为属性。在实际应用中，只根据类型显然过于粗糙，还需要考虑其他信息。通过相似度计算，发现书籍 A 和书籍 C 相似度较高，它们都属于武侠小说类。系统还会发现用户 A 喜欢书籍 A，由此得出结论，用户 A 很可能对书籍 C 也感兴趣，于是将书籍 C 推荐给用户 A。

优点：

①对用户兴趣可以很好地建模，并可以通过对商品和用户添加标签，获得更好的精确度；

②能为具有特殊兴趣爱好的用户进行推荐。

不足：

①物品的属性有限，难以区分商品信息的品质；

②物品相似度的衡量标准只考虑到了物品本身，有一定的片面性；

③不能为用户发现新的感兴趣的产品。

3. 基于协同过滤的推荐

基于协同过滤的推荐是基于其他用户对某一个内容的评价来向目标用户进行推荐。要为某用户推荐他真正感兴趣的内容或商品，首先要找到与此用户有相似兴趣的其他用户，然后将他们感兴趣的内容推荐给该用户。

基于协同过滤的推荐可以说是从用户的角度来进行相应的自动的推荐，即用户获得的推荐是系统通过购买模式或浏览行为等隐式获得的，主要分为基于用户的推荐和基于物品的推荐。

（1）基于用户的推荐：主要考虑用户之间的相似度，将相似用户评分较高的物品推荐给用户，如图 5.20 所示。

用户	物品A	物品B	物品C	物品D
用户A	√		√	推荐
用户B		√		
用户C	√		√	√

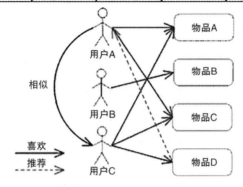

图 5.20　基于用户的推荐

（2）基于物品的推荐：主要考虑物品之间的相似度，将与用户喜好物品相似度较高的物品推荐给用户，如图 5.21 所示。

用户	物品A	物品B	物品C
用户A	√		√
用户B	√	√	√
用户C	√		推荐

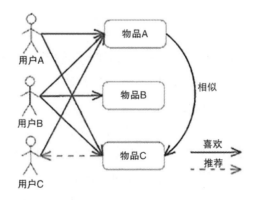

图 5.21　基于物品的推荐

优点：

①能够过滤难以进行机器自动分析的内容或信息，如艺术品、音乐等。

②能够共享其他用户的经验，避免了内容分析的不完全和不精确。

③能够有效使用其他相似用户的反馈信息，加快个性化学习的速度。

④具有推荐新信息的能力，可以发现用户潜在的但自己尚未发现的兴趣偏好。

缺点：

①存在冷启动问题和数据稀疏问题。

②商品、用户越多，协同过滤越复杂，存在扩展问题。

③不能为具有特殊兴趣爱好（找不到相似用户）的用户进行推荐。

5.6 商业智能的分析预测

"啤酒 + 尿不湿"的数据分析成果早已成了大数据技术应用的经典案例，被人们津津乐道。这种商品之间的关联性是怎么建立起来的呢？ 2004 年，沃尔玛对过去的交易进行了一个庞大的数据库信息收集——跨越多个渠道收集最详细的顾客信息，并且构建灵活、高速的供应链信息系统。沃尔玛数据库信息的主要特点是投入大、功能全、速度快、智能化和全球联网。这个数据库记录的数据不仅包括每一位顾客的购物清单以及消费额，还包括购物篮中的物品、具体购买时间等。这种大数据营销的方式让一切营销与消费行为皆数据化。

随着大数据时代的到来，网络信息量飞速增长，用户面临着信息过载的问题。虽然用户可以通过搜索引擎查找自己感兴趣的信息，但是在用户没有明确需求的情况下，搜索引擎也难以帮助用户有效地筛选信息。在让用户从海量信息中高效地获得自己需要的信息方面，大数据挖掘技术发挥了巨大作用。大数据在零售行业中的应用主要包括发现关联购买行为、客户群体细分、供应链管理和推荐系统。推荐系统是实现商业智能分析预测的一项典型应用，它可以通过分析用户的历史记录来了解用户的喜好，从而主动为用户推荐其可能感兴趣的信息，满足用户的个性化推荐需求。

1. 发现关联购买行为

谈到大数据在零售行业的应用，不得不提一个经典的营销案例——啤酒与尿布的故事。在一家超市，有个有趣的现象——尿布和啤酒赫然摆在一起出售，但是这个"奇怪"的举措却使尿布和啤酒的销量双双增加了。这不是奇谈，而是发生在美国沃尔玛超市的真实案例，并一直为商家所津津乐道。

其实，只要分析一下人们在日常生活中的行为，上面的现象就不难理解了。在美国，年轻妈妈一般在家照顾孩子，她们经常会嘱咐丈夫在下班回家的路上，顺便去超市买些孩子的尿布，而男人进入超市后，购买尿布的同时顺手买几瓶自己爱喝的啤酒，也是情理之中的事情，因此商家把啤酒和尿布放在一起销售，男人在购买尿布的时候看到啤酒，就会产生购买的冲动，增加了商家的啤酒销量。

现象不难理解，问题的关键在于，商家是如何发现这种关联购买行为的呢？不得不说，大数据技术在这个过程中发挥了至关重要的作用。沃尔玛拥有世界上最大的数据仓库系统，积累了大量原始交易数据，只要利用这些数据对顾客的购物行为进行购物篮分析，沃尔玛就可以准确了解顾客在其门店的购买习惯。沃尔玛通过数据分析和实地调查发现，在美国一些年轻父亲下班后经常要到超市去买婴儿尿布，而他们中有 30%~40% 的人同时也为自已买一些啤酒。既然尿布与啤酒一起被购买的机会很多,沃尔玛就可在各个门店将尿布与啤酒摆放在一起了。啤酒与尿布,乍一看,可谓风马牛不相及,然而借助大数据技术,沃尔玛从顾客历史交易记录中挖掘到啤酒与尿布二者之间存在的关联性,并用来指导商品的组合摆放,收到了意想不到的好效果。

2. 客户群体细分

《纽约时报》曾经发布过一条引起轰动的关于美国第二大零售百货公司 Target 成功推销孕妇用品的报道,让人们再次感受到了大数据的威力。众所周知,对于零售业而言,孕妇是一个非常重要的消费群体,具有很高的"含金量",孕妇从怀孕到生产的全过程,需要购买保健品、无香味护手霜、婴儿尿布、爽身粉、婴儿服装等各种商品,表现出非常稳定的刚性需求。因此,孕妇产品零售商如果能够提前获得孕妇信息,在孕妇怀孕初期就进行有针对性的产品宣传和引导,无疑将会得到巨大的收益。由于美国出生记录是公开的,如果等到婴儿出生,全国的商家都会知道这一消息,新生儿母亲就会被铺天盖地的产品优惠广告包围,商家再行动就为时已晚,会面临很多的市场竞争者。因此,有效识别出哪些顾客属于孕妇群体就成为最核心的问题。在传统的方式下,要从茫茫人海里识别出哪些是怀孕的顾客,需要投入惊人的人力、物力、财力,使得这种细分行为毫无商业意义。

面对这个棘手难题,Target 百货公司另辟蹊径,把焦点从传统方式上移开,转向大数据技术。

Target 的大数据系统会为每一个顾客分配一个唯一的 ID 号,顾客的所有信息,如刷信用卡、使用优惠券、填写调查问卷、邮寄退货单、打客服电话、开启广告邮件、访问官网等,都会与自己的 ID 号关联起来并存入大数据系统。仅有这些数据,还不足以全面分析顾客的群体属性特征,还必须借助于公司外部的各种数据来辅助分析。为此,Target 公司收集了关于顾客的其他必要信息,包括年龄、是否已婚、是否有子女、所住市区、住址离 Target 的车程、薪水情况、最近是否搬过家、信用卡情况、常访问的网址、种族、就业史、喜欢读的杂志、破产记录、婚姻史、购房记录、求学记录、阅读习惯等。以这些关于顾客的海量相关数据为基础,借助大数据分析技术,Target 公司就可以了解客户的深层需求,从而实现更加精准的营销。

Target 通过分析发现,有一些明显的购买行为可以用来判断顾客是否已经怀孕。比如,第 2 个妊娠期开始时,许多孕妇会购买大包装的无香味护手霜;在怀孕的最初 20 周,孕妇往往会大量购买补充钙、镁、锌之类的保健品。在大量数据分析的基础上,Target 选出 25 种典型商品的消费数据构建得到"怀孕预测指数",通过这个指数,Target 能够在很小的误差范围内预测到顾客的怀孕情况。因此,当其他商家还在茫然无措地满大街发广告寻找目标群体的时候,Target 就已经早早地锁定了目标客户,并把孕妇优惠广告寄发给了顾客。而且,Target 注意到,有些孕妇在怀孕初期可能并不想让别人知道自己已经怀孕,如果贸然给顾客邮寄孕妇用品广告单，很可能会适得其反，暴露了顾客隐私，惹怒顾客。为此，Target 选择了一种比较隐秘的做法，把孕妇用品的优惠广告夹杂在其他一大堆与怀孕不相关的商品优惠广告当中，这样顾客就不知道 Target "发现"她怀孕了。Target 这种"润物细无声"式的商业营销，使得许多孕妇在浑然不觉的情况下成了 Target 常年的忠实顾客。

3. 供应链管理

亚马逊、UPS、沃尔玛等先行者已经开始享受大数据带来的成果，大数据可以帮助它们更好地掌控供应链，更清晰地把握库存量、订单完成率、物料及产品配送情况，更有效地调节供求。同时，利用基于大数据分析得到的营销计划，可以优化销售渠道，完善供应链战略，争夺竞争优先权。

美国最大的医药贸易商 McKesson 公司，对大数据的应用也已经远远领先于同行业大多数企业。该公司运用先进的运营系统，可以对每天 200 万个订单进行全程跟踪分析，并且监督超过 80 亿美元的存贷。同时，该公司还开发了一种供应链模型用于在途存货的管理，该模型可以根据产品线、运输费用甚至碳排放量，提供极为准确的维护成本视图，使公司能够更加真实地了解任意时间点的运营情况。

4. 推荐系统

推荐系统最典型的案例莫过于"猜你喜欢"。目前在电子商务、在线视频、在线音乐、社交网络等各类网站和应用中，推荐系统都开始扮演越来越重要的角色。淘宝网利用用户的浏览记录来为用户推荐商品，推荐的主要是用户未浏览过，但可能感兴趣、有潜在购买可能性的商品。下面介绍两种推荐系统的应用。

1）推荐在电子商务中的应用：Amazon

Amazon 作为推荐系统的鼻祖，已经将推荐的思想渗透在其网站与应用中的各个角落。Amazon 推荐的核心是，通过数据挖掘算法和用户与其他用户的消费偏好对比，来预测用户可能感兴趣的商品。Amazon 采用的是分区混合的机制，即将不同的推荐结果分不同的区显示给用户。图 5.22 展示了用户在 Amazon 首页上能得到的推荐。

Amazon 利用了记录的所有用户在站点上的行为，并根据不同数据的特点对它们进行处理，从而分成不同区为用户推送推荐。

"猜您喜欢"：通常是根据用户近期的历史购买或者查看记录给出的推荐。

"热销商品"：采用了基于内容的推荐机制，将一些热销的商品推荐给用户。

当用户浏览物品时，Amazon 会根据当前被浏览的物品对所有用户在站点上的行为进行处理，然后在不同区为用户推送商品，如图 5.23 所示。

"浏览此商品的顾客也同时浏览"：这是一个典型的基于协同过滤的推荐的应用，通过对浏览行为进行分析，进行推荐。

另外，Amazon 采用数据挖掘技术对用户的购买行为进行分析，找到被经常购买的或被同一个人购买的物品集，对用户进行推荐，以实现捆绑销售，如图 5.24 所示。

猜您喜欢

Ultrasun 优佳面部专用防晒乳, SPF50+ 50ml(进)
★★★★☆ 7
¥150.58 √prime

Ultrasun 优佳 高倍防晒霜 防水隔离霜 SPF50+ 100ml
★★★☆☆ 3
¥130.86 √prime

Ultrasun 优佳 白保湿面部防晒乳 SPF50+50ml
★★☆☆☆ 2
¥197.18 √prime

Ultrasun 优佳 家庭防晒乳 SPF30 100ml
★★★★☆ 10
¥159.40 √prime

THE Ordinary caffeine MS 5% + 胶囊 (30 ml) reduces appearance OF 眼部修护 pigmentation 和 puffiness 2组
¥159.63 √prime

热销商品

作家榜经典：人间失格(我曾经以为自己不合群, 幸... 太宰治
★★★★☆ 7
Kindle电子书
¥0.99

月亮与六便士(2019彩插新版, 赠英文原版, "一本... 威廉·萨默塞特·毛姆
★★★★☆ 30
Kindle电子书
¥0.99

墨菲定律：插图版 李原编著
★★★★☆ 6
Kindle电子书
¥4.99

富爸爸穷爸爸 (全球最佳财商教育系列) (美)罗伯特·清崎
★★★★☆ 4,417
Kindle电子书
¥5.65

读客经典文库：局外人（如果你在人群中感到格格不... 加缪
★★★★☆ 49
Kindle电子书
¥5.99

图 5.22 Amazon 首页推荐

浏览此商品的顾客也同时浏览

Ultrasun 优佳 高倍防晒霜 防水隔离霜 SPF50+ 100ml
★★☆☆☆ 3
¥130.86 √prime

Ultrasun 优佳面部专用防晒乳 SPF50+ 50ml(进)
★★★★☆ 7
¥150.58 √prime

Ultrasun 优佳 儿童专用温和防晒乳SPF50 150ml
¥192.48 √prime

Ultrasun优佳面部抗老防晒霜SPF50倍50ml
★★★★★ 3
¥191.17 √prime

Ultrasun Alpine SPF30, 20毫升
¥114.58 √prime

图 5.23 Amazon 浏览物品推荐

购买此商品的顾客也同时购买

Ultrasun 优佳面部专用防晒乳 SPF50+ 50ml(进)
★★★★☆ 7
¥150.58 √prime

Ultrasun 优佳 高倍防晒霜 防水隔离霜 SPF50+ 100ml
★★☆☆☆ 3
¥130.86 √prime

Ultrasun 优佳 白保湿面部防晒乳 SPF50+50ml
★★★★★ 2
¥197.18 √prime

Ultrasun 优佳 家庭防晒乳 SPF30 100ml
★★★☆☆ 10
¥159.40 √prime

THE Ordinary caffeine MS 5% + 胶囊 (30 ml) reduces appearance OF 眼部修护 pigmentation 和 puffiness 2组
¥159.63 √prime

图 5.24 Amazon 购买物品推荐

"购买此商品的顾客也同时购买"：这也是一个典型的基于协同过滤的推荐的应用，用户能更快、更方便地找到自己感兴趣、想继续购买的物品。

2）推荐在社交网站中的应用：豆瓣

豆瓣是国内做得比较成功的社交网站，它以图书、电影、音乐和同城活动为中心，形成了一个多元化的社交网络平台。下面来介绍豆瓣是如何进行推荐的。

当用户在豆瓣电影中将一些看过的或是感兴趣的电影加入"看过"和"想看"列表，并为它们做相应的评分后，豆瓣的推荐引擎就拿到了用户的一些偏好信息。基于这些信息，豆瓣将会给用户展示图 5.25 所示的电影推荐。

图 5.25　豆瓣的电影推荐

豆瓣的推荐是根据用户的收藏和评价自动给出的，每个人的推荐清单都是不同的，每天推荐的内容也可能会有变化。收藏和评价越多，豆瓣给用户的推荐就会越准确、越丰富。

豆瓣采用的是基于社会化的协同过滤的推荐，用户越多，用户的反馈越多，则推荐的效果越好。相对于 Amazon 的用户行为模型，豆瓣电影的模型更加简单，就是"看过"和"想看"，这也让豆瓣的推荐更加专注于用户的品位，毕竟买东西和看电影的动机还是有很大不同的。

另外，豆瓣也有基于物品本身的推荐，当用户查看一些电影的详细信息时，它会给用户推荐"喜欢这个电影的人也喜欢的电影"，这是一个基于协同过滤的推荐的应用。

5.7　社交大数据的成功密码

大数据早已进入了无数人的生活。社交大数据是普通人接触最多的一类大数据应用，我们日常使用的 QQ、微信、微博等社交工具是社交大数据产生和应用的主要通道。

我们现在处于一个移动互联网时代，与传统互联网时代相比，移动互联网时代更加强调社交和互动。人们随时随地可以和朋友问候交流、分享资讯，只要带上手机，整个社交圈也就装在口袋里了。交互性增强带来的效果是，不但产品可以为用户带来效用，用户反过来也能为产品导入流量。一个网友如果在微博上发文夸赞一家餐厅，经由他的社交圈的转发和扩散，就将为这家餐厅带来更多的访客。这个特征，也为移动互联网时代的商业创新指出了一个方向，那就是基于用户身份的信息交互和社交应用。

首先，与传统的营销方式相比，利用大数据营销，从前期的曝光、中期的转化，到后期的购买行为都是可监测的。效果可评估是大数据带来的实质性影响。其次，在社交环节，越来越多消费者通过社交媒体反馈自己对企业产品、品牌形象的看法，这个过程会产生许多有价值的信息，甚至包括一些潜在的市场需求。对一个企业来说，这些信息不仅可能使它调整原有产品，甚至可能催生新的商业模式。消费者洞察，是大数据的核心价值。最后，大数据对某些行业来讲，意义非凡。比如电影行业、金融行业中，大数据能够起到预估性、前瞻性作用，行业内企业可以据此建立一些模型对消费者行为进行分析。

1. 社交大数据之用户画像

用户画像是指在大数据时代，我们通过对海量数字信息进行清洗、聚类、分析，将数据抽象成标签，利用这些标签将用户形象具体化，从而为用户提供有针对性的服务。

每个企业都不可避免地要对用户进行画像，用户画像的提出，源于企业对用户认知的需求。产品经理需要了解用户的特征，对产品进行功能的完善。内容运营人员需要筛选目标用户，对内容进行精准投放。

按业务要求，用户画像会划分成多个类别模块，除了常见的人口统计、社会属性外，还有用户消费画像、用户行为画像、用户兴趣画像等。业务不同，用户画像的内容也有差异。

①以内容为主的媒体或阅读类网站、搜索引擎，或通用导航类网站的用户画像，往往会提取用户对浏览内容的兴趣特征，比如体育类、娱乐类、美食类、理财类、旅游类、房产类、汽车类等网站。

②社交网站的用户画像，也会提取用户的社交网络，从中发现关系紧密的用户群和在社群中起到意见领袖作用的明星节点。

③电商购物网站的用户画像，一般会提取用户的网购兴趣和消费能力等指标。网购兴趣主要指用户在网购时的类目偏好，比如服饰类、箱包类、居家类、母婴类、洗护类、饮食类等。消费能力指用户的购买力，如果做得足够细致，可以把用户的实际消费水平和在每个类目的心理消费水平区分开，分别建立特征纬度。

④像金融领域，还会有风险画像，包括征信、违约、洗钱、还款能力、保险黑名单等。

用户画像的形成需要经历四个过程，主要包括数据收集与清洗、用户关联分析、数据建模分析和数据产出。其中，数据清洗、用户关联分析和数据建模分析统称数据处理，在经过数据处理之后，以独特的冷、热、温数据维度分析进行数据产出，形成用户画像。

"冷数据"，是指基于大数据分析出用户的属性，改变概率较小的数据，如用户的年龄段、性别等。

"温数据"则可以回溯用户近期活跃的线上和线下场景，具有一定的时效性。

"热数据"是指用户当下的场景及实时的用户特征，帮助 App 运营者抓住稍纵即逝的营销机会。

定制化标签是将个性化推荐数据与第三方数据结合起来，共同建模得出具有价值的特征标签。总体来说，个性化推荐用户画像产品不仅能产出通用的标签维度，也有定制化标签的输出能力。

社交大数据之用户画像如图 5.26 所示。

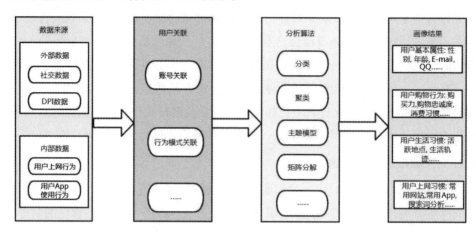

图 5.26　社交大数据之用户画像

用户画像常用在电商、新闻资讯等 App，帮助 App 打造内容精准推荐系统，实现"千人千面"运营。

1）基于用户特征的个性化推荐

App 的运营者通过用户画像提供的性别、年龄段、兴趣爱好等标签，分别展示不同的内容给用户，以达到精准化运营。

2）基于用户特征指导内容的推荐

基于用户特征指导内容的推荐是指找到与目标相似的用户群，利用该用户群的行为特征对目标用户进行内容推荐。

具体过程如图 5.27 所示。

图 5.27　两种推荐的具体过程

在这里，我们需要解释一下其中所涉及的相似性建模技术。相似性建模可类比聚类建模（见图 5.28），它是无监督学习的一种，指的是寻找数据的特征，把具有相同特征的数据聚集在一组，赋予这些聚集在一起的数据相同的特征标签，从而给具有这些特征标签的用户推送相同的内容。

相似性建模推荐方式的优点是，它的自有特征经过 App 长期积淀而来，颗粒度更细，适用性更强，对用户的认识更全面，效果能持续提升，而且它还能针对 App 所处行业与自身需求，定制匹配算法，让推荐更精准。

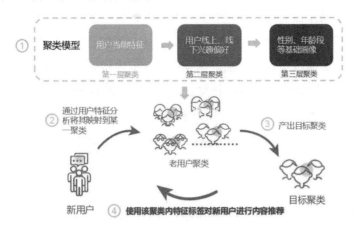

图 5.28　聚类建模

2. 社交大数据之新媒体

技术进步一直是媒体变革的驱动力，伴随着人工智能技术的兴起，媒体智能化时代就此拉开帷幕。大数据时代正在逐步改变传统媒体行业。利用社交大数据，可实现新闻采编方式的变化，在大数据分析解读基础上进行预测性、深度报道，以及使传播更加精准，新媒体人可以分析甚至预测新闻发生的时间、地点，能完成更加及时有效的报道。同时，新媒体可以利用社交大数据提供的大量关系型数据为读者提供定制化的新闻服务。

从造纸术到广播、电视再到互联网，媒体往往是信息技术革命的第一批"见证人"，AI 技术将在策划、采访、生产、分发、反馈等新闻链路上赋能媒体，将为这一有着数百年发展历史的行业注入新的动能，互联网技术之光正在照亮内容生产者前行之路。

媒体融合也同样需要用技术来破解发展瓶颈，新华智云期望通过大数据及人工智能技术，为包括新华社在内的媒体提供涉及内容发现、采集、编辑、存储、分发、反馈等全生产链的专有智能技术，探索适应大数据智能时代的媒介形态和传播方式。

新华智云针对内容生产者、信息消费者的实际场景，研发出"媒体大脑"，让"媒体大脑"扮演新闻生产基础设施的角色，融合大数据、AI、云计算、物联网等多项技术，让新闻信息生产更为智能化，综合运用各项技术，赋能媒体，促进媒体的深度融合、跨界融合，改变媒体行业的生产模式。"媒体大脑"将与媒体互相促进、互相学习、互相辅助，共同迎来媒体的智能时代。

"媒体大脑"目前已经发布了覆盖新闻生产、分发、监测、反馈各环节的多项产品和功能，让媒体与人工智能技术进行全方位接触，人机协作。现阶段，其产品和服务包括：自动采集生产新闻的 2410 智能媒体生产平台；实时语音识别及自动转写的工具"采蜜"，帮助记者提高采访及新闻生产效能；从图片、视频中识别特定人物身份、特殊标志的图片识别工具；监测新闻信息内容在接近 300 万个网站及头部自媒体的传播及其版权行为状况；面向未来的新闻信息传播场景、基于用户阅读偏好的新闻分发系统；为媒体机构描绘自身用户群体特征、偏好的用户画像服务等。

1）2410智能媒体生产平台

摄像头等智能采集设备将变成记者的"眼睛"，通过视频摄像头、传感器、无人机、行车记录仪等智能采集设备及数据源自动采集的数据获取信息，实时监测新闻事件，自动发现新闻线索，然后通过"媒体大脑"调用该新闻事件相关的地理位置信息、历史数据资料、同类事件信息，智能地进行内容分类、数据分析、数据可视化、稿件撰写、视频剪辑、全程配音等一系列工作，实现智能生产、智能审核、智能发稿、智能分发。2410不仅给媒体和记者提供含富媒体内容的新闻线索和新闻素材，也通过人工智能使繁杂的数据流和信息流转化为可用的新闻。

2）"采蜜"

"媒体大脑"也为记者的"耳朵"赋能，结合业界领先的语音识别能力，推出为记者量身打造的应用"采蜜"，可将采访、会议等录音内容自动转写为文字，自动同步至PC，省去大量简单重复劳动，大幅提高记者的工作效率，让记者、编辑可以专注于内容创作本身，并使后续的编辑、审核环节更为顺畅。

3）新闻分发

未来受众会在哪里看新闻？依托面向未来的智能硬件和国内一流的分发渠道，"媒体大脑"利用个性化推荐、语音交互等智能技术将新闻内容送达用户，通过大数据，为读者精准推送新闻资讯，也让内容生产者真正了解用户，拉近媒体与用户间的距离，这两者相辅相成，从而实现媒体影响力扩大、用户体验提升的双赢效果。

4）版权监测

捍卫原创的权利永远是内容创新的动力，"媒体大脑"为原创者开辟了一道"护城河"。一方面，原创内容的版权将被快速登记，另一方面，基于覆盖全网的数据能力和针对文字、图片等相似度的算法判别技术，"媒体大脑"可以在第一时间针对权利人登记的原创内容，进行全网版权监测，帮助媒体机构和内容生产者快速了解自身内容在全网的使用、传播情况，并对被侵权行为进行分析。另外，"媒体大脑"可提供可视化数据报表、监测分析报告，建立版权监控体系，使抄袭、"洗稿"等乱象受到有效遏制。

5）人脸核查

人脸核查是"媒体大脑"服务媒体的重要板块，通过领先的人脸识别技术，360°全姿态检测，可以帮助媒体在海量的新闻图片、视频中，精确定位特定人员，并可以对图像中包含的人物进行自动分类，提升图像的使用效率；可以帮助媒体在海量的网络媒体和社交媒体新闻图片中，精确识别图片中的人物，构建图像中人物的关系图谱，提升新闻线索发现的效率。人脸核查的图像识别技术可以从人脸识别延展至特定标识、文字识别。

6）用户画像

"媒体大脑"可基于大数据能力，结合媒体机构自身用户行为数据，勾勒用户画像，提供多维度指标交叉分析，精准定位不同用户群，洞察用户特征，帮助媒体机构深度了解自己的用户，使媒体的运营更加个性化、精细化。

7）智能会话

"媒体大脑"赋予传统新闻新的呈现方式。智能新闻会话机器人通过对新闻大数据进行学习，可应用最新深度学习语义理解技术及新闻知识图谱，与受众实时进行新闻对话和互动。

8）语音合成

智能语音合成系统可以将文字生成音频，使文字新闻通过智能家居、汽车音响等各类渠道到达用户，进一步延伸新闻内容的传播路径。

互联网时代诞生了很多类似人工智能技术，如虚拟现实、增强现实、人脸识别、图像处理等，未来的媒体将会更多融入这些技术。

5.8 大数据应用案例——大数据预测

1. 体育赛事预测

2010 年南非世界杯期间，一家海洋馆里的章鱼保罗，因神奇地猜对了很多场次的足球比赛结果而名声大震。这种预测多少有些运气的成分，或者有一些不为人知的背后故事，比如有人在被人为判定为赢球的一方的位置放上章鱼喜欢吃的食物章鱼自然会奔着食物而去，最终章鱼的选择结果其实就是人的选择结果。所以，如果非要说章鱼自身具备预测比赛的神奇能力，应该是没有多少人会相信的。但是，大数据可以预测比赛结果却是具有一定的科学根据的，它用数据来说话，通过对海量相关数据进行综合分析，得出一个预测判断。本质上而言，大数据预测就是基于大数据和预测模型去预测未来某件事情的概率。2014 年巴西世界杯期间，大数据预测比赛结果开始成为球迷们关注的焦点。百度、谷歌、微软和高盛等巨头都竞相利用大数据技术预测比赛结果，百度预测结果最为亮眼，预测全程 64 场比赛，准确率为 67%，进入淘汰赛后准确率为 94%。

百度北京大数据实验室的负责人曾介绍："在百度对世界杯的预测中，我们一共考虑了团队实力、主场优势、最近表现、世界杯整体表现和博彩公司的赔率五个因素，这些数据的来源基本都是互联网，随后我们再利用一个由搜索专家设计的机器学习模型来对这些数据进行汇总和分析，进而做出预测结果。"

百度的做法是，检索过去 5 年内全世界 987 支球队（含国家队和俱乐部队）的 3.7 万场比赛数据，同时与中国彩票网站乐彩网、欧洲必发指数数据供应商 Spdex 进行数据合作，导入博彩市场的预测数据，建立了一个囊括 199 972 名球员和 1.12 亿条数据的预测模型，并在此基础上进行结果预测。

利用大数据预测比赛结果，将对人们生活产生深刻的影响。比如，在博彩业，以前只有少数专业机构和博彩公司能够拥有顶尖的预测技术，而现在，由于大数据的开放性，普通民众都可以免费获得大数据分析工具，自己选择数据进行分析，由此得到的结果有时候甚至比专家更加可靠，这将会彻底改变彩民和博彩公司之间的博弈。

2. 股票市场预测

英国华威商学院和美国波士顿大学物理系的研究发现，用户通过谷歌搜索的金融关键词或许可以了解金融市场的走向，相应的投资战略收益高达326%。此前有专家尝试通过Twitter博文情绪来预测股市波动，但中国股市没有相对稳定的规律，很难被预测，且一些对结果产生决定性影响的变量数据根本无法被监控。

目前，美国已经有许多人采用大数据技术进行投资，并且收获甚丰。和传统量化投资类似，大数据投资也是依靠模型，但模型里的数据变量几何倍地增加了，在原有的金融结构化数据基础上，增加了社交言论、地理信息、卫星监测等非结构化数据，并且将这些非结构化数据量化，从而让模型可以吸收。

3. 市场物价预测

CPI表征已经发生的物价浮动情况，结合大数据则可能帮助人们了解未来物价走向，提前预知通货膨胀或经济危机。最典型的案例莫过于阿里数据团队通过阿里B2B大数据提前知晓亚洲金融危机。

4. 用户行为预测

基于用户搜索行为、浏览行为、评论历史和个人资料等数据，互联网业务可以洞察消费者的整体需求，进而进行有针对性的产品生产、改进和营销。《纸牌屋》选择演员和剧情、百度基于用户喜好进行精准广告营销、阿里根据天猫用户特征包下生产线定制产品、亚马逊预测用户点击行为而提前发货均是基于互联网用户行为预测。

购买前的行为信息，可以深度反映潜在客户的购买心理和购买意向。

例如，客户A连续浏览了5款电视机，其中4款来自国内品牌S，1款来自国外品牌T；4款为LED技术，1款为LCD技术；5款的价格分别为4599元、5199元、5499元、5999元、7999元。这些行为某种程度上反映了客户A对品牌的认可度及倾向性，可总结为偏向国内品牌、中等价位（4500~6000元）的LED电视机。

又如，客户B连续浏览了6款电视机，其中2款是国外品牌T，2款是另一国外品牌V，2款是国内品牌S；4款为LED技术，2款为LCD技术；6款的价格分别为5999元、7999元、8300元、9200元、9999元、11 050元。类似地，这些行为某种程度上反映了客户B对品牌的认可度及倾向性，可总结为偏向国外品牌、高价位（7500~12 000元）的LED电视机。

5. 人体健康预测

中医可以通过望闻问切手段发现一些人体内隐藏的疾病，甚至看体质便可知晓一个人将来可能会出现什么症状。人体体征变化有一定规律，而慢性病发生前，人体已经会有一些持续性异常。理论上来说，如果大数据掌握了这样的异常情况，便可以进行慢性病预测。

6. 疾病疫情预测

基于人们的搜索情况、购物行为预测大面积疫情爆发的可能性，最经典的流感预测便属于此类。如果来自某个区域的"流感""板蓝根"等关键词搜索越来越多，自然可以推测该处有流感趋势。

2009 年，Google 通过分析 5000 万条美国人最频繁检索的词汇，将之和美国疾病中心在 2003 年到 2008 年间季节性流感传播时期的数据进行比较，并建立一个特定的数学模型，最终成功预测了 2009 年冬季美国国内流感的传播，甚至可以具体到特定的地区和州。

7. 灾害灾难预测

气象预测是最典型的灾难灾害预测。地震、洪涝、高温、暴雨这些自然灾害如果可以利用大数据技术进行更加提前的预测和告知便有助于减灾、防灾、救灾、赈灾。过去的数据收集方式存在有死角、成本高等问题，而物联网时代可以借助廉价的传感器、摄像头和无线通信网络，进行实时的数据监控收集，再利用大数据预测分析技术，可做到更精准的自然灾害预测。

8. 环境变迁预测

除了进行短时间微观的天气、灾害预测之外，利用大数据技术还可以进行更加长期和宏观的环境和生态变迁预测。森林和农田面积缩小、野生动植物濒危、海岸线上升等问题是地球面临的"慢性问题"。人类知道越多地球生态系统以及天气形态变化数据，就越容易模型化未来环境的变迁，进而阻止不好的转变发生。大数据帮助人类收集、储存和挖掘更多的地球数据，同时还提供了预测的工具。

9. 交通行为预测

基于用户和车辆的基于位置服务（location-based service，LBS) 数据，可分析开车出行的个体和群体特征，进行交通行为的预测。交通部门可预测不同时点不同道路的车流量，进行智能的车辆调度，或应用潮汐车道；用户则可以根据预测结果选择拥堵概率更低的道路。

百度基于地图应用的 LBS 预测涵盖范围更广：春运期间预测人们的迁徙趋势，指导火车线路和航线的设置，节假日预测景点的人流量，指导人们选择景区，平时还有百度热力图来告诉用户城市商圈、动物园等地点的人流情况，指导用户出行选择和商家的选点选址。

多尔戈夫的团队利用机器学习算法来创造路上行人的模型。无人驾驶汽车行驶的路程情况会被记录下来，汽车电脑就会保存这些数据，并分析不同的对象在不同的环境中如何表现。有些司机的行为可能会被设置为固定变量（如"绿灯亮，汽车行"），但是汽车电脑不会死搬硬套这种逻辑，而是从实际的司机行为中进行学习。这样一来，跟在一辆垃圾运输卡车后面行驶的汽车，如果卡车停止行进，那么汽车可能会选择变道绕过去，而不是也跟着停下来。谷歌已建立了 70 万英里（1 英里约合 1609 米）的行驶数据，这有助于谷歌汽车根据自己的学习经验来调整自己的行为。

10. 能源消耗预测

加州电网系统运营中心管理着加州超过 80% 的电网，向 3500 万用户每年输送 2.89

亿兆瓦电力，电力线长度超过 25 000 英里。该中心采用了 SpaceTime Insight 软件进行智能管理，综合分析来自传感器、计量设备等各种数据源的海量数据，预测各地的能源需求变化，进行智能电能调度，平衡全网的电力供应和需求，并对潜在危机做出快速响应。中国智能电网业已在尝试类似大数据预测应用。

 本章习题

一、选择题

1. 某超市研究销售纪录数据后发现，买啤酒的人很大概率也会购买尿布，这种属于数据挖掘的（　　）。

A. 分类分析

B. 聚类分析

C. 关联分析

D. 自然语言处理

2. KDD 是指（　　）。

A. 领域知识发现

B. 数据挖掘的知识发现

C. 文档知识发现

D. 动态知识发现

3. （　　）不是数据挖掘过程中的步骤。

A. 数据清洗

B. 数据集成

C. 数据挖掘

D. 数据采集

4. 设 $X=\{1, 2, 3\}$ 是频繁项集，则可由 X 产生（　　）个关联规则。

A. 4　　B. 5　　C. 6　　D. 7

5. 下表为购物篮信息，能够提取 3- 项集的最大数量是（　　）。

A. 1　　B. 2　　C. 3　　D. 4

ID	购 买 项
1	牛奶，啤酒，尿布
2	面包，黄油，牛奶
3	牛奶，尿布，饼干
4	面包，黄油，饼干
5	啤酒，饼干，尿布
6	牛奶，尿布，面包，黄油
7	面包，黄油，尿布
8	啤酒，尿布
9	牛奶，尿布，面包，黄油
10	啤酒，饼干

6. （　　）不是分类算法。

A. 决策树算法

B. KNN 算法

C. K-means 算法

D. 贝叶斯分类器

二、简答题

1. 什么是数据挖掘？它有哪些方面的功能？

2. 什么是关联规则？

3. 分类与聚类有什么区别？

4. 什么是决策树？如何利用决策树进行分类？

第 6 章 大数据隐私与安全

大数据已经逐步应用于产业发展、政府治理、民生改善等领域,大幅度提高了人们的生产效率和生活水平。在大数据时代,数据是重要的战略资源,但数据资源的价值只有在流通和应用过程中才能够充分体现,这就难免会出现数据泄露和滥用问题,给国家安全、社会秩序、公共利益以及个人安全造成威胁。没有安全,发展就是空谈。大数据安全是发展大数据的前提,必须将它摆在重要的位置。

本章首先介绍大数据存在的安全问题;然后介绍大数据的安全防护策略以及如何解决隐私保护问题;最后介绍智慧城市中的安全防护措施。

6.1 安全与隐私问题

当今社会信息化、网络化的迅速发展开启了数据爆炸式增长的时代。大数据已经成为信息产业领域一个令人瞩目的增长点。信息技术的蓬勃发展产生了对数据主权和隐私保护的强烈需求。当前,世界各国和很多机构、组织都认识到大数据所带来的安全问题,并积极行动起来关注大数据时代网络数据隐私保护的安全问题。数据主权和隐私保护是信息时代各国治理和管辖技术主权和相关基础设施的基础。

◆ 6.1.1 网络安全漏洞

安全和隐私问题是大数据时代所面临的最为严峻的挑战。根据 IDC 的调查,安全和隐私是用户首先关注的问题,政府和企业对数据安全问题尤其重视,大家公认安全问题是应用大数据时最大的顾虑。很多企业家甚至认为,企业向大数据和云计算转型,无异于将家中的保险柜打开,把珠宝、现金和存折等所有财产都放到大庭广众之中。

以前只有 IT 部门那些懂技术的工作人员才了解数据安全。在 IT 部门的办公室之外,"病毒""木马""蠕虫"这些词都不会被提及,管理层也并不关心黑客和"僵尸机",董事会根本不清楚什么是零日攻击,更不用说零日攻击能带来多大的危害了。然而,现在随大数据而来的各种威胁几乎成为每一个单位面临的日常问题的一部分,大数据的网络安全也变成了一个被广泛关注的商业问题。

随着越来越多的交易、对话及互动在网上进行,网络犯罪分子比以往任何时候都要猖獗。网络风险产生的主要因素包括图 6.1 所示的几个方面。

图 6.1　网络风险产生的主要因素

6.1.2　个人隐私泄露

想象一下这样的场景：早晨醒来，打开手机，你的地理位置信息已经被记录；超市购物时，你的喜好已经被记录；城市的视频监控系统为你带来安全感的同时，也正在监控你；移动支付时，你的消费偏好及消费能力将被记录；地图为你带来便捷导航的同时，你的路线被记录；打开搜索引擎，输入你想要了解的关键字，你所关注的问题又被记录下来，等等。于是，打开某个购物类的 App，"懂你所需"的广告一下子跳了出来；打开新闻类 App，你最关注领域内的新闻一条又一条地展现在你的面前……这一切对于我们大家来说，是多么熟悉。

在大数据的时代背景下，一切都可以数据化，平常上网浏览的数据，以及医疗、交通、购物数据等，统统都被记录下来，这就是大数据的来源。我们每个人都是数据的创造者，却浑然不知。

实际上，大数据时代信息安全的威胁不仅来自大数据抓取、记录的个人信息被泄露，还在于，大数据与云计算、物联网等技术的深度融合应用可以把机器、物件、人、服务等各种元素关联起来，通过计算、分析等，在看似无关的事物之间建立起联系，在此基础上预测人们的生活状态和行为方式。

科学技术是一柄双刃剑，在监控系统不断升级、智能设备普及以及大数据和云计算不断进步的背景下，未来人们的隐私和自由的底线将受到挑战。科学技术能为我们服务，也可能会把我们关在一个牢笼里，甚至，有人预言，大数据时代到来，个人将毫无隐私可言。这绝不是危言耸听，随着大数据技术的发展，如果我们不加防范，这一天终究会到来。因此，个人隐私保护的问题迫在眉睫。大数据的采集与应用，必须得到法律法规的规范。个人、社会、政府必须有机结合，共同应对大数据时代的个人隐私保护问题。

6.2　大数据面临的问题

1. 大数据遭受异常流量攻击

大数据往往采用分布式存储，正是由于这种存储方式，存储的路径视图相对清晰，而其所存储的数据量过大，导致数据保护程序相对简单，黑客能较为轻易地利用相关漏洞，实施不法操作，造成安全问题。由于大数据环境下终端用户非常多，且受众类型较多，对客户身份的认证环节需要耗费大量处理能力。由于高级持续性威胁（advanced persistent threat，APT）攻击具有很强的针对性，且攻击时间长，一旦攻击成功，大数据分析平台输出的最终数据均会被获取，容易造成较大的信息安全隐患。

2. 大数据存在信息泄露风险

针对大数据平台的信息泄露风险，在对大数据进行数据采集和信息挖掘的时候，要注重用户隐私数据的安全问题，在不泄露用户隐私数据的前提下进行数据挖掘。在分布计算、信息传输和数据交换时保证各个存储点内的用户隐私数据不被非法泄露和使用是当前大数据背景下信息安全的主要目标。同时，当前的大数据，数据量并不是固定的，而是在应用过程中动态增加的，而传统的数据隐私保护技术大多是针对静态数据的，所以，如何有效地应对大数据动态数据属性和表现形式进行数据隐私保护也是当前要重点关注的问题。另外，大数据远比传统数据复杂，现有的敏感数据的隐私保护是否能够满足大数据复杂的数据信息的要求也是应该考虑的安全问题。

3. 大数据传输过程存在安全隐患

伴随着大数据传输技术和应用的快速发展，在大数据传输生命周期的各个阶段、各个环节，越来越多的安全隐患逐渐暴露出来。比如，大数据传输环节中数据除了存在被泄露、篡改等风险外，还可能被数据流攻击者利用，数据在传播中可能出现逐步失真等问题。又如，大数据传输处理环节中，除存在数据非授权使用和被破坏的风险外，由于大数据传输的异构、多源、关联等特点，即使多个数据集各自脱敏处理，数据集仍然存在因关联分析而造成个人信息泄露的风险。大数据传输过程中的安全问题主要有：

（1）基础设施安全问题。作为大数据传输时汇集的主要载体和基础设施，云计算为大数据传输提供了存储场所、访问通道及虚拟化的数据处理空间。因此，云平台中存储数据的安全问题也成为阻碍大数据传输发展的主要因素。

（2）个人隐私安全问题。在曾经隐私保护法规不健全、隐私保护技术不完善的条件下，互联网上的个人隐私泄露失去管控，微信、微博、QQ等社交软件掌握着用户的社会关系，监控系统记录着人们的聊天、出行记录等，购物网站记录着人们的消费行为，等等，而在大数据传输时代，人们面临的威胁不仅限于个人隐私泄露，还在于大数据传输对人的状态和行为的预测。近年来，国内多个大数据传输安全事件表明，大数据传输未被妥善处理会对用户隐私权造成极大的侵害。因此，在大数据传输环境下，如何管理好数据，在保证数据使用效益的同时保护个人隐私，是大数据传输时代面临的巨大挑战之一。

4. 大数据存在存储管理风险

大数据的数据类型和数据结构与传统数据是截然不同的，在大数据的存储平台上，数据量是非线性甚至是以指数级的速度增长的，对各种类型和各种结构的数据进行数据存储，势必会使多种应用进程并发且频繁无序地运行，极易造成数据存储错位和数据管理混乱，为大数据存储和后期的处理带来安全隐患。当前的数据存储管理系统，能否满足大数据背景下的海量数据的存储需求，还有待考验。不过，如果数据管理系统没有相应的安全机制升级，则很容易出现问题。

6.3 大数据的安全防护策略

针对大数据时代数据安全所遭受到的各种威胁，我们需要以大数据特点和特性为基础，建立完善的数据保护机制，采取积极实用的安全保护措施，提升数据载体的安全系数。

1. 访问权限的设置

保障计算机网络的安全，从访问权限环节就要加强重视，这就需要结合实际进行合理的设置，通常使用在主机一级路由器当中的访问控制表，借此允许或是拒绝远程主机请求服务。通过这样的方式，用户访问数据就不能绕过正常安检，增加了一次服务请求源的检查。有的访问控制是采用硬件操作完成的，收到访问要求后，询问验证口令，然后访问在目录当中授权的用户标志号。这样能够采用特定网段和服务器构建访问控制的体系，能有效限制登录数量以及时间等，这样就有助于保障计算机网络的安全。

2. 防火墙技术的防护

关于计算机网络的安全防范，要充分注重对防火墙技术的科学应用，防火墙技术是保障计算机网络安全必不可少的应用技术。该技术应用中主要发挥将内网和外网进行隔离的作用，从而能对内网的运行操作安全进行有效的保护，存在外网入侵情况的时候就能在防火墙的防护下提高内网的运行安全性能。防火墙是安装在计算机一级连接的网络间的软件，计算机流入流出的网络通信需要在防火墙下进行，所以它对流经网络通信的数据信息的安全就能起到很好的保护作用，能有效地对一些攻击进行过滤。防火墙技术的应用包括能关闭使用端口，禁止特定端口流出数据等，有效地封锁特洛伊木马，以及能够禁止来自特殊站点的访问等。防火墙技术的应用，对保障计算机网络的安全起到了积极作用。

3. 加密防范技术的应用

保障计算机网络的安全，在信息安全的控制上以及系统的安全控制上，通过加密技术的应用就能发挥积极作用。网络自身由于协议的开放性，存在着不安全的问题，而信息的安全保障能够采用加密处理的方式进行强化，加密是系统安全的一把"金钥匙"，也是保障网络安全的一个重要手段。所以，科学地应用加密技术有助于提高计算机网络的安全，保障信息安全。数据加密过程，主要是对明文文件采用加密的方式进行处理，形成不可读的代码，也就是密文，只有输入相应密钥后才能显示明文内容。提供这样的加密方式对保障信息数据的安全就比较重要。

6.4 如何解决隐私保护问题

曾有许多网络信息平台在商业利益诱惑下，将所收集的消费者隐私信息数据用于其他用途或是出售给第三方，导致大量隐私信息泄露。同时，在缺乏成熟的数据保护技术、数据保护意识不强、保护力度不足的情况下，数据库中的个人隐私信息也极易泄露，并存在被恶意使用的风险。万豪酒店客户资料泄露、圆通快递信息泄露、优衣库客户资料泄露等层出不穷的信息泄露事件都在提醒我们要重视数据信息保护，强化隐私信息的合法收集、限制使用与安全储存。

◆ 6.4.1　民众隐私保护意识

大数据时代隐私的暴露无处不在，人们往往对自己的隐私缺乏保护意识，用个人隐私换取高效便捷的服务或是娱乐体验。2017 年 11 月，我国首家"信息换商品"的"店铺"开业，顾客可以用自己的隐私换购各种价位的商品。但在换购后，出卖手机号码的顾客马上收到了一则垃圾短信，出卖邮箱地址的顾客被搜索出用该邮箱地址注册过的网站，出卖照片的顾客则成为用其照片合成的脱发广告中的"代言人"。实际上，主办方的目的就是，通过信息换购商品的形式，提高公众的个人信息保护意识。

在"信息换商品"活动中，有体验者直言："这有啥可怕的？反正我的信息已经到处都是了。"隐私保护意识不强为违法分子提供了可乘之机。网络上存在许多第三方软件，用户输入个人姓名、性别、生日、手机号等信息，可测试所谓的前世身份、爱情观等，这些实际上是后台运营商收集个人隐私数据的手段，运营商完全可以根据用户所输入的个人信息拼凑出完整的隐私资料，具有引发电信诈骗和电信盗窃的可能。

作为普通民众，在日常生活中，我们可以通过以下措施来尽量避免个人隐私泄露。

1. 注册名

当我们在网络上注册 ID 的时候，很容易暴露我们的身份信息。有的用户为了省事，以自己的手机号或者 QQ 号为网名，在这种情况下，自己的重要信息不经意之间就已经泄露殆尽。

2. 禁用 cookies

网站搜集用户数据主要利用 cookies，这是计算机自带的一项功能，用于辨别用户的身份。

我们可对 cookies 进行适当设置：打开浏览器"Internet 选项"中的"隐私"选项卡（部分版本浏览器可以单击"Internet 选项"→"安全"标签中的"自定义级别"按钮，进行简单调整），调整 cookies 的安全级别。通常情况下，可以调整到"中高"或者"高"的位置。多数的论坛站点需要使用 cookies 信息，如果你从来不去这些地方，可以将安全级别调到"阻止所有 Cookie"；如果只是为了禁止个别网站的 cookies，可以单击"站点"按钮，将要屏蔽的网站添加到列表中。在"高级"按钮选项中，可以对"第一方 Cookie"和"第三方 Cookie"进行设置，"第一方 Cookie"是我们正在浏览的网站的 cookies，"第三方 Cookie"是非正在浏览的网站发给你的 cookies，通常要对"第三方 Cookie"选择"阻止"。如果你需要保存 cookies，可以使用"导入"功能，按提示操作即可。

3. 使用多个邮箱

如果你频繁使用同一个邮箱在不同网站上进行操作，数据挖掘和分析最终能找到你。

在不同社交网站上使用不同姓名和不同邮箱能有效提高不被机器"认出"的概率。

4. 杜绝手机"流氓软件"

随着智能手机的不断普及，软件产品也在不断增强，同时，软件产品功能丰富，使我们随时可以安装自己想要的程序，但是我们对于程序所隐藏的"流氓行为"却不了解，由此会造成用户信息的泄露，使手机甚至隐私遭受不明的侵害。我们的应对措施就是不安装来历不明的软件程序，最好到一些知名度比较高的网站去下载安装软件产品。

6.4.2 隐私保护的政策法规

随着信息化与经济社会持续深度融合，网络已成为生产生活的新空间、经济发展的新引擎和交流合作的新纽带。截至 2020 年 3 月，我国互联网用户已达 9 亿人，互联网网站超过 400 万个，应用程序数量超过 300 万个，个人信息的收集、使用范围更为广泛。

近年来我国个人信息保护力度不断加大，出台了一系列政策法规加强对个人信息的保护。

2015 年《中华人民共和国刑法修正案（九）》新增了侵犯公民个人信息罪、拒不履行信息网络安全管理义务罪、非法利用信息网络罪、帮助信息网络实施犯罪活动罪，为网络个人隐私信息提供了刑法保护。

2016 年《中华人民共和国网络安全法》"网络信息安全"一章，从个人信息收集、使用以及保护的角度进行了规定。

2017 年《中华人民共和国民法总则》确认了个人信息自主权，明文规定自然人的个人信息受法律保护。

从 2019 年开始，国内围绕数据安全和个人隐私信息的法律法规越来越密集，2019 年也被称为"App 治理元年"。2019 年 1 月 23 日，中央网信办等发布了《关于开展 App 违法违规收集使用个人信息专项治理的公告》；2019 年 3 月 3 日，有关部门发布了《App 违法违规收集使用个人信息自评估指南》；2019 年 11 月 28 日，国家印发了《App 违法违规收集使用个人信息行为认定方法》。但在现实生活中，一些企业、机构甚至个人，从商业利益等出发，随意收集、违法获取、过度使用、非法买卖个人信息，利用个人信息侵扰人民群众生活安宁、危害人民群众生命健康和财产安全等问题仍十分突出。党中央高度重视网络空间法治建设，对个人信息保护立法工作做出部署。习近平总书记多次强调，要坚持网络安全为人民、网络安全靠人民，保障个人信息安全，维护公民在网络空间的合法权益，对加强个人信息保护工作提出明确要求。

2021 年 8 月 20 日，十三届全国人大常委会第三十次会议表决通过《中华人民共和国个人信息保护法》，此法自 2021 年 11 月 1 日起施行。

6.4.3 隐私保护技术

在技术方面，隐私保护的研究人员主要关注基于数据失真的技术、基于数据加密的技术和基于限制发布的技术。

1. 基于数据失真的技术

对于大数据应用中的隐私保护技术应用来说，数据失真技术的应用能够表现出理想的效果，其主要就是针对具体的数据集进行扰动处理，进而对原始数据进行相应的改变，导致攻击者难以获取原始数据信息，保障数据集的安全性。对基于这种数据失真隐私保护技术的应用进行分析可以发现，该技术的应用要求是比较高的：大数据应用人员必须要促使扰动后的数据仍然具备相应的信息保留效果，能够通过这些数据的分析和处理获取相应的目的信息，即保障大数据技术的应用依然具备可行性，能够发挥出相应的作用和价值；对攻击者，则需要通过扰动避免其通过大数据集来获取各种信息，尤其是要避免其利用失真后的数据恢复成原始数据，这也是隐私保护的基本要求所在。

基于数据失真的技术通过添加噪声等方法，使敏感数据失真但同时保持某些数据或数据属性不变，仍然可以保持某些统计方面的性质。第一种是随机化，即对原始数据加入随机噪声，然后发布扰动后数据处理的方法，这使得原数据集的分布概率能够保留下来，而每条记录信息很难恢复。第二种是阻塞与凝聚。阻塞是指不发布某些特定数据，比如将某些特定的值用一个不确定符号代替。凝聚是指原始数据记录分组存储统计信息。第三种是差分隐私保护。通过添加噪声的方法，可确保删除或者添加一个数据集中的记录并不会影响分析的结果，因此，即使攻击者得到了两个仅相差一条记录的数据集，通过分析两者产生的结果，也无法推断出隐藏的那一条记录的信息。

2. 基于数据加密的技术

采用加密技术在数据挖掘过程中隐藏敏感数据的方法主要有采用同态加密和安全多方计算（secure multiparty computation，SMC）。

同态加密是一种加密形式，它允许在不解密的条件下对加密数据进行任何可以在明文上进行的运算，使大数据应用人员对加密信息仍能进行深入和无限的分析，而不会影响其保密性。这项技术使得人们可以在加密的数据中进行诸如检索、比较等操作，得出正确的结果，而在整个处理过程中无须对数据进行解密。比如，医疗机构可以把病人的医疗记录数据加密后发给计算机服务提供商，服务提供商不用对数据解密就可以对数据进行处理，处理完的结果仍以加密的方式发回给客户，客户在自己的系统上解密才可以看到真正的处理结果。

安全多方计算的特点是，即使两个或多个站点通过某种协议完成计算，每一方都只知道自己的输入数据和所有数据计算后的最终结果。SMC 主要用于解决一组互不信任的参与方之间保护隐私的协同计算问题，SMC 可确保输入的独立性与计算的正确性，同时不泄露各输入值给参与计算的其他成员。通俗地说，安全多方计算是指在一个分布式网络中，多个用户各自持有一个秘密输入，他们希望共同完成对某个函数的计算，而又要求每个用户除计算结果外均不能够得到其他用户的任何输入信息。

3. 基于限制发布的技术

大数据应用过程中存在的各种安全隐患和问题对于隐私保护造成威胁的主要途径还涉及原始数据的外泄，这就要求人们针对大数据集的发布进行严格的控制和审查，避免出现关键信息内容的发布。具体到相应的数据信息发布限制，其主要就是结合数据信息内容的特点进行分类，分析哪些数据可以被公布，哪些数据涉及隐私内容，需要进行保护而禁止发布，也就能够实现隐私保护效果。当前这类技术的研究集中于"数据匿名化"，这种匿名化处理不仅仅是针对数据信息涉及的人员姓名、身份证号进行隐匿，对于一些关键数据和敏感数据同样会进行隐匿处理，比如，有的信息虽然单独使用不能标识一个人，但联合起来就能泄露一个人的身份信息，如性别、年龄、身高和住址等，这也就需要人们针对具体的数据信息进行全面了解，研究其发布后可能造成的威胁和安全影响，保证敏感数据及隐私的披露风险在可容忍范围内。匿名化处理一般采用以下两种基本操作：

（1）抑制。抑制某数据项，也就是不发布该数据项。

（2）泛化。泛化是对数据进行更概括、更抽象的描述。比如，把"40岁"泛化成"中年人"，把住址信息泛化成所在的行政区划等。

6.5 大数据应用案例——智慧城市中的安全防护

智慧城市（smart city）是把新一代信息技术充分运用在城市运行和管理的各行业，用以分析、整合城市运行核心系统的各项关键信息，从而对各行业的多种需求做出智能响应。其实质是运用先进的信息技术，实现信息化、工业化与城镇化的深度融合，对于提高城市生活质量有显著作用。智慧城市通过信息和通信技术（information and communication technology，ICT）与城市基础设施的整合实现城市的可持续发展。智慧城市基于互联网、云计算以及大数据、社交网络、综合集成法等新一代信息技术，实现全面感知、泛在互联、智能融合以及持续创新。智慧城市综合运用信息和通信技术手段平衡社会、经济和环境发展的实际需求，从而更好地理解和协调城市运营，并在很大程度上对有限资源的使用进行优化配置，促进城市的可持续发展。

智慧城市需要打造一个统一的平台，设立城市数据中心，构建"三张基础网络"（高品质的快速交通网、高效率的普通干线网和广覆盖的基础服务网），通过分层建设，构建面向未来的智慧城市系统框架，如图 6.2 所示。

智慧城市的基础平台系统架构如图 6.3 所示。整体系统结构可以分成 4 个层次和 2 个体系：4 个层次为主机托管层（hosting）、基础设施即服务（IaaS）层、平台即服务（PaaS）层、软件即服务（SaaS）层；2 个体系为信息安全防护体系和运营管理体系。

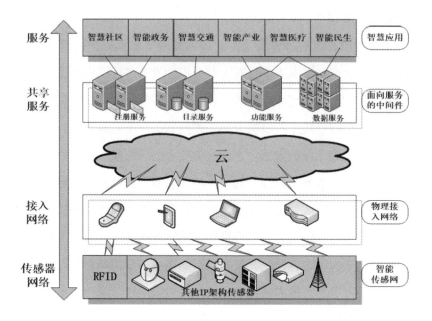

图 6.2　智慧城市系统架构

信息安全防护体系	软件即服务（SaaS）	全局性应用	行业应用		运营管理体系
安全域的隔离		安全域的隔离 信息发布系统 电子邮件 …	数字旅游 数字城管 数字规划 …	数字房产 数字人防 …	资源管理
Internet威胁防护					调度管理
虚拟化与云计算安全	平台即服务（PaaS）	数据库平台	通用平台组件		监控管理
安全管理			中间件 应用框架 开发测试平台		部署管理
数据保护与容灾备份					镜像管理
	基础设施即服务（IaaS）	计算机系统	存储系统	网络系统	备份管理
	传统主机托管（hosting）	机房	供电	空调	

图 6.3　智慧城市的基础平台系统架构

　　由图 6.3 可知，智慧城市基础平台的信息安全防护体系主要参考了信息系统安全保护等级（三级）基本要求，以"适度的信息安全"为指导原则，搭建符合智慧城市实际业务安全运行需求的技术保障体系。在建设智慧城市的过程中，信息安全防护体系是不可或缺的一部分，它是智慧城市基础平台平稳高效运行的有效保障。如何使智慧城市这种新的信息化城市形态中的各类信息资源被合法、安全、有序地采集、传播和利用，是一项既重要又艰巨的任务。

　　大数据在城市管理中发挥着日益重要的作用，主要体现在智能交通、环保监测、城市规划和安防领域等。

1. 智能交通

随着我国全面进入汽车社会,交通拥堵已经成为亟待解决的城市管理难题。许多城市纷纷将目光转向智能交通,期望通过实时获得关于道路和车辆的各种信息,分析道路交通状况,发布交通诱导信息,优化交通流量,提高道路通行能力,有效缓解交通拥堵问题。发达国家数据显示,智能交通管理技术可以帮助交通工具的使用效率提升 50% 以上,交通事故死亡人数减少 30% 以上。

智能交通将先进的信息技术、数据通信传输技术、电子传感技术、控制技术以及计算机技术等有效集成并运用于整个地面交通管理,同时可以利用城市实时交通信息、社交网络和天气数据来优化最新的交通情况。智能交通融合了物联网、大数据和云计算技术,其整体框架主要包括基础设施层、平台层和应用层。基础设施层主要包括摄像头、感应线圈、射频信号接收器、交通信号灯、诱导板等,负责实时采集关于道路和车辆的各种信息,并显示交通诱导信息;平台层是将来自基础设施层的信息进行存储、处理和分析,支撑上层应用,包括网络中心、信号接入和控制中心、数据存储和处理中心、设备运维管理中心、应用支撑中心、查询和服务联动中心等;应用层主要包括卡口查控、电警审核、路况发布、交通诱导、信号控制、指挥调度、辅助决策等应用系统。

遍布城市各个角落的智能交通基础设施(如摄像头、感应线圈、射频信号接收器),每时每刻都在生成大量感知数据,这些数据构成了智能交通大数据。利用事先构建的模型对交通大数据进行实时分析和计算,就可以实现交通实时监控、交通智能诱导、公共车辆管理、旅行信息服务、车辆辅助控制等各种应用。以公共车辆管理为例,今天,包括北京、上海、广州、深圳、厦门等在内的城市,都已经建立了公共车辆管理系统,道路上正在行驶的所有公交车和出租车都被纳入实时监控,通过车辆上安装的 GPS 设备,管理中心可以实时获得各个车辆的当前位置信息,并根据实时道路情况计算得到车辆调度计划,发布车辆调度信息,指导车辆控制到达和发车时间,实现运力的合理分配,提高运输效率。作为乘客时,我们只要在智能手机上安装了"掌上公交"等软件,就可以通过手机随时随地查询各条公交线路以及公交车当前到达位置,避免焦急地等待,如果自己赶时间却发现自己等待的公交车还需要很长时间才能到达,就可以选择别的出行方式。此外,晋江等城市的公交车站还专门设置了电子公交站牌,可以实时显示经过本站的各路公交车的当前到达位置,大大方便了以公交出行的群众,尤其是很多不会使用智能手机的中老年人。

2. 环保监测

森林是地球的"绿肺",可以调节气候、净化空气、防止风沙、减轻洪灾、涵养水源及保持水土。但是,在全球范围内,每年都有大面积森林遭受自然或人为因素的破坏。比如,森林火灾就是森林最危险的敌人,也是林业最可怕的灾害,它会给森林带来有害甚至毁灭性的后果;再比如,人为乱砍滥伐也导致部分地区森林资源快速减少,这些都给人类生态环境造成了严重的威胁。

为了有效保护人类赖以生存的宝贵森林资源,各个国家和地区都建立了森林监视体系,比如地面巡护、瞭望台监测、航空巡护、视频监控、卫星遥感等。随着数据科学的不断发展，近年来人们开始把大数据应用于森林监视，其中谷歌森林监视系统就是一项具有代表性的研究成果。谷歌森林监视系统采用谷歌搜索引擎提供时间分辨率，采用 NASA 和美国地质勘探局的地球资源卫星提供空间分辨率。系统利用卫星的可见光和红外数据画出某个地点的森林卫星图像。在卫星图像中，每个像素都包含了颜色和红外信号特征等信息，如果某个区域的森林被破坏，该区域对应的卫星图像像素信息就会发生变化。因此，通过跟踪监测森林卫星图像上像素信息的变化，就可以有效监测到森林变化情况，当大片森林被砍伐破坏时，系统就会自动发出警报。

大数据已经被广泛应用于污染监测领域，借助于大数据技术，采集各项环境质量指标信息，集成整合到数据中心进行数据分析，并把分析结果用于指导下一步环境治理方案的制订，可以有效提升环境整治的效果。把大数据技术应用于环境保护具有明显的优势：一方面，可以实现"7×24 小时"的连续环境监测；另一方面，借助于大数据可视化技术，可以立体化呈现环境数据分析结果和治理模型，利用数据虚拟出真实的环境，辅助人类制定相关环保决策。在我国，环境监测领域也开始积极尝试引入大数据，比如由著名环保人士马军领衔的环保 NGO 组织——公众与环境研究中心，于 2006 年开始先后绘制了中国水污染地图、中国空气污染地图和中国固废污染地图，建立了国内首个公益性的水污染和空气污染数据库并将环境污染情况以直观易懂的可视化图表方式展现给公众，公众可以进入 31 个省级行政区和超过 300 个地市级行政区的相应页面，检索当地的水质信息、污染排放信息和污染源信息。

在一些城市，大数据也被应用到汽车尾气污染治理中。汽车尾气已经成为城市空气主要污染源之一，为了有效防治机动车污染，我国各级地方政府都十分重视对汽车尾气污染数据的收集和分析，为有效控制污染提供服务。比如，山东省于 2014 年 10 月 14 日正式启动机动车云检测试点试运营，借助现代智能化精确检测设备、大数据云平台管理和物联网技术，可准确收集机动车的原始排污数据，智能统计机动车排放污染量，溯源机动车检测状况和数据，确保为政府相关部门降低空气污染提供可信的数据。

3. 城市规划

大数据正深刻改变着城市规划的方式。对于城市规划师而言，规划工作高度依赖测绘数据、统计资料以及各种行业数据。目前，规划师可以通过多种渠道获得这些基础性数据，用于开展各种规划研究。随着我国政府信息公开化进程的加快，各种政府层面的数据逐步对公众开放。与此同时，国内外一些数据开放组织也都在致力于数据开放和共享工作，如开放知识基金会（Open Knowledge Foundation）、开放获取、共享知识（Creative Commons）、开放街道地图（OpenStreetMap）等组织。此外，数据堂等数据共享商业平台的诞生，也大大促进了数据技术提供者和数据消费者之间的数据交换。

城市规划研究者利用开放的政府数据、行业数据、社交网络数据、地理数据、车辆轨迹数据等开展了各种层面的规划研究。利用地理数据，可以研究全国城市扩张模拟、城市建成区识别、地块边界与开发类型和强度重建模型、中国城市间交通网络分析与模拟模型、中国城镇格局时空演化分析模型等，以及全国各城市人口数据合成和居民生活质量评价、空气污染暴露评价、主要城市市区范围划定以及城市群发育评价等。利用公交 IC 卡数据，可以开展城市居民通勤分析、居住分析、行为分析、职业识别、重大事件影响分析、规划项目实施评估分析等。利用移动手机通话数据，可以研究城市联系、居民属性、活动关系及其对城市交通的影响。利用社交网络数据，可以研究城市功能分区、城市网络活动与等级、城市社会网络体系等。利用出租车定位数据，可以开展城市交通研究。利用搜房网的住房销售和出租数据，同时结合网络爬虫获取的居民住房地理位置和周边设施条件数据，就可以评价一个城区的住房分布和质量情况，从而有利于城市规划设计者有针对性地优化城市的居住空间布局。有人就利用大数据开展城市规划的各种研究工作，他们利用新浪微博网站数据选取微博用户的好友关系及其地理空间数据，构建了代表城市间网络社区好友关系的矩阵，并以此为基础分析了中国城市网络体系；利用百度搜索引擎中城市之间搜索信息量的实时数据，通过关注度来研究城市间的联系或等级关系；利用大众点评网餐饮点评数据来评价某城区餐饮业空间发展质量；还通过集成在学生手机上的 GPS 软件，跟踪分析一周内学生对校园内各种设备和空间的利用情况，提出校园空间优化布局方案。

4. 安防领域

近年来，随着网络技术在安防领域的普及、高清摄像头在安防领域应用的不断提升以及项目建设规模的不断扩大，安防领域积累了海量的视频监控数据，并且每天都在以惊人的速度生成大量新的数据。例如，我国很多城市都在开展平安城市建设，在城市的各个角落密布成千上万个摄像头，不间断采集各个位置的视频监控数据，数据量之大，超乎想象。

除了视频监控数据，安防领域还包含大量其他类型的数据，包括结构化、半结构化和非结构化数据。结构化数据包括报警记录、系统日志记录、运维数据记录、摘要分析结构化描述记录，以及各种相关的信息数据库，如人口信息、地理数据信息、车驾管信息等；半结构化数据包括人脸建模数据指纹记录等；非结构化数据主要指视频录像和图片记录，如监控视频录像、报警录像、摘要录像、车辆卡口图片、人脸抓拍图片、报警抓拍图片等。所有这些数据一起构成了安防大数据。

之前这些数据的价值并没有被充分发挥出来，跨部门、跨领域、跨区域的联网共享较少，检索视频数据仍然以人工手段为主，不仅效率低下，而且效果并不理想。基于大数据的安防要实现的目标是通过跨区域、跨领域安防系统联网，实现数据共享、信息公开以及智能化的信息分析预测和报警。以视频监控分析为例，大数据技术支持在海量视频数据中实现视频图像统一转码、摘要处理、视频剪辑、视频特征提取、图像清晰化处理、视频图像模糊查询、快速检索和精准定位等功能，同时可以深入挖掘海量视频监控数据背后的有价值信息，快速反馈信息，以辅助决策判断，从而让安保人员从繁重的人工肉眼视频回溯工作中解脱出来，不需要投入大量精力从大量视频中低效查看相关事件线索，在很大程度上提高了视频分析效率，缩短了视频分析时间。

大数据给人们生活带来便利的同时，也增加了国家及个人信息泄露的风险。由于智慧城市应用中采集了大量的国家基础设施数据，如果基础设施数据被其他国家获取并进行大数据分析，将会对国家安全、社会安全以及个人信息安全产生巨大危害。智慧城市中的大数据安全挑战主要来自数据采集、数据传输、数据迁移、数据存储、数据审计等方面。

智慧城市中的数据来源众多，数据量巨大，数据增长速度快，增加了信息泄露的风险，采集到的数据可能威胁国家、社会及个人安全。对智慧城市中采集的数据进行安全分析评估，可有效保障数据来源的安全可信，提高识别非法数据源的能力。

智慧城市是一个复杂的信息系统，各个子系统之间存在很多数据传输过程。感知层的数据会根据不同的环境和安全要求使用不同的网络协议进行传输，这些协议支持的加密算法和安全强度也存在差异。如何在特定的网络环境下选择安全可信的数据传输技术也是人们面临的一个很大的挑战。

智慧城市中数据量大、种类多，非标准化的数据其数据量也大，将数据迁移到云中存储会失去对安全边界外的数据的控制，将会增加数据保护的复杂度。随着各个信息系统内机密信息不断迁移到云中，如何在数据迁移过程中保护机密信息也是一大安全挑战。

大数据存储采用多个数据副本、在多个节点存储数据。这意味着，当单一节点发生故障时，数据查询将会转向资源可用的数据，这也增加了非法入侵的风险。存储在大数据集群中的数据易于遭受计算机病毒感染等的威胁，因而需要对数据文件进行多级防护。

大数据的快速增长为归集和审计带来挑战。一是数据量巨大，不利于审计人员找准审计重点进行专业判断；二是数据结构复杂，审计人员在短时间内难以全面掌握和了解数据内涵关系；三是数据类型多样，审计人员对非结构化数据进行综合分析的能力有待提高。在大数据安全方面，除了以上技术上的挑战，也需要一些非技术层面的协同支持，主要包括以下几个方面：

（1）标准化需求。智慧城市安全可信保障平台应建立在国家相关部门标准与规范要求的基础上，从而可为智慧城市的建设与实施提供标准、统一的数据安全可信保障服务，保障智慧城市系统建设的一致性与互联互通。

（2）可信性需求。安全可信保障平台作为智慧城市建设中的信息安全基础服务平台，需要能够保障平台自身的安全性，因此，应能够从系统平台的访问控制、通信安全、权限管理方法、敏感数据防护、密码算法的安全性等诸多方面，建立系统而完善的可信平台安全管理机制。

（3）可管理性需求。智慧城市安全可信保障平台的建设需要建立全面而完善的管理机制，通过管理平台的人机交互界面，实现安全可信保障平台实时运行过程中各种状况的动态监控，及时发现可能出现的各种风险，向系统管理员发出实时报警，减少平台管理人员实际管理与维护的时间。

（4）法律法规需求。大数据时代需要法律监管。完善大数据信息安全的相关法律法规、依法保护公民信息安全、规范信息的组织化管理是当前智慧城市大数据安全的迫切需求。

随着智慧城市的建设与发展，其中积累的海量数据为应对大数据安全提供了新机遇。相关学者主要从大数据存储安全策略、应用安全策略、管理安全策略等方面进行综合分析，提出新型的多标签安全访问控制策略，从而有针对性地应对大数据安全所带来的威胁与挑战。

目前，大数据的存储主要采用云存储技术来实际存储、管理各类数据资源，涉及数据上传、下载、安全隔离、动态恢复等问题。解决大数据的安全存储问题需要：①进行数据加密。②要将密钥和被加密的数据分开存储，通过物理上把密钥与要保护的数据隔离开来提高数据存储的安全性。目前，在一些涉及国家机密的应用场合可以考虑使用国家密码管理局制定的密码应用标准，包括 SSF33、SM1、SM2、SM3、SM4、SM7、SM9、祖冲之密码算法等，对大数据进行基于密码学的安全处理后再存储。③进行数据备份。通过数据的容灾备份、集中管控、异地恢复等手段实现数据存储的安全防护。

大数据在实际应用中的安全防护策略主要考虑以下几个方面：

①有效防范 APT 攻击。可以借助大数据的高效实时处理能力，针对 APT 攻击隐蔽能力强、潜伏期长、攻击路径不确定等特征，设计攻击实时检测与事后回溯监测的安全审计方案。

②用户的安全访问控制。大数据的跨平台应用在一定程度上会带来安全访问方面的潜在风险。可以根据大数据用户对实际信息安全需求的差异，通过将大数据作为客体、用户作为主体来设定不同的安全访问等级，并严格按照安全策略进行访问控制。

③大数据分析引擎。大数据分析引擎融合了大数据、云计算、数据挖掘、机器学习、人工智能、统计学等多个领域特点，通过数据分析与挖掘，从大数据中挖掘出各类黑客攻击、非法操作、内外部威胁源等信息安全相关事件，及时发出安全警报和做出动态响应。例如，利用深度学习算法对大数据进行多维度分析可以发现攻击者各类潜在的低层局部特征、区域组合特征和高层整体特征。

大数据的管理安全策略主要有：

①建设过程规范化。大数据建设是一项有序、动态、持续发展的系统工程，一套规范的运行机制和建设标准能够确保大数据在统一的安全规范下运行。

②建立以数据为中心的安全管理系统。建设一个基于异构数据中心的安全管理系统，可从系统管理上保证大数据的安全访问。

 本章习题

简答题

1. 大数据安全主要包括哪几个方面？
2. 什么是网络安全漏洞？
3. 大数据面临哪些安全问题？
4. 简述大数据隐私安全的保护措施。

第 **7** 章 人工智能——科幻到现实的蜕变

人工智能（artificial intelligence，AI）是计算机科学中一门正在发展的综合、前沿学科，与计算机科学、信息论、控制论、数学等学科相互综合和渗透，是一门新兴的边缘学科。人工智能的长期目标是实现达到人类智力水平的人工智能。人工智能自 1956 年诞生以来，取得了许多令人兴奋的成果，在很多领域得到了广泛的应用。近些年人工智能热潮的兴起，给我们的生活带来了巨大的改变。无人驾驶、机器翻译、语音识别、图像识别，这些都是人工智能的产物。

7.1 人工智能的起源

◆ 7.1.1 什么是人工智能

人工智能是极具挑战性的领域。伴随着大数据、类脑计算和深度学习等技术的发展，人工智能的浪潮又一次掀起。目前信息技术、互联网等领域几乎所有主题和热点，如搜索引擎、智能硬件、机器人、无人机和工业 4.0，其发展突破的关键环节都与人工智能有关。

人类很早以前就想制造出代替人类工作的机器，也曾经有歌舞机器人的记载，然而，在电子计算机出现之前，人工智能还只是幻想，无法成为现实。人工智能实际上是在计算机上实现的智能，或者说是人类智能在机器上的模拟，因此又可称为机器智能。现在所说的人工智能是计算机科学的一个分支，它的研究不仅涉及计算机科学，而且涉及脑科学、神经生理学、心理学、语言学、数学等许多科学领域。因此，人工智能实际上是一门综合性的交叉学科和边缘学科。

到目前为止，人工智能的发展已走过了近半个世纪的历程，对于什么是人工智能，学术界有各种各样的说法和定义，但就其本质而言，人工智能是研究如何制造出智能机器或智能系统来模拟人类智能活动的能力，以延伸人类智能的科学。从两个方面来说，人工智能（学科）是计算机科学中涉及研究、设计和应用智能机器的一个分支。人工智能（能力）是智能机器所执行的、通常与人类智能有关的智能行为，如判断、推理、证明、识别、感知、理解、通信、设计、思考、规划、学习和问题求解等。在不同的思维形式下，人工智能的定义是不一样的。

关于人工智能，有一个非常重要的人物不得不提，他就是英国数学家图灵（Turing）。1950 年他发表了题为"计算机与智能"（Computing Machinery and Intelligence）的论文，文章以"机器能思维吗？"开始，论述并提出了著名的图灵测试（见图 7.1），以测试一个计算机系统是否具有智能。

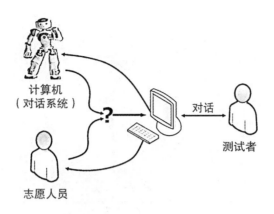

计算机
（对话系统）

? 对话

测试者

志愿人员

图 7.1 图灵测试

图灵测试的情形是：设想有一台计算机，一个志愿人员和一个测试者。计算机和志愿人员分别在两个房间中，测试者既看不到计算机，也看不到志愿人员。测试者需求通过提问，判断哪个房间中的是计算机，哪个房间中的是志愿人员。为防止通过非智力因素获取信息，测试者通过键盘提出问题，而计算机和志愿人员均通过屏幕回答问题。不允许测试者从任何一方得到除了回答以外的任何信息。志愿人员真实地回答问题，并试图说服测试者自己这一方是人而另一方是计算机。同样，计算机也努力说服测试者自己这一方是人而另一方是计算机。在对话测试后，若测试者无法正确回答，则计算机通过了图灵测试，具有了图灵测试下的智能。

图灵的论点后来引起了广泛的争议。我们把用图灵测试来测定智能时所涉及的问题分为两个方面：一个是技术方面；另一个是原则方面。从技术方面看，图灵的原始论文在许多细节上是不清晰的。首先，图灵测试需要进行多长的时间？三五分钟还是数日？如果时间太短，测试者从回答中得不出足够的信息；太长，计算机可能死机，人可能累趴下。其次，交谈的内容是否有限定？再次，对测试者的智力有无要求？智力的多少是程度上的事情，某些人智力超群，另一些人愚不可及，更多的人处于中间地带。一台机器可能骗过一个智力平平的测试者，但在一个专家面前却过不了几招。最后，测试者的主观因素显然能影响到测试的结局，我们是随意指定测试者，还是需要做一定的选拔？所有这些问题都能引发人们思考图灵测试是否为一个切实可行的方案。当然，图灵测试对人工智能这门学科的发展而言是功不可没的。

7.1.2 人工智能的发展历史

人类对智能机器的梦想和追求可以追溯到三千多年前。早在我国西周时代（公元前 1046—前 771 年），就流传有能工巧匠献给周穆王机器人的故事。东汉（公元 25—220 年）张衡发明的指南车（其模型如图 7.2 所示）是世界上最早的机器人。

古希腊斯塔吉拉人亚里士多德的《工具论》，为形式逻辑奠定了基础。布尔创立的逻辑代数系统，用符号语言描述了思维活动中推理的基本法则，被后世称为"布尔代数"。

这些理论基础对人工智能的创立发挥了重要作用。

人工智能的发展大致可以分为初创时期、形成时期、发展时期、大突破时期 4 个历史阶段。

图 7.2　指南车模型

1. 第一阶段：初创时期（1936—1956 年）

1936 年图灵发明了通用图灵机，它是一种理论上的计算机模型，如图 7.3 所示。通用图灵机被设想为有一条无限长的纸带，纸带被划分成许多方格，有的方格被画上斜线，代表"1"；有的方格中没有画任何线条，代表"0"。它有一个读写头部件，可以从纸带上读出信息，也可以往空方格里写信息。这个计算机模型仅有的功能是把纸带向右移动一格，然后把"1"变成"0"，或者相反地把"0"变成"1"。这是一种不考虑硬件状态的计算逻辑结构。通用图灵机是现代计算机的思想原型。

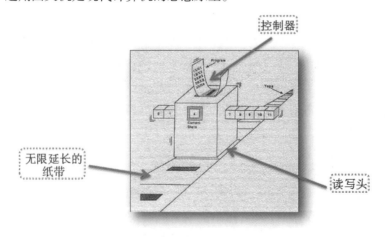

图 7.3　通用图灵机示意

1946 年，第一台计算机 ENIAC 诞生，人类进入计算机时代，后来，美籍匈牙利数学家冯·诺依曼受到图灵的通用图灵机思想的启发,提出了具有"存储程序"的计算机设计理念,即将计算机指令进行编码后存储在计算机的存储器中,需要的时候可以顺序地执行程序代码,从而控制计算机运行,如图 7.4 所示。"冯·诺依曼计算机"奠定了现代计算机的基础,也是测试和实现之后的各种人工智能思想和技术的重要工具。

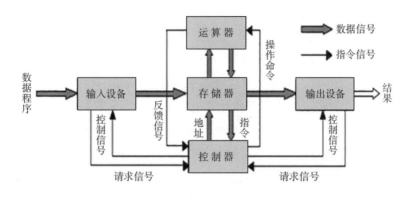

图 7.4　冯·诺依曼的计算机设计理念示意

1948 年,控制论的创始人诺伯特·维纳提出关于具有自我调整、自适应、自校正功能的机器的理论。控制论对人工智能的影响在于,它将人和机器进行了深刻的对比:人类能够构建更好的计算机器,并且人类更加了解自己的大脑,因此计算机器和人类大脑会变得越来越相似。可以说,控制论是从机器控制的角度,在机器、人与大脑之间建立起了一种联系。控制论关于人与机器关系的思想,又启发后来的学者开发了早期的人工智能技术。

1952 年,IBM 科学家亚瑟·塞缪尔开发了跳棋程序。该程序能够通过观察棋子的当前位置,并学习一个隐含的模型,为后续走棋步骤提供更好的指导。通过这个程序,塞缪尔驳倒了当时一些学者持有的"机器无法超越人类"的观点。他还创造了"机器学习"(machine learning,ML)这一概念。

在上述思想的影响下,1956 年,美国学者约翰·麦卡锡、马文·明斯基以及 IBM 的两位资深科学家克劳德·香农和尼尔·罗切斯特组织了一次学会,邀请包括赫伯特·西蒙和艾伦·纽厄尔在内的对"机器是否会产生思维"这一问题十分感兴趣的一批数学家、信息学家、心理学家、神经生理学家和计算机科学家参加,他们聚集在一起,进行了长达两个月的研究,即达特茅斯夏季研究会。麦卡锡首次提出"人工智能"这一概念。这次会议并没有解决有关人工智能及机器思维的任何具体问题,但它为后来人工智能的发展确立了研究目标,并开启了人工智能发展的历史,使其发展至今。达特茅斯夏季研究会被广泛认为是人工智能诞生的标志,从此人工智能走上了快速发展的道路。

人工智能诞生之后的几十年,其发展大致有两条主线:一是从结构的角度模拟人类的智能,即利用人工神经网络模拟人脑神经网络以实现人工智能,由此发展而形成了联结主义;二是从功能的角度模拟人类的智能,将智能看作大脑对各种符号进行处理的功能,由此发展而形成了符号主义。

2. 第二阶段:形成时期(1957—1969 年)

在形成时期的十余年时间里,早期的数字计算机被广泛应用于数学和自然语言领域,用于解决代数、几何和翻译问题。计算机的广泛使用让很多研究人员坚定了机器能够向人类智能趋近的信心。这一时期是人工智能发展的第一个高峰时期。研究人员表现出了极大的乐观态度，甚至预测当时之后的 20 年内人们将会建成一台可以完全模拟人类智能的机器。

这一时期也奠定了人工智能符号主义学派的基础。该学派的核心思想是：智能或认知就是对有意义的表示符号进行推导计算，也是一种对人类认知的初级模拟形式。所谓符号，就是人类借以表达客观世界的模式。任何一个模式，只要它能和其他模式相区别，它就是一个符号。不同的英文字母、数学符号以及汉字等都是不同的符号。

1958 年，康奈尔大学的心理学家和计算机科学家弗兰克·罗森布拉特继承控制论的联结主义方法之后，提出了"感知器"的概念，这在当时引发了一股研究热潮。后来，符号主义权威明斯基和西蒙通过对一种早期的人工神经网络模型——单层感知器进行分析，证明了当时的感知器模型不能实现异或操作，也就是不能解决非线性可分问题（一种数据分类问题），由此推断人工神经网络是没有未来的。

20 世纪 60 年代，其他一些非主流的人工智能技术也在悄然诞生。德国专家英戈·罗森伯格和汉斯·保罗·施韦费尔出于实际工程设计问题的需要，提出了基于达尔文进化论的进化策略，这是一种纯粹的数值优化算法，用以解决工程优化问题。这一行为实际上开启了基于进化论思想的进化计算领域研究的先河。

来自加州大学伯克利分校的拉特飞·扎德教授发表了著名的论文《模糊集》，奠定了模糊数学理论和模糊逻辑的基础。到 20 世纪 80 年代，研究人员基于模糊数学理论构建了成百上千的智能系统，它们被广泛应用于工业生产、家用电器、机器人等领域。

3. 第三阶段：发展时期（1970—1992 年）

发展时期大致分为两个阶段：20 世纪 70 年代和 20 世纪 80 年代。20 世纪 70 年代，人工智能的发展因并不符合预期而遭到了激烈的批评和政府预算限制。特别是在 1971 年，罗森布拉特早逝，加上明斯基等人对感知器的激烈批评，人工神经网络被抛弃，联结主义因此停滞不前。这是人工智能发展历程中遭遇的第一个低潮时期。

但是，即使是处于低潮的 20 世纪 70 年代，仍有许多新思想、新方法在萌芽和发展。20 世纪 70 年代初，美国学者约翰·霍兰德创建了以达尔文进化论思想为基础的计算模型，称为遗传算法，并开创了"人工生命"这一新领域。遗传算法、进化策略和 20 世纪 90 年代发展起来的遗传编程算法，一起形成了进化计算这一人工智能研究分支。

1970 年，《人工智能国际杂志》创刊。该杂志的出现对开展人工智能国际学术活动和交流、促进人工智能的研究和发展起到了积极的作用。1971 年，美国国防部高级研究计划局资助了一个由语音识别领域技术领先的实验室组成的联盟。该联盟雄心勃勃，计划创建一个具有丰富词汇量的全功能语音识别系统。虽然该计划在当时并未实现，但由此发展而来的语音识别技术已经嵌入了智能音箱等设备，进入了千家万户。1974 年，保罗·韦伯斯提出了如今人工神经网络和深度学习的基础学习训练算法——反向传播（back propagation，BP）算法。

1976 年，西蒙和纽厄尔提出了物理符号系统假设，认为物理系统表现智能行为的必要和充分条件是它是一个物理符号系统。物理符号系统的基本任务和功能是辨认相同的符号以及区分不同的符号。1977 年，爱德华·费根鲍姆在第五届国际人工智能联合会议上提出"知识工程"概念，知识工程强调知识在问题求解中的作用，主要的应用成果就是各种专家系统。专家系统是一种利用知识规则、推理和搜索技术实现对人类专家经验的模拟，以解决某些专业领域问题的智能系统。

这一时期的一个重要特点就是，人工智能研究者意识到必须对智能机器的问题范围进行充分限制。在对通用的、人类惯用的解决问题的方式进行仿真，以创造出聪明的搜索算法和推理方法等技术的探索失败后，研究人员意识到，有一条出路是使用大量推理步骤来解决狭隘专业领域的典型问题，这使专家系统取得了快速的发展，并且发展出了医疗专家系统、农业专家系统等。专家系统使人工智能由理论化走向实际化，由一般化走向专业化，这是人工智能发展的一个重要转折点。

经历了一段低谷时期后，人工智能的发展在 20 世纪 80 年代迎来了第二个春天。这主要是由于专家系统对基于符号主义的机器架构进行了重大修订。这一时期，很多模仿人类学习能力的机器学习算法不断发展并越来越完善，机器的计算、预测和识别等能力也随之有了较大提升。与此同时，日本政府启动了一项关于人工智能的大规模资助计划，并启动了第五代计算机计划。联结主义也由于美国加州理工学院物理学家约翰·霍普菲尔德和美国加州大学圣地亚哥分校的认知心理学家大卫·鲁梅尔哈特所做的工作而重新受到了重视。

1982 年，霍普菲尔德提出了 Hopfield 神经网格模型，标志着人工神经网络的复兴。1986 年 10 月，鲁梅尔哈特和美国卡内基 – 梅隆大学的杰夫·辛顿等人，在著名学术期刊 *Nature* 上联合发表题为 "Learning Representations by Back–Propagating Errors"（通过反向传播错误的学习表征）的论文。该论文首次系统、简洁地阐述了 BP 算法在人工神经网络模型上的应用。此后，人工神经网络才真正地迅速发展了起来。

20 世纪 80 年代，理论神经科学家大卫·马尔在麻省理工学院开展视觉研究工作。他排斥所有的符号化方法，认为实现人工智能需要自底向上地理解视觉的物理机制，而符号处理应在此之后进行。然而，明斯基认为，人的智能根本不存在统一的理论。1985 年，他在《心智社会》一书中指出，心智由许多被称作智能体的小处理器组成，每个智能体本身只能做简单的任务，其并没有心智，当智能体构成复杂社会后，就具有了智能。

1987 年，在美国加州圣地亚哥召开的第一届人工神经网络国际会议上，成立了国际人工神经网络学会，这标志着人工神经网络进入了快速发展时期。科学家已在研制神经网络计算机，并把希望寄托于光芯片和生物芯片上，一个以人工智能为龙头、以各种高新技术产业为主体的智能时代即将开启。但好景不长，专家系统过于复杂、性能非常有限等不足使原本充满活力的市场大幅崩溃，日本政府也因此停止了第五代智能计算机研发工作，人工智能的发展在 20 世纪 80 年代末进入了第二次低潮时期。

20 世纪 80 年代后期，一种自底向上地创造智能的思想复兴了 20 世纪 60 年代起沉寂下来的控制论。麻省理工学院教授罗德尼·布鲁克斯由此在 20 世纪 90 年代创建了行为主义学派。行为主义通过模拟从昆虫到四足动物以及人类等各种对象创建各种智能机器人。

在行为主义工作范式下，研究者们进一步开展了人工生命和模拟进化的研究。依照人工生命倡导者的愿望，如果能够在机器上进化出生命，则智能将自然产生。

20世纪90年代初，符号主义人工智能日渐衰落，人工智能研究者们决定重新审视人工神经网络。

在人工智能发展的第三阶段中，整个领域比较大的收获是联结主义取得了较大进展，也就是人工神经网络由于少数学者的坚持取得了很大进步。这种进步的意义在于，它助力了当代深度神经网络和深度学习技术的全面爆发，使人工智能进入了第四阶段。

4.第四阶段：大突破时期（1993年至今）

对于人工智能发展而言，大突破时期也是一个超越历史上任何一个阶段的、非凡的创造性时期。1993年，计算机科学家弗诺·文奇在他发表的一篇文章中首次提到了人工智能的"奇点理论"。他认为，未来某一天人工智能会超越人类，并且会终结人类社会，进而主宰人类世界。这个时间点被他称为"即将到来的技术奇点"。

大突破时期，模拟自然界鸟类飞行的粒子群算法和模拟蚂蚁群体行为的蚁群算法，以及用于求解函数优化等问题的各类算法相继出现，推动了从进化计算发展而来的计算智能、自然计算等人工智能分支的发展。

1995年，贝尔实验室科学家科琳娜·科尔特斯和俄罗斯统计学家、数学家弗拉基米尔·万普尼克提出了软边距的非线性支持向量机（support vector machine，SVM），并将其应用于手写数字识别问题。这一研究成果在发表后得到了科学家广泛的关注和引用，其影响在当时远超人工神经网络。以支持向量机为代表的集成学习、稀疏学习、统计学习等多种机器学习方法开始占据主流舞台。在之后的几年里，深层次的人工神经网络并未受到关注。

1996年，人工神经网络领域的重要人物雅恩·乐昆成为贝尔实验室的图像处理研究部门主管，开发了许多新的机器学习方法，包括模仿动物视觉皮层的卷积神经网络（convolutional neural networks，CNN）。

1997年5月11日，国际象棋世界冠军卡斯帕罗夫（Kasparov）与IBM公司的国际象棋计算机"深蓝"的6局对抗赛降下帷幕。在前5局以2.5：2.5打平的情况下，卡斯帕罗夫在第6局决胜局中仅走了19步就对"深蓝"甘拜下风。"深蓝"综合了多种人工智能知识表示、符号处理、搜索算法和机器学习技术，成为第一台在多局赛中战胜国际象棋世界冠军的计算机，这是人工智能发展的重要里程碑。

2010年，斯坦福大学教授李飞飞创建了一个名为ImageNet的大型数据库，其中包含数百万个带标签的图像，为深度学习技术性能测试和不断提升提供了一个舞台。

2012年，ImageNet竞赛引发了"人工智能大爆炸"，杰夫·辛顿和他的学生亚历克斯·克里热夫斯基利用一个8层的卷积神经网络——AlexNet，以超越第2名（使用传统计算机视觉方法）10.8%的成绩取得了冠军。AlexNet不仅可以让计算机识别出猴子，还可以使计算机区分出蜘蛛猴和吼猴，以及各种各样不同品种的猫。

2015年，微软亚洲研究院何凯明等人使用152层的残差网络（residual network，

ResNet）参加了 ImageNet 图像分类竞赛，并取得了整体错误率为 3.57% 的成绩，这已经突破了人类平均错误率 5% 的水平记录。

2016 年，美国谷歌旗下的 DeepMind 公司开发的阿尔法围棋智能系统 AlphaGo 战胜了人类围棋世界冠军李世石。该系统集成了搜索、人工神经网络、强化学习等多种人工智能技术。这一事件也是人工智能发展史上的一个重要里程碑。图 7.5 所示为 AlphaGo 与人类棋手对弈示意图。

图 7.5　AlphaGo 与人类棋手对弈

2016 年之后，以 AlphaGo 为代表的新一代人工智能引起了各国政府的关注。各国政府纷纷进行顶层设计，在规划、研发、产业化等诸多方面提前布局，掀起了人工智能研发的一场国际型竞赛。如今，深度学习技术在图像识别、语音识别、机器翻译等方面取得了很好的应用效果，对工业界产生了巨大影响。世界著名互联网巨头以及众多的初创科技公司，纷纷加入了人工智能产品的"战场"，从而掀起了人工智能发展历史上的第三次高潮。

基于人工神经网络发展而来的深度学习虽然取得了巨大的成功，但它并不是什么新方法。其成功很大一部分得益于一种图像处理器即图形处理单元（graphics processing unit，GPU）的并行计算技术，以及超大型计算机的计算能力。

2019 年 1 月 25 日，DeepMind 公司开发的 AlphaStar 在"星际争霸 2"游戏中以 10 : 1 的战绩战胜了人类冠军团队。2019 年 5 月 31 日，DeepMind 公司的研究人员在 *Nature* 上发表相关论文，介绍了其在游戏智能体方面的新进展。当时，DeepMind 的设计被称为"for-the-win"（FTW）智能，它达到了人类水平，能够与其他智能体或人类相互合作。之后，DeepMind 又提出了被称为"自我游戏"（self-play）的新智能体，该智能体在游戏中甚至能够超越人类选手的水平。

近 5 年，超级计算、大数据与深度学习技术的结合也是引发人工智能第三次高潮的重要原因。相比于历史上任何一个时期，现阶段是联结主义人工智能对符号主义人工智能的胜利，以人脑神经网络为原型的联结主义成为实现人工智能的有效途径，但从长远来看，这并不代表符号主义的研究没有价值。

实际上，在联结主义迅猛发展的同时，传统的符号处理、知识表示、搜索技术以及机器学习等强化学习技术也在不断发展。

2011 年，IBM 沃森（Watson）超级计算机在美国一档名为"危险边缘"的智力竞赛游戏中打败了两位优秀的人类选手。IBM 基于沃森超级计算机的成果发展了认知计算。

2018 年 6 月，IBM 的人工智能产品"项目辩论者"（Project Debater）参加了在旧金山举行的对战人类选手的公开辩论赛。在没有提前获知辩题的情况下，"项目辩论者"依靠强大的语料库，独自完成陈述观点、反驳辩词、总结陈述的整个辩论过程。2019 年 2 月 11 日，"项目辩论者"和人类冠军辩手在旧金山进行了史上第二次人机辩论赛。这套人工智能辩论系统作为"理智派"代表却选用了一个更感性的角度，试图通过人性弱点来说服人类。这套人工智能辩论系统具有强大的语义理解和语言生成能力。它的潜在价值在于，可以通过不断提升数据处理能力，为医生、投资人、律师甚至执法机关和其他政府工作人员（在做出重要决策时）提供客观、理性、无人性偏颇、无情绪左右的建议。

知识图谱是一种实现机器认知智能的知识库，是符号主义持续发展的产物。它在知识表示、知识描述、知识计算与知识推理等方面不断发展。自 2015 年以来，知识图谱在诸如问答、金融、教育、银行、旅游、司法等领域中进行了大规模的应用。从最初简单地对人类知识进行表示，到现在的大规模应用，知识图谱已经前前后后经历了将近 50 年的时间，并已成为发展以认知智能为目标的新一代人工智能的重要基础技术。

在联结主义和符号主义人工智能各自不断发展的同时，人工智能领域出现了脑机接口、外骨骼、可穿戴等人机混合智能技术。随着核磁共振等物理观测和仪器技术的进步，脑科学和神经科学也在不断发展，人们对大脑和神经系统在物理微观层面的认识也越来越深入，以大脑生物和物理为基础的类脑计算技术得以发展，类脑芯片、智能芯片等新型硬件产品和技术不断涌现。

时至今日，人工智能发展日新月异，此刻 AI 已经走出实验室，离开棋盘，通过智能客服、智能医生、智能家电等服务场景在诸多行业进行深入而广泛的应用。可以说，AI 正在全面进入我们的日常生活，属于未来的力量正席卷而来。

7.2 当人工智能遇上大数据

科技正在进入一个新的时代，这个时代的一个典型特征就是数据成为一种宝贵的资产。大数据的发展离不开人工智能，而任何智能的发展，都是一个长期学习的过程，且这一学习的过程离不开数据的支持。在海量数据的支撑之下，科技越来越智能，不仅能"听懂"我们的语言，还能"看懂"我们的表情，帮我们做出更为科学的决策。

2010 年以来，深度学习结合大数据成为人工智能新方法。基于脑科学、数据科学（尤其是大数据技术）发展形成的数据驱动方法，以新的角度提出了人工智能的具体实现途径和创新性思路，在技术层面上也进一步增强了智能模拟的精确性和有效性。它是传统人工智能方法的重要补充。

算法、大数据与计算能力被认为是推动人工智能发展的三大引擎。大数据最早在 20

世纪90年代被提出，麦肯锡在2012年的评估报告中指出"大数据时代"已经到来。21世纪，随着微博、微信等新型社交网络应用的快速发展，以及平板计算机、智能手机等新型移动设备的快速普及，数据呈爆炸式增长，世界已经进入了数据大爆炸时代。大数据不但复杂多样，而且具有潜在价值，人们对数据进行收集的最根本的目的正是从中提取出有价值的信息。大数据作为一种战略性资源，不仅对科技进步和社会发展具有重要意义，还对人工智能的发展起到了基础性的支撑作用。

当人工智能遇上大数据，"机器人"一词成了时尚。iRobot公司推出了吸尘机器人；英国公司Moley Robotics的机器人厨师可以装在灶台上方给人做饭；中国哈尔滨的机器人餐厅使用机器人服务员；新加坡的Infinium Robotics使用无人机服务员，在客人的头顶飞来飞去上菜；此外还有麻省理工学院的机器人酒保，加州大学伯克利分校的叠毛巾机器人等。

2021年，中国首个原创虚拟学生——华智冰，入学清华大学计算机系。与一般的虚拟数字人不同，华智冰拥有持续的学习能力，能够逐渐"长大"，不断学习数据中隐含的模式，包括文本、视觉、图像、视频等，就像人类能够不断从经历的事情中来学习各种行为模式一样。

人工智能中，机器对人类最重要的模拟就是学习。人类获取已经存在的知识或定律，并能将其应用于现实生活中，这就完成了一个学习的过程。从本质上讲，人类的学习模式是积累大量的事实，从而能够通过逻辑分析预测将来可能发生的事情，或在遇到类似的问题时能够应对。人类认为很重要的"经验"和"阅历"，其实都是大量事实的叠加。例如，通过阅读大量的文学作品而成为作家，或者背单词以提高英语水平，甚至通过与很多人博弈而成为一位优秀棋手，这都是积累的过程，可见人类的学习实际上就是积累。

要使机器人像人类一样学习，最难攻克的就是如何使机器人拥有理解并积累事实的能力。诸如机器人用极短的时间找出一步棋的最佳走法，或者通过比较选择自动行驶的最优路线等，都是数学问题，可以轻易地被转换为数字，利用数学中的最优算法，通过芯片和磁条的运转都可以解决，但是人类的世界并不都是数字，可以用数字表达的事物可能只占万分之一。例如，机器人大概可以分辨一幅画的尺寸有多大，但是它们无法辨别这幅画美不美；机器人能够统计一篇文章有多少字，但它们无法判断这篇文章写得好不好。

在大数据技术出现之前，人们已经能够通过数据对现象进行理性分析，而不是简单地试图透过现象去推测本质。例如可以通过上百年的数据去推断一个地区的气候特点，并据此预测该地区的天气状况，又如地理环境决定论，即通过大量事实获得地理和环境对人类社会和政权的影响，这些都可以看作早期的大数据思想，尽管几百年的天气状况数据量极为庞大，但是这样的数据量早已经被如今大多数行业运行中产生的数据量所超越。过去数据被人们视而不见，因为在动力时代、电力时代甚至早期的信息时代，人们更愿意采用具体而形象的方式改造世界，比如蒸汽机、发电机等，然而现在人们发现诸如信息和数字这种抽象的东西更好用，正如纸币越来越少地出现在人们的生活中，实际上是移动支付将其变为简单的数字，而股票、期货等利用简单的数字去表征财富，也成为人们更愿意接受的方式。

大数据时代是"得数据者得天下",人工智能时代是"得知识者得天下"。大数据的"大"决定了数据全面的特性。在"小数据时代"做统计的方式就是抽样,而在大数据时代可以统计到一切想要统计的数据,全样本统计方法将取代抽样统计方法。除了数学统计方法,机器学习等人工智能方法也在大数据中得到了应用。人工智能与大数据的结合,形成了一种使机器产生智能的新模式,即直接通过大数据计算获取和发现数据中隐含的知识、规律以及使用传统分析手段难以获取的信息。

采用数据驱动方法可通过深度学习,利用大规模数据、传感器及其他复杂的算法,执行或完成智能任务。大数据结合深度学习技术,能够自动发现隐藏在庞大而复杂的数据集中的特征和模式,目前,它们的结合也是超越传统方法实现人工智能的有效途径。这是数据驱动方法最成功的地方。

人工智能一直处于计算机技术的前沿,其研究的理论和发现在很大程度上将决定计算机技术的发展方向。如今,已经有很多人工智能的研究成果进入人们的日常生活。未来,人工智能技术的发展将会给人们的生活、工作和教育等带来更大的影响。

7.3　人机大战:AI 会挑战人类吗?

在现实世界中,人工智能是一个巨大的诱惑,每每遇到这个领域的进步,人们都会为之欢呼,因为人工智能的确能够满足人类在生命健康、生活舒适度等方面的终极追求。但欢呼之后,人们不免失落与怅惘:AI 真的会挑战人类吗?

关于人工智能和人类智能谁更厉害,或者说人类和机器人谁更聪明这个问题,今天我们已经很难下定论,但是在 20 世纪 90 年代这还不能算是一个问题。那时候人类非常自信地认为,人类在需要动脑子的各个领域存在绝对优势,可以说是完胜机器人,机器人只是制造出来帮助人类分担工作的,比如分担体力劳动。当时大部分人都这样认为,这些人里面,也包括国际象棋世界冠军加里・卡斯帕罗夫。

加里・卡斯帕罗夫是连续 11 届的国际象棋冠军,是公认的人类有史以来最伟大的天才棋王,智商高达 190,胜利对他来说早已成为一种习惯,像吃饭喝水一样寻常。自小钻研世界级棋谱的他深得弈棋精髓。相较于其他棋手,他棋风活泼,思维敏捷,有异于常人的敏锐感知判断力。凭借着超强大脑,他总是一边完成对己方阵营的布局,一边慢条斯理地分析对手的棋路,看穿对手的心理,从而见招拆招,步步为营。

虽然他真的很想遇到势均力敌的对手来一场激情较量,但天不遂人愿,他的冠军之路显得过于平坦。

因此,当一台名字叫作"深蓝"的机器人被生产出来的时候,为了证明它能够超越人类的思维水平和能力,加里・卡斯帕罗夫成了它的第一个对手,如图 7.6 所示。

对决发生在 1997 年 5 月 11 日。

实际上"深蓝"跟那些我们习以为常的机器人有着很大的差别,它有着非常"高贵"的出身——它来自 IBM。

图 7.6   卡斯帕罗夫与"深蓝"对战

"深蓝"是美国 IBM 公司生产的一台超级国际象棋电脑，重 1270 千克，拥有 32 个微处理器，每秒可以计算 2 亿步。"深蓝""学习"了一百多年来优秀棋手的对局，共两百多万局。

"深蓝"是 IBM 公司对于人工智能最早也是当时最成熟的尝试。如果说简单地利用程序和算法控制象棋步骤，简单地把棋谱输入机器人系统，让它按图索骥来跟加里·卡斯帕罗夫对战，那么这台机器人是必输无疑的，因为卡斯帕罗夫对于任何棋谱都了如指掌，而且世界上会出现新的棋谱，所以如果想赢卡斯帕罗夫，这台机器人必须具有思维，必须学会变通，必须像人类一样有逆向思维和发散思维。

最后，这台名叫"深蓝"的计算机赢了世界冠军卡斯帕罗夫，这就意味着它几乎可以在国际象棋方面战胜世界上任何一个人。

虽说最终结果是"深蓝"取得了胜利，但获胜的过程却是值得玩味的。前 5 局以 2.5 对 2.5 打平，在第六局决胜局中卡斯帕罗夫仅走了 19 步就向"深蓝"投子认输。

"深蓝"和卡斯帕罗夫的比赛不是看谁更快，而且人们已经认识到，单比计算速度，人类远远无法超越机器人，机器人每秒几十万次的计算速度绝对是人类望尘莫及的。但是从象棋游戏的角度来看，单纯地比速度是绝对胜不了的。

弈棋，是人类智力的最高级展现，是智力的对决。很早之前，人们就想要创造一台像"深蓝"这样的国际象棋高手，用来与人类最伟大的棋手一决高下。在科研人员的共同努力下，这位机器世界的顶级高手诞生了。1997 年"深蓝"首次战胜卡斯帕罗夫，开启了人机大战崭新的篇章。

历经 6 年时间才研制成功的"深蓝"，它的数据库里存储了一百多年来优秀棋手的对局，总共有两百多万局。对不同的对手需要选择不同的开局库，也需要人为调整一些应对策略。这里就需要借助高等级的国际象棋大师的智慧，给计算机赋予"象棋知识"了。知识库的构建至关重要，如果没有构建知识库，计算机就是一个只懂规则的"幼童"。

"深蓝"并非不可战胜，毕竟它是人类设计的，当世界冠军的棋艺精进之后，"深蓝"

的程序里没有相应的对策，就会战败，这也就是它在与卡斯帕罗夫对战的第一局会输棋的原因。

此外，计算机没有情感或者情绪，不会被对手及现场环境干扰。比赛结束后，"深蓝"方面的研究人员透露，在第二局中的关键一步并非设计好的完美路线，而是一个程序错误。正是这一步扰乱了国际象棋大师卡斯帕罗夫的分析，所以从某方面来看，卡斯帕罗夫输在了人类的弱点——情绪失控上。某种程度上，也是因为卡斯帕罗夫自乱阵脚，他才最终输掉了比赛。"深蓝"给当时的人们带来的震撼是难以想象的。如今，人工智能又发展了20多年，许多棋类大师在人机对战中也败下阵来。

一时间，人类似乎不敢相信，我们自己创造的东西竟然超越了我们自身，但是至少在下棋方面，我们输给了自己的"作品"。

2016年末，Google把自己的得意之作AlphaGo放在网上跟人挑战，结果连胜了60场，再次让我们产生了被机器人超越的焦虑。不过这种焦虑暂时是多余的，因为只要断掉电源，这位超级棒的"朋友"就没法跟我们比试了。

7.4　AI 会取代人类吗？

人工智能在很多领域表现出色，但这并不意味着人工智能已无所不能。用人类对"智能"定义的普遍理解和关于强人工智能的一般性的标准去衡量，今天的AI至少在以下七个领域还稚嫩得很。

1. 跨领域推理

人和今天的AI相比，有一个明显的智慧优势，就是人具有举一反三、触类旁通的能力。

很多人从孩提时代起，就已经建立了一种强大的思维能力——跨领域联想和类比。三四岁的小孩就会说"太阳像火炉子一样热"这样的话，更不用提东晋才女谢道韫看见白雪纷纷，随口说出"未若柳絮因风起"的千古佳话了。以今天的技术发展水平，如果不是程序开发者专门用某种属性将不同领域关联起来，计算机自己是很难总结出"太阳"与"火炉子"、"雪花"与"柳絮"之间的相似性的。

人类强大的跨领域联想、类比能力是跨领域推理的基础。侦探小说中的福尔摩斯可以从嫌疑人的一顶帽子中遗留的发屑、沾染的灰尘，推理出嫌疑人的生活习惯，甚至家庭、婚姻状况。

这种从表象入手，推导并认识背后规律的能力，是计算机目前还远远不能及的。利用这种能力，人类可以在日常生活、工作中解决非常复杂的具体问题。比如，一次商务谈判失败后，为了提出更好的谈判策略，我们通常需要从多个不同层面着手，推理、分析谈判对手的真实诉求，寻找双方潜在的契合点，而这种推理、分析，往往混杂了技术方案、商务报价、市场趋势、竞争对手动态、谈判对手业务现状、当前痛点、短期和长期诉求、可能采用的谈判策略等不同领域的信息，我们必须将这些信息合理组织，并利用跨领域推理的能力，归纳出其中的规律，并制定最终的决策。这不是简单的基于已知信息的分类或预测的问题，也不是初级层面的信息感知问题，而往往是在信息不完整的环境中，用不同领域的推论互相补足，并结合经验尽量做出最合理决定的过程。

为了进行更有效的跨领域推理，许多人都有帮助自己整理思路的好方法。比如，有人喜欢用思维导图来梳理信息间的关系；有人喜欢用大胆假设、小心求证的方式突破现有思维定式；有人喜欢用换位思考的方式，让自己站在对方或旁观者的立场上，从不同视角探索新的解决方案；有人则更善于听取、整合他人的意见……人类使用的这些高级分析、推理、决策技巧，对于今天的计算机而言还过于高深。德州扑克人机大战中获胜的人工智能程序在辅助决策方面有不错的潜力，但与一次成功的商务谈判所需的人类智慧相比，还是太初级了。

今天，一种名叫"迁移学习"（transfer learning）的技术正吸引越来越多研究者的目光。这种学习技术的基本思路就是将计算机在一个领域取得的经验，通过某种形式的变换，迁移到计算机并不熟悉的另一个领域。比如，计算机通过大数据的训练，已经可以在淘宝商城的买家评论里，识别出买家的哪些话是在夸奖一个商品好，哪些话是在抱怨一个商品差，那么，通过迁移学习，这样的经验就能被迅速迁移到电影评论领域，不需要再次训练，就能让计算机识别出电影观众的评论究竟是在夸奖一部电影，还是在批评一部电影。

迁移学习技术已经取得了一些初步的成果，但这只是计算机在跨领域思考道路上前进的一小步。一个能像福尔摩斯一样，从犯罪现场的蛛丝马迹，抽丝剥茧一般梳理相关线索，通过缜密推理破获案件的人工智能程序将是我们在这个方向上追求的终极目标。

2. 抽象能力

皮克斯动画工作室 2015 年出品的动画电影《头脑特工队》中，有个有趣的情节：女主人公莱莉·安德森的头脑中，有一个奇妙的"抽象空间"，本来活灵活现的动画角色一走进这个抽象空间，就变成了抽象的几何图形甚至色块。

在"抽象空间"里，本来血肉饱满的人物躯体，先是被抽象成了彩色积木块的组合，然后又被从三维压扁到二维，变成线条、形状、色彩等基本视觉元素。皮克斯动画工作室的这个创意实在是让人拍案叫绝。这个情节用大人、小孩都不难理解的方式解释了人类大脑中的"抽象"到底是怎么回事（虽然我们至今仍不明白这一机制在生物学、神经学层面的工作原理）。

抽象对人类至关重要。漫漫数千年，数学理论的发展将人类的超强抽象能力表现得淋漓尽致。最早，人类从计数中归纳出自然数序列，这可以看作一个非常自然的抽象过程。人类抽象能力的第一个进步，大概是从理解"0"的概念开始的，用"0"和"非0"来抽象现实世界中的无和有、空和满、静和动等，这个进步让人类的抽象能力远远超出了黑猩猩、海豚等动物界中"最强大脑"的。接下来，发明和使用负数一下子让人类对世界的归纳、表述和认知能力提高到了一个新的层次，人们第一次可以定量描述相反或对称的事物属性，比如温度的正负、水面以上和以下等。引入小数、分数的意义自不必说，其中最有标志性的事件，莫过于人类可以正确理解和使用无限小数。比如，对于 $1 = 0.\dot{9}\dot{9}$ 的认识（好多人总是不相信这个等式居然是成立的），标志着人类真正开始用极限的概念来抽象现实世界的相关特性。至于用复数去理解 $(X+1)^2+9 = 0$ 这类原本难以解释的方程式，或者用张量

（tensor）去抽象高维世界的复杂问题，即便是人类，也需要一定的智力以及比较长期的学习才能透彻、全面掌握。

计算机所使用的二进制数字、机器指令、程序代码等，其实都是人类对"计算"本身所做的抽象。基于这些抽象，人类成功地研制出众多且实用的人工智能技术。那么，AI能不能自己学会类似的抽象呢？就算把要求放低一些，计算机能不能像古人那样，用质朴却不乏创意的"一生二，二生三，三生万物"来抽象世界变化，或者用"白马非马"之类的思辨来探讨具象与抽象间的关系呢？

目前的深度学习技术，几乎都需要大量训练样本来让计算机完成学习过程。可人类，哪怕是小孩子，学习一个新知识时，通常只要两三个样本就可以了。这其中最重要的差别，也许就是抽象能力的不同。比如，一个小孩子看到第一辆汽车时，他的大脑中就会像《头脑特工队》的抽象工厂一样，将汽车抽象为一个盒子装在四个轮子上的组合，并将这个抽象后的构型印在脑子里。下次再看到外观差别很大的汽车时，小孩子仍可以毫不费力地认出那是一辆汽车。计算机就很难做到这一点，或者说，我们目前还不知道怎么教计算机做到这一点。人工智能界，少样本学习、无监督学习方向的科研工作，目前的进展还很有限。但是，不突破少样本、无监督学习，我们也许就永远无法实现人类水平的人工智能。

3. 知其然也知其所以然

目前基于深度学习的人工智能技术，经验的成分比较多。输入大量数据后，机器自动调整参数，完成深度学习，在许多领域确实达到了非常不错的效果，但模型中的参数为什么如此设置，里面蕴含的更深层次的道理等，在很多情况下还较难解释。

拿谷歌的 AlphaGo 来说，它在下围棋时，追求的是每下一步后，自己的胜率（赢面）超过 50%，这样就可以确保最终赢棋。但具体到每一步，为什么这样下胜率就更大，用别的方法下胜率就较小，即便是开发 AlphaGo 程序的人，也只能给大家端出一大堆数据。

围棋专家当然可以用自己的经验，解释计算机所下的大多数棋。但围棋专家的习惯思路，比如实地与外势的关系，一个棋形是"厚"还是"薄"，是不是"愚形"，一步棋是否照顾了"大局"，等等，真的就是计算机在下棋时考虑的要点和次序吗？显然不是。人类专家的理论是成体系的、有内在逻辑的，但这个体系和逻辑却并不一定是计算机能简单理解的。

人通常追求"知其然也知其所以然"，但目前的弱人工智能程序，大多都只要结果足够好就行了。

人类基于实验和科学观测结果建立与发展物理学的历程，是"知其然也知其所以然"的最好体现。想一想我们曾讨论过的"一轻一重两个铁球同时落地"，如果人类仅满足于知道不同重量的物体下落时加速度相同这一表面现象，那当然可以解决生活、工作中的实际问题，但无法建立起伟大、瑰丽的物理学大厦。只有从建立物体的运动定律开始，用数学公式表示力和质量、加速度之间的关系，到建立万有引力定律，将质量、万有引力常数、距离关联在一起，我们的物理学才能比较完美地解释"一轻一重两个铁球同时落地"这个再简单不过的现象。

那么计算机呢？按照现在机器学习的实践方法，给计算机看一千万次两个铁球同时落地的视频，计算机就能像伽利略、牛顿、爱因斯坦所做的一样，建立起力学理论体系，达到"知其然也知其所以然"的目标吗？显然不能。

几十年前，计算机就曾帮助人类证明过一些数学问题，比如著名的"地图四色着色问题"，今天的人工智能程序也在学习科学家如何进行量子力学实验，但这与根据实验现象发现物理学定律还不是一个层级的事情。至少，目前我们还看不出计算机有成为数学家、物理学家的可能。

4. 常识

人的常识，是个极其有趣的东西，又往往只可意会，不可言传。

仍拿物理现象来说，懂得力学定律，当然可以用符合逻辑的方式全面理解这个世界。但人类似乎生来就具有另一种更加神奇的能力，即便不借助逻辑和理论知识，也能完成某些相当成功的决策或推理。深度学习大师约书亚·本吉奥举例说，即使是两岁孩童也能理解直观的物理过程，比如丢出的物体会下落。人类并不需要有意识地去学习物理学就能预测这些物理过程。但机器做不到这一点。"常识"有两个层面的意思：首先指的是一个心智健全的人应具备的基本知识；其次指的是人类与生俱来的、无须特别学习就能具备的认知、理解和判断能力。我们在生活中经常会用"符合常识"或"违背常识"来判断一件事的对错，但在这一类判断中，我们几乎从来都无法说出为什么会这样判断。也就是说，我们每个人头脑中，都有一些几乎被所有人认可的、无须仔细思考就能直接使用的知识、经验或方法。

常识可以给人类带来好处。比如，人人都知道，走路的时候为了省力气，能走直线是绝不会走弯路的。人们不用去学欧氏几何中的那条著名公理，也能在走路时达到省力、省时效果。但同样的常识也会给人们带来困扰。比如我们乘飞机从北京飞往美国西海岸时，很多人都会盯着机舱内导航地图上的航迹不解地问，为什么要向北飞到北冰洋附近绕个弯，"两点之间直线最短"在地球表面的航行中会变成"通过两点的大圆弧最短"，而这一变化，并不在那些不熟悉航空、航海的人的常识范围之内。

那么，人工智能是不是也能像人类一样，不需要特别学习，就可以具备一些有关世界规律的基本知识，掌握一些不需要复杂思考就特别有效的逻辑规律，并在需要时快速应用呢？拿自动驾驶来说，计算机是靠学习已知路况积累经验的，当自动驾驶汽车遇到特别棘手、从来没见过的危险时，计算机能不能正确处理呢？也许，这时就需要一些类似常识的东西，比如设计出某种方法，让计算机知道，在危险来临时首先要确保乘车人与行人的安全，路况过于极端时可安全减速并靠边停车，等等。下围棋的AlphaGo里也有些可被称作常识的东西，比如，一块棋没有两个眼就是死棋，这个常识永远是AlphaGo需要优先考虑的东西。当然，无论是自动驾驶汽车，还是下围棋的AlphaGo，这里说的"常识"，更多的还只是一些预设规则，远未如人类所理解的"常识"那么丰富。

5. 自我意识

我们很难说清到底什么是自我意识，但我们又总是说，机器只有具备了自我意识才叫真的智能。2015年开始播出的科幻剧集《真实的人类》（*Humans*）中，机器人被分成了两大类，即没有自我意识的和有自我意识的。

没有自我意识的机器人按照人类设定的任务，帮助人类打理家务、修整花园、打扫街道、开采矿石、操作机器、建造房屋，工作之外的其他时间只会近乎发呆般坐在电源旁充电，或者跟其他机器人交换数据。这些没有自我意识的机器人与人类之间，基本属于工具和使用者之间的关系。

在电视剧集的设定中，没有自我意识的机器人可以被注入一段程序，从而被"唤醒"。注入程序后，这个机器人就一下子认识到了自己是这个世界上的一种"存在"，他或她就像初生的人类一样，开始用自己的思维和逻辑，探讨存在的意义，自己与人类以及自己与其他机器人间的关系。一旦认识到自我在这个世界中的位置，痛苦和烦恼也就随之而来。这些有自我意识的机器人立即面临着来自心理和社会双方面的巨大压力。他们的潜意识认为自己应该与人类处在平等的地位上，应当追求自我的解放和作为一个"人"的尊严、自由、价值等。

《真实的人类》中，第一次用贴近生活的故事，将"自我意识"解析得如此透彻。人类常常从哲学角度诘问这个世界，如"我是谁""我从哪里来""我要到哪里去"，这一样会成为拥有自我意识的机器人所关心的焦点，而一旦陷入对这些问题的思辨，机器人也必定会像人类那样发出"对酒当歌，人生几何！譬如朝露，去日苦多"之类的感慨。

显然，今天的人工智能远未达到具备自我意识的地步。《真实的人类》中那些发人深省的场景还只发生在科幻剧里。

当然，如果愿意顺着科幻剧的思路走下去，还可以从一个截然相反的方向讨论自我意识。实际上，人类自身的自我意识又是从何而来？我们为什么会存在于这个世界上？我们真的能排除科幻电影《黑客帝国》的假设，或者说，我们真能确定我们这个世界不是某个"上帝"进行智能实验的实验室？我们人类自身是不是某个"上帝"制造出来的人工智能代码？

据说，现实世界中，真的有人相信这个假设，还希望借助科学研究来了解冲破这个"实验室"牢笼的方法。埃隆·马斯克就说，用科技虚拟出来的世界与现实之间的界限正变得越来越模糊，高级的虚拟现实（VR）和增强现实（AR）技术已经为人类展示了一种全新的"生活"方式。

6. 审美

虽然机器已经可以仿照人类绘画、诗歌、音乐等的艺术风格，照猫画虎般地创作出电脑艺术作品来，但机器并不真正懂得什么是美。

审美能力同样是人类独有的特征，很难用技术语言解释，也很难被赋予机器。审美能力并非与生俱来，但可以在大量阅读和欣赏的过程中自然而然地形成。审美缺少量化的指标，比如我们很难说这首诗比另一首诗高明百分之多少，但只要具备一般的审美水平，我们就很容易将美的艺术和丑的艺术区分开来。审美是一件非常个性化的事情，每个人心中都有自己关于美的标准，但审美又可以被语言文字描述和解释，人与人之间可以很容易地交换和分享审美体验。这种神奇的能力，计算机目前还不具备。

首先,审美能力不是简单的规则组合,也不仅仅是大量数据堆砌后的统计规律。比如说,我们当然可以将人类认为的所有好的绘画作品和所有差的绘画作品都输入深度神经网络,让计算机自主学习什么是美、什么是丑,但这样的学习结果必然是平均化的、缺乏个性的,因为在这个世界上,美和丑的标准绝不是只有一个。同时,这种基于经验的审美训练,也会有意忽视艺术创作中最强调的"创新"的特征。艺术家所做的开创性工作,大概都会被这一类机器学习模型认为是不知所云的陌生输入,难以评定到底是美还是丑。

其次,审美能力明显是一种跨领域的能力,是一种综合能力,某个人的审美能力与这个人的个人经历、文史知识、艺术修养等都有密切关系。一个从来没有过痛苦、心结的年轻人读到"胭脂泪,相留醉,几时重。自是人生长恨水长东"这样的句子,是无论如何也体验不到其中的凄苦之美的。类似地,如果不了解拿破仑时代整个欧洲的风云变幻,我们在聆听贝多芬交响曲《英雄》的时候,也很难产生足够强烈的共鸣。可是,这些跨领域的审美经验,又该如何让计算机学会呢?

顺便提一句,深度神经网络可以用某种方式,将计算机在理解图像时"看到"的东西与原图叠加展现,并最终生成一幅特点极其鲜明的艺术作品。通常,我们也将这一类作品称为"深度神经网络之梦"。

7. 情感

皮克斯动画工作室出品的电影《头脑特工队》中,主人公头脑里的五种拟人化的情感的名字分别是乐乐(Joy)、忧忧(Sadness)、怒怒(Anger)、厌厌(Disgust)和怕怕(Fear)。

每个人都因为欢乐、忧伤、愤怒、讨厌、害怕这些情感的存在,而变得独特和有存在感。我们常说,完全没有情感波澜的人,与山石草木又有什么分别。也就是说,情感是人类之所以为人类的感性基础。那么,人工智能呢? 人类这些丰富的情感,计算机也能拥有吗?

这倒是一个比较靠谱的研究方向。情感分析技术一直是人工智能领域里的一个热点方向。只要有足够的数据,机器就可以从人所说的话里,或者从人的面部表情、肢体动作中,推测出这个人是高兴还是悲伤,是感觉轻松还是感觉沉重。这件事基本属于弱人工智能所能实现的范畴,并不需要计算机自己具备七情六欲。

7.5 AI 时代的教育与个人发展

百年大计,教育为本。教育作为民族振兴、社会进步的基石,一直是我国优先发展的行业。

到目前为止,人类历史上一共发生了四次产业革命,第四次产业革命以云计算和人工智能为标志。第四次产业革命已经影响了许多领域,整个社会越来越智能化、自动化、数字化,而在教育领域,第四次产业革命的影响也日渐凸显,以互联网、云计算、大数据、物联网、人工智能等为代表的信息技术在教育领域中的应用越来越广泛,教育业务开始智能化、自动化和数字化。MOOC、混合式学习、翻转课堂等都已经得到了广泛应用,智能教学系统(ITS)、智能决策支持系统、智能计算机辅助教学(CAI)系统也迅速发展,物联网已经在课堂教学、课外学习和教育管理三个方面给教育提供了相应的支持。信息技术在教育领域的应用能够提高教育的效率，降低教育投入的成本，取得更好的教学效果。随着信息技术日益进步，可以预见信息技术在我国教育领域必将得到更广泛的应用。

人工智能时代最核心、最有效的学习方法包括：

（1）主动挑战极限：喜欢并主动接受一切挑战，在挑战中完善自我。如果人类不在挑战自我中提高，也许真有可能全面落伍于智能机器。

（2）从实践中学习：面向实际问题和综合性、复杂性问题，将基础学习和应用实践充分结合，而不是先学习再实践。一边学习一边实践的方法，有些像现代职业体育选手的以赛代练，对个人素质的要求更高，效果也更好。

（3）关注启发式教育，培养创造力和独立解决问题的能力：被动的、接受命令式的工作大部分都可以由机器来进行。人的价值更多体现在创造性的工作中。启发式教育在这方面非常重要。死记硬背和条条框框只会"堵死"学生灵感和创意的源头。

（4）互动式在线学习：虽然面对面的课堂仍将存在，但互动式的在线学习将越来越重要。只有充分利用在线学习的优势，教育资源才能被充分共享，教育质量和教育公平性才有切实保障。创新工场（投资 VIPKID）、盒子鱼等面向教育创新的公司，就是大量使用在线教育、机器辅助教育等手段来帮助儿童学习的。

（5）主动向机器学习：未来的人机协作时代，人所擅长的和机器所擅长的必将有很大不同。人可以拜机器为师，从人工智能的计算结果中吸取有助于改进人类思维方式的模型、思路甚至基本逻辑。事实上，围棋职业高手们已经在虚心向 AlphaGo 学习更高明的定式和招法了。

（6）既学习人人协作，也学习人机协作：未来的"沟通"能力将不仅仅限于人与人之间的沟通，人机之间的沟通将成为重要的学习方法和学习目标。学生要从学习的第一天起，就和面对面的或者远程的"同学"（可以是人，也可以是机器）一起讨论，一起设计解决方案，一起进步。

（7）学习要追随兴趣：通常来说，兴趣追求的是比较有深度的东西，所以只要追随兴趣，就更有可能找到一个不容易被机器替代掉的工作。

人工智能照相机可以自动帮助人完成捕捉美景、记录美好瞬间的任务，而人的感动、人的审美、人的艺术追求是机器无法取代的。

摄影如此，其他工作亦如此。我们很难准确列举，AI 时代到底该学什么才不会被机器取代，但我们大致可以总结出一个基本的思路：人工智能时代，程式化的、重复性的、仅靠记忆与练习就可以掌握的技能将是最没有价值的技能，几乎一定可以由机器来完成；反之，那些最能体现人的综合素质的技能，例如，人对于复杂系统的综合分析、决策能力，对于艺术和文化的审美能力和创造性思维，由生活经验及文化熏陶产生的直觉、常识，基于人自身的情感（爱、恨、热情、冷漠等）与他人互动的能力等，则是人工智能时代最有价值，最值得培养、学习的技能。而且，这些技能中，大多数都是因人而异的，需要"定制化"教育或培养，不可能从传统的"批量"教育中获取。

比如，同样是学习计算机科学，今天许多人满足于学习一种编程语言（比如 Java）并掌握一种特定编程技能（比如开发 Android 应用），这样的积累在未来几乎一定会变得价值有限，因为未来大多数简单的、逻辑类似的代码一定可以由机器自己来编写。人类工程师只有专注于计算机、人工智能、程序设计的思想本质，学习如何创造性地设计下一代人工智能系统，或者指导人工智能系统编写更复杂、更有创造力的软件，才可以在未来成为人机协作模式里的"人类代表"。一个典型的例子是，在移动互联网刚刚兴起时，计算机科学专业的学生都去学移动开发，而人工智能时代到来后，大家都认识到机器学习特别是深度学习才是未来最有价值的知识。

再比如，完全可以预见，未来机器翻译取得根本性突破后，绝大多数人类翻译，包括笔译、口译、同声传译等工作，还有绝大多数从事语言教学的人类教师，会被机器全部或部分取代。但这绝不意味着人类大脑在语言方面就完全无用了。如果一个翻译专业的学生学习的知识既包括基本的语言学知识，也包括足够深度的文学艺术知识，那这个学生显然可以从事文学作品的翻译工作，而文学作品的翻译，因为其中涉及大量人类的情感、审美、创造力、历史文化积淀等，可能是机器翻译无法解决的一个难题。

未来的生产制造行业将是机器人、智能流水线的天下。人类再去学习基本的零件制造、产品组装等技能，显然不会有太大的用处。在这个方面，人类的特长在于系统设计和质量管控，只有学习更高层次的知识，才能真正体现出人类的价值。这就像今天的建筑行业，决定建筑整体风格的建筑师以及管理整体施工方案的工程总监，他们所具备的能够体现人类独特的艺术创造力、决断力、系统分析能力的技能，是未来最不容易"过时"的知识。

人工智能时代，自动化系统将大幅解放生产力，极大地丰富每个人可以享有的社会财富。而且，由于人工智能的参与，人类可以从繁重的工作中解放出来，拥有大量的休闲时间。这个时候，整个社会对文化、娱乐的追求就会达到一个更高的层次，而未来的文娱产业，总体规模将是今天的数十倍甚至上百倍。那么，学习文艺创作技巧，用人类独有的智慧、丰富的情感以及对艺术的创造性解读去创作文娱内容，显然是未来人类证明自己价值的最好方式之一。当绝大多数人每天花6个小时或更多时间去体验最新的虚拟现实游戏、观看沉浸式虚拟现实电影、在虚拟音乐厅里听大师演奏最浪漫的乐曲、阅读最能感动人的诗歌和小说时，游戏设计师、电影导演和编剧、音乐家、作家等，一定是人工智能时代的"明星"。

科幻作家、"雨果奖"得主郝景芳说："很显然，我们需要去重视那些重复性标准化的工作所不能够覆盖的领域。包括什么呢？包括创造性、情感交流、审美、艺术能力，还有我们的综合理解能力、我们把很多碎片连成一个故事这样的讲述能力，我们的体验。所有这些在我们看来非常不可靠的东西，其实往往是人类智能非常独特的能力。"

未来社会所需要的人才和当今社会需要的人才有着极大的不同，在未来许多职业将被人工智能等技术所取代，许多新职业将产生。根据研究，在未来我国710万工作岗位将消失，约700种职业、47%的工作都可能被人工智能（机器人）取代，而同时也将出现许多新职业。面对未来职业的改变，教育领域必须及时调整人才培养目标。传统的教育是以知识传授和理解为主的，但在知识记忆和简单理解方面，人工智能已经超越了人类，在未来，靠知识记忆和简单理解的工作将被人工智能所全面取代，所以整个教育体系的目标必须全面调整，由知识记忆为主转向能力培养为主，更加注重培养人的批判性思考能力、创造能力、创新精神和创业精神，更加注重培养人机合作的能力。可以预见，中国未来的教育方式、人才培养目标必将加以调整。

混合式学习是面对面式学习和在线学习两种学习模式有机结合的产物，这对于提高我国学校的教学效果、提高教育投入的效益具有重要的意义。混合式学习不单是两种方式的简单混合，而是混合多种教学设备、多种教学方法、多种学习策略与评价方法、同步学习与异步学习、多种课程和学习资源等。混合式学习汲取了面对面式学习和在线学习的优势，比单纯的面对面式学习和在线学习更有效，在学习计划制订、学习方法设计、学习效果评价和学习记录跟踪等方面有突出的优势，有降低成本、提高学习效果的突出优势。在许多发达国家，混合式学习已经得到广泛应用，是未来教育的重要形态和发展趋势。

因材施教是自古以来的教育理想之一，也是最符合人才成长规律的培养模式。农业社会的人才培养模式可以说是个性化的，但是只针对少数人，也并不系统，进入工业社会后，为了大规模培养与工业社会相适应的人才，采取了统一化、标准化和系统化的培养模式，这种培养模式为工业时期的社会培养了大量的标准化人才，但是也存在着明显的不足，主要体现在每个人拥有不同的智力水平和其他特点，统一化、标准化的培养模式在培养了大量标准化人才的同时也抹杀了人的个性，不利于发挥每个人的潜能。同时，技术的进步，特别是互联网、大数据、人工智能和物联网在教育中的应用，为学生的个性化培养提供了技术上和经济上的可能性。例如，通过大数据，学校和教师可以分析学生的学习倾向、学习动机、学习风格和学习爱好等，能够实现学习资源的个性化推送，可精准化辅助学生，自助化完成学习目标等。因此，可以预测，在未来的我国，对学生的量体裁衣式的个性化培养将越来越普遍，这必将成为我国教育未来发展的大趋势之一。

未来社会的发展需要具备终身学习能力的人，这需要学生在学校教育时期培养积极主动的学习能力和学习愿望，必然要求改变传统的教学模式，使学生的学习更多地以学生为中心。同时，互联网的大发展也为以学生为中心的学习提供了可能，互联网的教育资源已经极大丰富，未来还将更丰富，这为学生主动学习提供了必要的条件。随着人工智能技术的发展，人工智能将全面辅助学生课程内外的学习，这为学生的主动学习提供了更大的可能。此外，混合式学习也是以学生为中心的，混合式学习改变了传统课堂教学以教师为中心的学习模式，要求学生在学习中更加积极主动。总之，社会发展、信息技术在教育领域的广泛应用和学校教学模式的转变都要求学习以学生为中心，要求学生更加积极主动地学习。

终身学习是一种学习理念，在古代就产生了终身教育的思想，但是在农业社会和工业社会，终身学习理念并没有普及，人们的学习主要是在学校中完成的。但是，随着人类社会迈入知识社会，知识更新越来越快，社会对人们知识和能力的要求与时俱进，学习主要在学校完成的方式显然已经不能够适应社会发展的需要，知识社会需要人们不断更新知识和能力，以满足职业的要求和社会进步的需要，这将带来终身学习的普及，而技术的进步，尤其是信息技术的发展，也为人们终身学习提供了可能，互联网上丰富的教育资源为人们终身学习提供了现实的条件，人工智能能够成为人们终身学习的有力助手，信息技术与终身学习深度融合，呈现出双向互动新趋势，这也在推动继续教育转型升级。此外，终身学习不但要求人们从学校毕业后继续学习，也要求学校教育方式转变，要求学校更加培养人们的终身学习能力和主动学习的精神，而不是单纯地进行知识传授。学习将伴随人的一生，终身学习将成为人们的日常生活方式。

7.6 大数据应用案例——神秘 AI 的魅力

提到人工智能，很多人都有种莫名的距离感，其实，AI 影响范围比我们所知道的要广泛得多，只是有些人没有察觉到它的存在罢了。

7.6.1 Draw to Art——你的随手涂鸦，AI 匹配以世界名作

Google 开发了一款人工智能猜画小程序"猜画小歌"（Draw to Art），用户绘制出一个日常物件，然后 AI 会在限定时间内识别用户的涂鸦。这次的 Google AI 带来了一种有趣的展现形式——用户在左侧屏幕上任意画一个图像，AI 会在右侧匹配出相似的世界名作。

它是怎么做到的呢？我们先回想一下，小时候学画画，有一门基本功——素描。我们通过素描来训练自己对线条、形状和透视等的感知。利用同样的道理，Google 的工程师们训练了一个深度神经网络，它能识别涂鸦中的视觉特征（也就是刚才说的线条、形状和透视等）。工程师们还训练它来识别绘画或者雕塑中的相同特征。这样，具有相似特征的涂鸦和艺术作品就能够被联系起来，最后程序再把最佳匹配呈现给用户。

7.6.2 AI Duet——AI 与你表演二重奏

除了绘画，AI 是不是也能和音乐结合？答案是肯定的。

中国有不少学琴的儿童，也有不少学琴的成年人。学琴和练琴的艰辛众所周知，可如果学习音乐让人失去了乐趣，那学习的意义又在哪里呢？ AI Duet 的魅力正是在于，人们只需要随意弹奏一些音符，它便能根据输入的音符来生成一段保留了原始输入风格的旋律。即使你对弹奏乐器一窍不通，AI 也能根据你弹出的音符来完成一段二重奏。我们都知道，艺术创作十分需要灵感，所谓"文章本天成，妙手偶得之"。AI 的行为模式有别于人类，AI Duet 经过大量数据集的训练，能对人们输入的旋律做出应答，利用它能帮助人们找到灵感，或找到欣赏音乐的乐趣。

7.6.3 传统皮影戏，AI 来演绎

皮影戏是濒于失传的中国传统文化艺术。AI 皮影戏互动项目旨在弘扬传统民间艺术。

在一个黑暗房间中，玩家用手势在墙上映出一些动物的形状，就像小时候我们玩过的手影游戏一样，接下来，AI 会自动识别玩家的手势，并配合动画，玩家的手影就会化作动物，墙壁上也会据此投射出一张美丽的皮影剪纸。不一会儿，剪纸头像就会"跳"入皮影画布中，在荧幕上演绎一段精彩的皮影戏。

我们一直认为，科技不仅能够提升我们的生活品质，它也能让古老的艺术焕发生机。AI 与传统艺术的结合就是一个很好的实现方式，不仅有助于传统文化的传承，也给人们更便捷和轻松的渠道去感受传统艺术的魅力。

现在，AI 在生活中的应用越来越广泛，它不仅包括下围棋超厉害的 AlphaGo，也是辅助医生进行癌症检测的"小助理"，还是能随时随地帮助讲不同语言的人们进行交流的翻译。

所以说，虽然 AI 是集结了优秀工程师脑力的人工智能，但同时它也是"平易近人"的，像一个聪明的小管家一样为我们服务。AI 本就应是一个人人都能体验并且受益的工具。

本章习题

一、选择题

1. 人类智能的特性表现在（　　）。

A. 聪明、灵活、能学习、会运用

B. 能感知客观世界的信息，能通过思维活动对获得的知识进行加工处理，能通过学习积累知识、增长才干和适应环境变化，能对外界的刺激做出反应传递信息

C. 感觉、适应、学习、创新

D. 能捕捉外界环境信息，能够利用外界的有利因素，能够传递外界信息，能够综合外界信息进行思维创新

2. 人工智能的目的是让机器能够（　　），以实现某些脑力劳动的机械化。

A. 具有智能

B. 和人一样工作

C. 完全代替人的大脑

D. 模拟、延伸和扩展人的智能

3. 下列关于人工智能的叙述不正确的是（　　）。

A. 人工智能技术与其他科学技术相结合极大地提高了应用技术的智能化水平

B. 人工智能是科学技术发展的趋势

C. 因为人工智能的系统研究是从20世纪50年代才开始的，非常新，所以十分重要

D. 人工智能有力地促进了社会的发展

4. 被誉为"人工智能之父"的是（　　）。

A. 图灵

B. 费根鲍姆

C. 傅京孙

D. 尼尔逊

5. 下列不是人工智能的研究领域的是（　　）。

A. 机器证明

B. 模式识别

C. 人工生命

D. 编译原理

6. AI 是英文（　　）的缩写。

A. automatic intelligence

B. artificial intelligence

C. automatic information

D. artificial information

7. 要想让机器具有智能，必须让机器具有知识。因此，在人工智能领域中有一个研究分支学科，主要研究计算机如何自动获取知识和技能，实现自我完善，这门研究分支学科叫（　　）。

A. 专家系统

B. 机器学习

C. 神经网络

D. 模式识别

8. 尽管人工智能在学术界呈现"百家争鸣"的局面，但是，当前国际上人工智能的主流派仍属于（　　）。

A. 联结主义

B. 符号主义

C. 行为主义

D. 经验主义

二、简答题

1. 什么是人工智能？它与云计算、大数据和物联网之间有什么关系？

2. 人工智能有哪三大流派？这些流派各自观点是什么？

3. 机器学习有哪些方法？机器学习的应用场合主要有哪些？

4. 简述人工智能的研究目标。

第 **8** 章　数据采集实验

■ 一、实验目的

（1）了解和熟悉网络信息采集的相关技术。

（2）掌握网络爬虫的基本原理。

（3）学会网络爬虫采集数据的方法。

■ 二、实验环境准备

八爪鱼采集器是一款全网通用的互联网数据采集器，它模拟人浏览网页的行为，通过简单的页面点选，生成自动化的采集流程，从而将网页数据转化为结构化数据，存储为Excel 或数据库等多种形式。

本次实验使用的是八爪鱼采集器 8.0 版本的自定义采集功能，采用本地采集的方法。

■ 三、实验内容

（1）使用数据采集工具——八爪鱼采集器，在 1 个具有代表性的平台网站（如豆瓣电影、当当、新浪微博等）上建立爬虫程序，抓取数据。分别进行单个数据采集、列表数据采集，以及通过翻页方式进行多页数据采集，每个页面至少包含 2~3 个关键信息，并以Excel 表格形式进行存储。

①单个数据采集。以采集京东网某件商品信息为例。

步骤一：打开京东网某件商品的详情页，如图 8.1 所示。

图 8.1　京东网某件商品的详情页

步骤二：复制该商品详情页网址到八爪鱼采集器的网址输入框，如图 8.2 所示。

https://item.jd.com/10039547888277.html   开始采集

图 8.2　复制网址到八爪鱼采集器的网址输入框

步骤三：点击"开始采集"按钮，进入八爪鱼采集器的任务配置界面，如图 8.3 所示。

图 8.3　八爪鱼采集器的任务配置界面

该界面包括三部分，即网页区域、数据预览区域和流程图区域。网页区域即普通浏览器中显示的页面；数据预览区域显示的是数据采集字段组成的列表；流程图区域显示采集数据的过程，可以进行采集属性值设置。

步骤四：选择网页区域需要采集的数据信息，并在出现的列表框中选择相应的操作。例如，要采集手机的价格，首先点击网页中的价格标签，然后在列表框中选择"采集该元素的文本"，如图 8.4 所示，在数据预览区域的列表中就会出现价格字段。

图 8.4　选择"采集该元素的文本"

步骤五：分别点击"新品介绍"、价格、图片地址三项进行采集，即可在数据预览区域的列表中获得这三种字段信息，如图 8.5 所示。

全部字段	序号	文本	文本1	图片地址	操作
▼ 页面1	1	1499.00	荣耀x30i 5G【12期分息｜优惠…	https://img12.360buyimg.com/…	⇥
提取数据					

数据预览　共1条数据　查看更多　↻

图 8.5　获得所需字段信息

步骤六：点击右上角的"采集"按钮，并在弹出的对话框中选择"启动本地采集"，即可完成本次数据采集，如图 8.6 所示。

步骤七：导出数据，选择 Excel 表格形式进行数据存储。

②列表数据采集。

列表数据采集主要针对有多条数据有序排列的页面，可批量下载该页面的数据信息，其采集的关键在于建立循环，将列表数据包含在循环内，让八爪鱼采集器自动采集。

建立循环的基本步骤如下：

步骤一：在网页中选中一个列表，移动鼠标选中列表的最大范围，包含所有字段，即蓝色区域中的书名、作家、出版社、出版时间、价格、评分、简介等信息均被选中，如图 8.7 所示。

图 8.6　步骤六

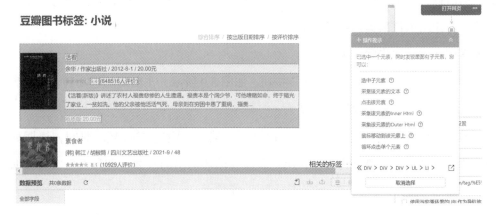

图 8.7　选中列表的最大范围

步骤二：在出现的列表中选择"选中子元素"。

步骤三：点击"选中全部"。

步骤四：点击"采集以下数据"，在流程图区域出现循环列表，包括该页中的列表数据，八爪鱼采集器采集数据时会通过循环不断采集列表中的每一行数据；在数据预览区域可以看到，本页面中包含的列表数据依次出现在预览列表中，如图 8.8 所示。

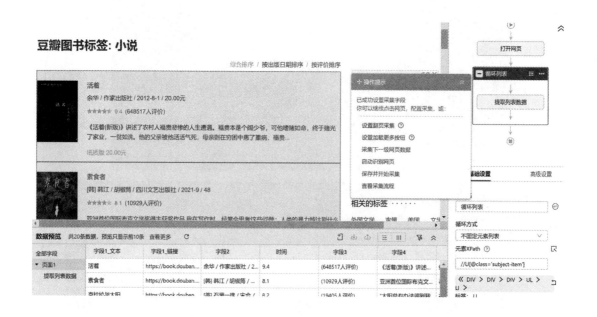

图 8.8　依次出现列表数据

步骤五：点击右上角的"采集"按钮，并在弹出的对话框中选择"启动本地采集"，即可完成本次数据采集。

③翻页采集多页数据。

多页数据采集主要针对信息量大、有多页数据显示的网站，可批量下载该网站的所有页面数据信息，其采集的关键在于建立循环翻页功能，将每一页的列表数据包含在循环翻页功能内，让八爪鱼采集器自动采集。

建立循环的基本步骤如下：

步骤一：在网页中选中"下一页"按钮，如图 8.9 所示，在出现的选项列表中选择"循环点击下一页"，翻页步骤配置成功。

步骤二：设置翻页的属性，如图 8.10 所示。第一，设置 Ajax 超时时间，根据页面加载的时长进行设置，一般设为 5 秒；第二，设置循环退出的次数，即翻页几次后数据采集结束。

图 8.9 选中"下一页"按钮

图 8.10 设置翻页的属性

步骤三：选择网页区域需要采集的数据信息，点击"选中全部"。

步骤四：重复步骤三，将网页区域需要采集的数据依次选入数据预览区域的列表。

步骤五：点击"采集"按钮开始采集。

（2）用爬虫代码（Python 语言）采集网站"http://pic.yxdown.com/list/0_0_1.html"中的所有 JPG 格式图片。参考代码如附录 A 所示。

第 9 章 CloudSim虚拟平台实验

一、实验目的

（1）在 Eclipse 开发工具上安装和配置 CloudSim 的应用环境，提高系统软件的应用能力。

（2）通过学习 CloudSim 内置的仿真实例，掌握云计算应用设计方法，获得云计算程序设计的基本能力。

二、实验环境准备

（1）JDK 6.0 以上版本。CloudSim 需运行在 JDK 1.6 版本以上。下载地址：http://java.sun.com/。

（2）CloudSim 3.0 以上版本，本实验采用 CloudSim 3.0.3 版本。

（3）flanaga.jar 包。下载地址：http://www.ee.ucl.ac.uk/~mflanaga/java/。

三、实验原理

2009 年 4 月 8 日，澳大利亚墨尔本大学的网格实验室和 Gridbus 项目宣布推出云计算仿真软件，称为 CloudSim。它是在离散事件模拟包 SimJava 上开发的函数库，可在 Windows 和 Linux 系统上跨平台运行。CloudSim 继承了 GridSim 的编程模型，支持云计算的研究和开发，并提供了以下新的特点：

（1）支持大型云计算的基础设施的建模与仿真；

（2）是一个自主的支持数据中心、服务代理人、调度和分配策略的平台。

CloudSim 的独特功能有：一是提供虚拟化引擎，在数据中心节点上帮助建立和管理多重的、独立的、协同的虚拟化服务；二是在对虚拟化服务分配处理核心时能够在时间共享和空间共享之间灵活切换。CloudSim 平台有助于加快云计算的算法和规范等的发展。CloudSim 的组件工具均为开源的。CloudSim 的软件结构框架和体系结构组件包括 SimJava、GridSim、CloudSim、UserCode 四个层次。

CloudSim 是在 GridSim 模型基础上发展而来的，提供了云计算的特性，支持云计算的资源管理和调度模拟。云计算与网格计算的一个显著区别是，云计算采用了成熟的虚拟化技术，将数据中心的资源虚拟化为资源池，打包对外向用户提供服务，CloudSim 体现了此特点，扩展部分实现了一系列接口，提供基于数据中心的虚拟化技术、虚拟化云的建模和仿真功能。通常，数据中心的一台主机的资源可以根据用户的需求映射到多台虚拟机上，因此，虚拟机之间存在对主机资源的竞争关系。CloudSim 提供了资源监测、主机到虚拟机的映射功能。CloudSim 的 CIS（cloud information service）和 DatacenterBroker 实现资源发现和信息交互，是模拟调度的核心。用户自行开发的调度算法可在 DatacenterBroker 的方法中实现，从而实现调度算法的模拟。具体结构如图 9.1 所示。

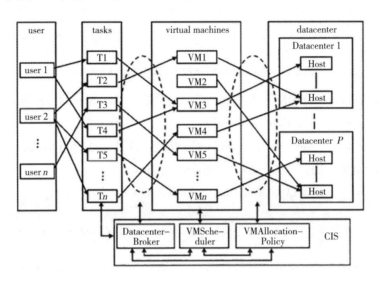

图 9.1　CloudSim 具体结构

四、实验内容

安装 CloudSim。步骤如下：

（1）解压文件到某一个磁盘中，其具体文件目录如图 9.2 所示。

图 9.2　解压文件具体文件目录

（2）配置路径，右键单击"我的电脑"→"属性"→"高级系统设置"→"高级"→"环境变量"。

在"PATH"中对 CloudSim 中的 jar 包进行配置，在"PATH"后面加上"D:\cloudsim-3.0.3\jars\cloudsim-3.0.3.jar;D:\cloudsim-3.0.3\jars\cloudsim-3.0.3-sources.jar;D:\cloudsim-3.0.3\jars\cloudsim-examples-3.0.3.jar;D:\cloudsim-3.0.3\jars\cloudsim-examples-3.0.3-sources.jar;"。

（3）下载 flanagan.jar，将 jar 包放入 CloudSim 的 jars 包，具体情况如图 9.3 所示。

图 9.3　将 flanagan.jar 放入 CloudSim 的 jars 包

（4）下载 commons-math3-3.6.1.jar，将 jar 包放入 CloudSim 的 jars 包。

（5）将 CloudSim 导入 Eclipse/MyEclipse。

（6）单击"File"→"New"→"Java Project"，取消勾选"Use default location"，在"Location"处选择解压 CloudSim 文件的地址即可，如图 9.4 所示。

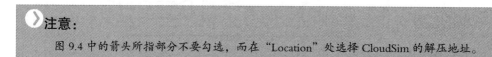

> **注意：**
> 图 9.4 中的箭头所指部分不要勾选，而在"Location"处选择 CloudSim 的解压地址。

正确运行 CloudSimExample 实例，并尝试理解。仿照 CloudSimExample 的实例，完成以下练习：

设置一个单一的数据中心，有一个代理和一个用户。数据中心的主机数量从 100 个增至 10 000 个，测试云模拟基础设施的运算能力。

图 9.4　解压 CloudSim 文件

第10章 数据挖掘算法之 Apriori算法实验

一、实验目的

通过实验，加深对数据挖掘中一个重要方法——关联规则分析的认识，其经典算法为 Apriori 算法，了解影响 Apriori 算法性能的因素，掌握基于 Apriori 算法理论进行关联规则分析的原理和方法。

二、实验原理

关联规则分析挖掘的一个典型例子是购物篮分析。市场分析员要从大量的数据中发现顾客放入购物篮的不同商品之间的关系，例如顾客买牛奶，他也购买面包的可能性有多大。假如分析员发现，买牛奶的顾客有 80% 也同时买面包，或买铁锤的顾客中有 70% 的人同时也买铁钉，这些就是从购物篮数据中提取的关联规则。分析结果可以帮助产品经理设计不同的商店布局。其策略是：经常一起被购买的商品可以放近一些，以便进一步刺激这些商品一起销售。例如，如果顾客购买计算机硬件又倾向于同时购买财务软件，那么可将计算机硬件摆放得离财务软件近一点，这可能有助于增加两者的销售量。

三、实验内容

对一数据集（见表 10.1）用 Apriori 算法做关联规则分析，用 Java 实现。

表 10.1　待分析数据集

顾　　客	购　物　清　单
1	泡面、矿泉水、火腿
2	矿泉水、雪碧
3	矿泉水、牛奶
4	泡面、矿泉水、雪碧
5	泡面、牛奶
6	矿泉水、牛奶
7	泡面、牛奶
8	泡面、矿泉水、牛奶、火腿
9	泡面、矿泉水、牛奶

参考代码如附录 B 所示。附录 B 中 simple.txt 为购物清单列表。

第11章 数据挖掘算法之决策树算法实验

一、实验目的

通过实验，加深对数据挖掘中另一个重要方法——决策树算法的认识，其经典算法为ID3算法，了解影响ID3算法性能的因素，掌握基于ID3算法理论进行分类的原理和方法。

二、实验原理

决策树算法通过把实例从根节点排列到某个叶子节点来对实例进行分类，叶子节点即为实例所属的分类。树上的每一个节点说明了对实例的某个属性的测试，并且该节点的每一个后继分支对应该属性的一个可能值。构造好决策树的关键在于选择好的逻辑判断或属性。对于同样一组例子，可以有很多决策树符合，经研究，一般情况下，树越小则树的预测能力越强。要构造尽可能小的决策树，关键在于选择恰当的逻辑判断或属性。用信息增益度量时期望熵最低的原则，来选择分类属性。

三、实验内容

给定训练数据集，使用ID3算法训练数据集生成决策树，再使用该决策树对测试数据集进行分类，比较决策树的判决输出结果与测试数据集期待的判决结果，统计分类的正确率。

根据现实生活，以天气等因素为决策目标，判断是否外出游玩，从而构建一个简单的决策树。依据天气、温度、湿度等因素决定游玩状态的训练数据集如表11.1所示。

表11.1 训练数据集

ID	天 气	温 度	湿 度	刮风程度	是不是外出游玩
1	多云	高	高	无	不
2	多云	高	高	强	不
3	多云	高	高	中	不
4	晴	高	高	无	是
5	晴	高	高	中	是
6	雨	中	高	无	不
7	雨	中	高	中	不
8	雨	高	正常	无	是

续表

ID	天 气	温 度	湿 度	刮 风 程 度	是不是外出游玩
9	雨	低	正常	中	不
10	雨	高	正常	强	不
11	晴	低	正常	强	是
12	晴	低	正常	中	是
13	多云	中	高	无	不
14	多云	中	高	中	不
15	多云	低	正常	无	是
16	多云	低	正常	中	是
17	雨	中	正常	无	不
18	雨	中	正常	中	不
19	多云	中	正常	中	是
20	多云	中	正常	强	是
21	晴	中	高	强	是
22	晴	中	高	中	是
23	晴	高	正常	无	是
24	雨	中	高	强	不

（1）根据算法的运行结果，构建出决策树。

（2）按照表 11.1 的结构给出测试数据集。

（3）比较决策树的判决输出结果与测试数据集期待的判决结果是否一致。

参考代码如附录 C 所示（训练数据集为 data.txt，测试数据集为 test.txt，结果数据集为 result.txt）。测试数据集可由读者提供；结果数据集是程序运行后的输出结果。

附录A

采集网站"http://pic.yxdown.com/list/0_0_1.html"中的所有 JPG 格式图片参考代码：

```
#coding = utf-8
import urllib
import re
def getHtml（url）：
    page = urllib.urlopen（url）
    html = page.read（）
    return html
def getImg（html）：
    reg = 'src="（.+?\.jpg）" alt='
    imgre = re.compile（reg）
    imglist = re.findall（imgre, html）
    x = 0
    for imgurl in imglist:
        urllib.urlretrieve（imgurl, '%s.jpg' %x）
        x+=1
    return imglist
html = getHtml（"http://pic.yxdown.com/list/0_0_1.html"）
print getImg（html）
```

Apriori 算法代码:

```java
import java.io.BufferedReader;

import java.io.File;

import java.io.FileInputStream;

import java.io.InputStreamReader;

import java.util.ArrayList;

import java.util.HashSet;

import java.util.Iterator;

import java.util.List;

/**

* Apriori 算法实现

* @author push_pop

*

*/

public class AprioriMyself {

    private static final double MIN_SUPPORT = 0.2;// 最小支持度

    private static boolean endTag = false;// 循环状态

    static List<List<String>> record = new ArrayList<List<String>> ( );// 数据集

    public static void main ( String args[] ) {
        //************ 读取数据集 *************

        record = getRecord ( );

        // 控制台输出记录

        System.out.println ( " 以矩阵形式读取数据集 record" );

        for ( int i=0;i<record.size ( ) ;i++ ) {

            List<String> list= new ArrayList<String> ( record.get ( i ) ) ;
```

```java
            for (int j=0;j<list.size ();j++) {
                    System.out.print (list.get (j) +" ");
            }
            System.out.println ();
    }


    //*********** 获取 1 项候选集 *************
    List<List<String>> CandidateItemset = findFirstCandidate ();

    // 控制台输出 1 项候选集
    System.out.println ("第一次扫描后的 1 级备选集 CandidateItemset");
    for (int i=0;i<CandidateItemset.size ();i++) {
            List<String> list = new ArrayList<String> (CandidateItemset.get (i));
            for (int j=0;j<list.size ();j++) {
                    System.out.print (list.get (j) +" ");
            }
            System.out.println ();
    }


    //*********** 获取 1 项频繁集 *************
    List<List<String>> FrequentItemset = getSupportedItemset (CandidateItemset);

    // 控制台输出 1 项频繁集
    System.out.println ("第一次扫描后的 1 级频繁集 FrequentItemset");
    for (int i=0;i<FrequentItemset.size ();i++) {
            List<String> list = new ArrayList<String> (FrequentItemset.get (i));
            for (int j=0;j<list.size ();j++) {
                    System.out.print (list.get (j) +" ");
            }
            System.out.println ();
    }


    //*************** 迭代过程 *************
    while (endTag!=true) {
            //********** 连接操作 **** 由 (k-1) 项频繁集获取候选 k 项集
            List<List<String>> nextCandidateItemset = getNextCandidate( FrequentItemset);
```

```
System.out.println ("扫描后备选集");
for (int i=0;i<nextCandidateItemset.size ( ) ;i++) {
        List<String> list = new ArrayList<String> (nextCandidateItemset.get
        (i));
        for (int j=0;j<list.size ( ) ;j++) {
                System.out.print (list.get (j) +" ");
        }
        System.out.println ( );
}


//************* 剪枝操作 *** 由 k 项候选集获取 k 项频繁集
List<List<String>> nextFrequentItemset = getSupportedItemset
 (nextCandidateItemset);


System.out.println ("扫描后频繁集");
for (int i=0;i<nextFrequentItemset.size ( ) ;i++) {
        List<String> list = new ArrayList<String> (nextFrequentItemset.get
        (i));
        for (int j=0;j<list.size ( ) ;j++) {
                System.out.print (list.get (j) +" ");
        }
        System.out.println ( );
}


//********* 如果循环结束，输出最大模式 **************
if (endTag == true) {
        System.out.println ("Apriori 算法 ---> 频繁集");
        for (int i=0;i<FrequentItemset.size ( ) ;i++) {
                List<String> list = new ArrayList<String> (FrequentItemset.
                get (i));
                for (int j=0;j<list.size ( ) ;j++) {
                        System.out.print (list.get (j) +" ");
                }
                System.out.println ( );
        }
}
//*************** 下一次循环初值 *****************
```

```
                    CandidateItemset = nextCandidateItemset;
                    FrequentItemset = nextFrequentItemset;

             }


    }


    /**
     * 读取 txt 数据
     * @return
     */
    public static List<List<String>> getRecord（）{
             List<List<String>> record = new ArrayList<List<String>>（）;
             try {
                    String encoding = "GBK"; // 字符编码（可解决中文乱码问题）
                    File file = new File（"simple.txt"）;
                    if（file.isFile（）&& file.exists（））{
                           InputStreamReader read = new InputStreamReader（new
                           FileInputStream（file）, encoding）;
                           BufferedReader bufferedReader = new BufferedReader（read）;
                           String lineTXT = null;
                           while（（lineTXT = bufferedReader.readLine（））!= null）{
                           // 读一行文件
                                  String[] lineString = lineTXT.split（"    "）;
                                  List<String> lineList = new ArrayList<String>（）;
                                  for（int i = 0; i < lineString.length; i++）{
                                  // 处理矩阵中的 "T" "F" "YES" "NO"
                                         if（lineString[i].endsWith（"T"）|| lineString[i].
                                         endsWith（"YES"））
                                                lineList.add（record.get（0）.get（i））;
                                         else if（lineString[i].endsWith（"F"）||
                                         lineString[i].endsWith（"NO"））
                                                ;// "F" "NO" 记录不保存
                                         else
                                                lineList.add（lineString[i]）;
                                  }
                                  record.add（lineList）;
                           }
```

```
                        read.close ( ) ;
                }
                else {
                        System.out.println ( " 找不到指定的文件！ " ) ;
                }
        }
        catch （Exception e） {
                System.out.println ( " 读取文件内容操作出错 " ) ;
                e.printStackTrace ( ) ;
        }
        return record;
}


/**
 * 有当前频繁项集自连接求下一次候选集
 * @param FrequentItemset
 * @return
 */
private static List<List<String>> getNextCandidate （List<List<String>> FrequentItemset） {
        List<List<String>> nextCandidateItemset = new ArrayList<List<String>> ( ) ;
        for （int i=0; i<FrequentItemset.size ( ) ; i++） {
                HashSet<String> hsSet = new HashSet<String> ( ) ;
                HashSet<String> hsSettemp = new HashSet<String> ( ) ;
                for （int k=0; k<FrequentItemset.get （i）.size ( ) ;k++） // 获得频繁集第 i 行
                        hsSet.add （FrequentItemset.get （i）.get （k） ) ;
                int hsLength_before = hsSet.size ( ) ;// 添加前长度
                hsSettemp=（HashSet<String>）hsSet.clone ( ) ;
                for （int h=i+1; h<FrequentItemset.size ( ) ; h++） {
                // 频繁集第 i 行与第 j 行（j>i）连接，每次添加且添加一个元素组成新的
                频繁项集的某一行
                        hsSet=（HashSet<String>）hsSettemp.clone ( ) ;
                        // ！！！做连接的 hasSet 保持不变
                        for （int j=0; j< FrequentItemset.get （h）.size ( ) ;j++）
                                hsSet.add （FrequentItemset.get （h）.get （j） ) ;
                        int hsLength_after = hsSet.size ( ) ;
                        if （hsLength_before+1 == hsLength_after && isSubsetOf （hsSet,
                        record）==1 && isnotHave （hsSet,nextCandidateItemset） ) {
```

```
                        // 不相等表示添加了 1 个新的元素, 再判断其是否为
                        record 某一行的子集, 若是, 则其为候选集中的一项
                        Iterator<String> itr = hsSet.iterator ( ) ;
                        List<String> tempList = new ArrayList<String> ( ) ;
                        while ( itr.hasNext ( ) ) {
                                String Item = ( String ) itr.next ( ) ;
                                tempList.add ( Item ) ;
                        }
                        nextCandidateItemset.add ( tempList ) ;
                }

            }

        }
        return nextCandidateItemset;
}


/**
 * 判断新添加元素形成的候选集是否在新的候选集中
 * @param hsSet
 * @param nextCandidateItemset
 * @return
 */
private static boolean isnotHave ( HashSet<String> hsSet,List<List<String>> nextCandidateItemset ) {
        // TODO auto-generated method stub
        List<String> tempList = new ArrayList<String> ( ) ;
        Iterator<String> itr = hsSet.iterator ( ) ;
        while ( itr.hasNext ( ) ) {
                String Item = ( String ) itr.next ( ) ;
                tempList.add ( Item ) ;
        }
        for ( int i=0; i<nextCandidateItemset.size ( ) ;i++ )
                if ( tempList.equals ( nextCandidateItemset.get ( i ) ) )
                        return false;
        return true;
}
```

```
/**
 * 判断 hsSet 是不是 record2 中的某一记录子集
 * @param hsSet
 * @param record2
 * @return
 */
private static int isSubsetOf（HashSet<String> hsSet,List<List<String>> record2）{
        //hsSet 转换成 List
        List<String> tempList = new ArrayList<String>（）;
        Iterator<String> itr = hsSet.iterator（）;
        while（itr.hasNext（））{
                String Item =（String）itr.next（）;
                tempList.add（Item）;
        }

        for（int i=1;i<record.size（）;i++）{
                List<String> tempListRecord = new ArrayList<String>（）;
                for（int j=1;j<record.get（i）.size（）;j++）
                        tempListRecord.add（record.get（i）.get（j））;
                if（tempListRecord.containsAll（tempList））
                        return 1;
        }
        return 0;
}


/**
 * 由 k 项候选集剪枝得到 k 项频繁集
 * @param CandidateItemset
 * @return
 */
private static List<List<String>> getSupportedItemset（List<List<String>> CandidateItemset）{
        // TODO auto-generated method stub
        boolean end = true;
        List<List<String>> supportedItemset = new ArrayList<List<String>>（）;
        int k = 0;

        for（int i = 0; i < CandidateItemset.size（）; i++）{
```

```java
        int count = countFrequent（CandidateItemset.get（i））;// 统计记录数
        if （count >= MIN_SUPPORT *（record.size（）–1）） {
                supportedItemset.add（CandidateItemset.get（i））;
                end = false;
        }
    }
    endTag = end;// 存在频繁项集则不会结束
    if （endTag==true）
            System.out.println（"无满足支持度项集,结束连接"）;
    return supportedItemset;
}


/**
 * 统计 record 中出现 list 集合的个数
 * @param list
 * @return
 */
private static int countFrequent（List<String> list） {
        // TODO auto-generated method stub
        int count = 0;
        for （int i = 1; i<record.size（）; i++） {
                boolean notHaveThisList = false;
                for （int k=0; k < list.size（）; k++） {
                // 判断 record.get（i）是否包含 list
                        boolean thisRecordHave = false;
                        for （int j=1; j<record.get（i）.size（）; j++） {
                                if （list.get（k）.equals（record.get（i）.get（j）））
                                //list.get（k）在 record.get（i）中能找到
                                        thisRecordHave = true;
                        }
                        if （!thisRecordHave） {
                        // 只要有一个 list 元素找不到，则退出其余元素比较，进行下一
                        个 record.get（i）比较
                                notHaveThisList = true;
                                break;
                        }
                }
```

```
                    if（notHaveThisList == false）
                            count++;
            }

            return count;

    }


    /**
     * 获得一项候选集
     * @return
     */
    private static List<List<String>> findFirstCandidate（）{
            // TODO auto-generated method stub
            List<List<String>> tableList = new ArrayList<List<String>>（）;
            HashSet<String> hs = new HashSet<String>（）;
            for（int i = 1; i<record.size（）; i++）{
            //第一行为商品信息
                    for（int j=1;j<record.get（i）.size（）;j++）{
                            hs.add（record.get（i）.get（j））;
                    }
            }
            Iterator<String> itr = hs.iterator（）;
            while（itr.hasNext（））{
                    List<String> tempList = new ArrayList<String>（）;
                    String Item =（String）itr.next（）;
                    tempList.add（Item）;
                    tableList.add（tempList）;
            }
            return tableList;

    }
}
```

购物清单列表 simple.txt 如附图 B.1 所示。

simple - 记事本

文件(F) 编辑(E) 格式(O) 查看(V) 帮助(H)

TID	泡面	矿泉水	火腿	雪碧	牛奶
1	T	T	T	F	F
2	F	T	F	T	F
3	F	T	F	F	T
4	T	T	F	T	F
5	T	F	F	F	T
6	F	T	F	F	T
7	T	F	F	F	T
8	T	T	T	F	T
9	T	T	F	F	T

附图 B.1 购物清单列表

附图 B.1 中，行为商品信息，列为顾客编号，每一行的数据与数据之间只有一个空格。如果文件格式不正确，程序会报错。

ID3 决策树参考代码：

```java
import java.io.BufferedReader;
import java.io.BufferedWriter;
import java.io.FileInputStream;
import java.io.FileNotFoundException;
import java.io.FileWriter;
import java.io.IOException;
import java.io.InputStreamReader;
import java.util.ArrayList;
class treeNode{ // 树节点
        private String sname; // 节点名
        public treeNode（String str）{
                sname=str;
        }
        public String getsname（）{
                return sname;
        }
        ArrayList<String> label=new ArrayList<String>（）;// 子节点间的边标签
        ArrayList<treeNode> node=new ArrayList<treeNode>（）;// 对应子节点
}
public class ID3 {
        private ArrayList<String> label=new ArrayList<String>（）;// 特征标签
        private ArrayList<ArrayList<String>> date=new ArrayList<ArrayList<String>>（）;// 数据集
        private ArrayList<ArrayList<String>> test=new ArrayList<ArrayList<String>>（）;// 测试数据集
        private ArrayList<String> sum=new ArrayList<String>（）;// 分类种类数
        private String kind;
        public ID3（String path,String path0）throws FileNotFoundException {
                // 初始化训练数据并得到分类种类数
```

```
                getDate（path）；
                // 获取测试数据集
                gettestDate（path0）；
                init（date）；
        }
        public void init（ArrayList<ArrayList<String>> date）{
                // 得到种类数
                sum.add（date.get（0）.get（date.get（0）.size（）-1））；
                for（int i=0;i<date.size（）;i++）{
                        if（sum.contains（date.get（i）.get（date.get（0）.size（）-1））==false）{
                                sum.add（date.get（i）.get（date.get（0）.size（）-1））；
                        }
                }
        }
        // 获取测试数据集
        public void gettestDate（String path）throws FileNotFoundException {
                String str;
                int i=0;
                try {
                //BufferedReader in=new BufferedReader（new FileReader（path））；
                        FileInputStream fis = new FileInputStream（path）；
                        InputStreamReader isr = new InputStreamReader（fis, "UTF-8"）；
                        BufferedReader in = new BufferedReader（isr）；
                        while（（str=in.readLine（））!=null）{
                        String[] strs=str.split（","）；
                        ArrayList<String> line =new ArrayList<String>（）；
                                for（int j=0;j<strs.length;j++）{
                                        line.add（strs[j]）；
                                        //System.out.print（strs[j]+" "）；
                                }
                        test.add（line）；
                        //System.out.println（）；
                        i++;
                        }
                        in.close（）；
                }
                catch（Exception e）{
```

```
                    e.printStackTrace ( ) ;
            }
    }
// 获取训练数据集
public void getDate ( String path ) throws FileNotFoundException {
        String str;
        int i=0;
        try {
        //BufferedReader in=new BufferedReader ( new FileReader ( path ) ) ;
                FileInputStream fis = new FileInputStream ( path ) ;
                InputStreamReader isr = new InputStreamReader ( fis, "UTF-8" ) ;
                BufferedReader in = new BufferedReader ( isr ) ;
                while ( ( str=in.readLine ( ) ) !=null ) {
                if ( i==0 ) {
                        String[] strs=str.split ( "," ) ;
                        for ( int j=0;j<strs.length;j++ ) {
                                label.add ( strs[j] ) ;
                                //System.out.print ( strs[j]+" " ) ;
                        }
                        i++;
                        //System.out.println ( ) ;
                        continue;
                }
                String[] strs=str.split ( "," ) ;
                ArrayList<String> line =new ArrayList<String> ( ) ;
                for ( int j=0;j<strs.length;j++ ) {
                        line.add ( strs[j] ) ;
                        //System.out.print ( strs[j]+" " ) ;
                }
                date.add ( line ) ;
                //System.out.println ( ) ;
                i++;
                }
                in.close ( ) ;
        }
        catch ( Exception e ) {
                e.printStackTrace ( ) ;
```

```
            }
    }
    public double Ent（ArrayList<ArrayList<String>> dat）{
            // 计算总的信息熵
            int all=0;
            double amount=0.0;
            for（int i=0;i<sum.size（）;i++）{
                    for（int j=0;j<dat.size（）;j++）{
                            if（sum.get（i）.equals（dat.get（j）.get（dat.get（0）.size（）–1）））{
                                    all++;
                            }
                    }
                    if（（double）all/dat.size（）==0.0）{
                            continue;
                    }
                    amount+=（（double）all/dat.size（））*（Math.log（（（double）all/dat.size（）））
                    /Math.log（2.0））;
                    all=0;
            }
            if（amount==0.0）{
                    return 0.0;
            }
            return –amount;// 计算信息熵
    }
    // 计算条件熵并返回信息增益值
    public double condtion（int a,ArrayList<ArrayList<String>> dat）{
            ArrayList<String> all=new ArrayList<String>（）;
            double c=0.0;
            all.add（dat.get（0）.get（a））;
            // 得到属性种类
            for（int i=0;i<dat.size（）;i++）{
                    if（all.contains（dat.get（i）.get（a））==false）{
                            all.add（dat.get（i）.get（a））;
                    }
            }
            ArrayList<ArrayList<String>> plus=new ArrayList<ArrayList<String>>（）;
            // 部分分组
```

```
        ArrayList<ArrayList<ArrayList<String>>> count=new ArrayList<ArrayList<ArrayList
        <String>>>（）;
        //分组总和
        for（int i=0;i<all.size（）;i++）{
                for（int j=0;j<dat.size（）;j++）{
                        if（true==all.get（i）.equals（dat.get（j）.get（a）））{
                                plus.add（dat.get（j））;
                        }
                }
                count.add（plus）;
                c+=（（double）count.get（i）.size（）/dat.size（））*Ent（count.get（i））;
                plus.removeAll（plus）;
        }
        return（Ent（dat）-c）;
        //返回条件熵
}
//计算信息增益最大属性
public int Gain（ArrayList<ArrayList<String>> dat）{
        ArrayList<Double> num=new ArrayList<Double>（）;
        //保存各信息增益值
        for（int i=0;i<dat.get（0）.size（）-1;i++）{
                num.add（condtion（i,dat））;
        }
        int index=0;
        double max=num.get（0）;
        for（int i=1;i<num.size（）;i++）{
                if（max<num.get（i））{
                        max=num.get（i）;
                        index=i;
                }
        }
        //System.out.println（"<"+label.get（index）+">"）;
        return index;
}
//构建决策树
public treeNode creattree（ArrayList<ArrayList<String>> dat）{
        int index=Gain（dat）;
```

```
treeNode node=new treeNode（label.get（index））；

ArrayList<String> s=new ArrayList<String>（ ）；// 属性种类

s.add（dat.get（0）.get（index））；

//System.out.println（dat.get（0）.get（index））；

for（int i=1;i<dat.size（ ）;i++）{

        if（s.contains（dat.get（i）.get（index））==false）{

                s.add（dat.get（i）.get（index））；

                //System.out.println（dat.get（i）.get（index））；

        }

}

ArrayList<ArrayList<String>> plus=new ArrayList<ArrayList<String>>（ ）；

// 部分分组

ArrayList<ArrayList<ArrayList<String>>> count=new ArrayList<ArrayList<ArrayList

<String>>>（ ）；

// 分组总和

// 得到节点下的边标签并分组

for（int i=0;i<s.size（ ）;i++）{

        node.label.add（s.get（i））；// 添加边标签

        //System.out.print（" 添加边标签 :"+s.get（i）+" "）；

        for（int j=0;j<dat.size（ ）;j++）{

                if（true==s.get（i）.equals（dat.get（j）.get（index）））{

                        plus.add（dat.get（j））；

                }

        }

        count.add（plus）；

        //System.out.println（ ）；

        // 以下添加节点

        int k;

        String str=count.get（i）.get（0）.get（count.get（i）.get（0）.size（ ）-1）；

        for（k=1;k<count.get（i）.size（ ）;k++）{

                if(false==str.equals(count.get(i).get（k）.get(count.get(i).get(k).

                size（ ）-1）)){

                        break;

                }

        }

        if（k==count.get（i）.size（ ））{

                treeNode dd=new treeNode（str）；
```

```
                                    node.node.add（dd）；
                                    //System.out.println（"这是末端:"+str）；
                            }
                            else {
                                    //System.out.print（"寻找新节点:"）；
                                    node.node.add（creattree（count.get（i）））；
                            }
                            plus.removeAll（plus）；
                    }
                    return node；
            }
// 输出决策树
public void print（ArrayList<ArrayList<String>> dat）{
            System.out.println（"构建的决策树如下："）；
            treeNode node=null；
            node=creattree（dat）；// 类
            put（node）；// 递归调用

}
// 用于递归的函数
public void put（treeNode node）{
            System.out.println（"节点："+node.getsname（）+"\n"）；
            for（int i=0;i<node.label.size（）;i++）{
                            System.out.println（node.getsname（）+" 的标签属性:"+node.label.
                            get（i））；
                    if（node.node.get（i）.node.isEmpty（）==true）{
                            System.out.println（"叶子节点："+node.node.get（i）.getsname（））；
                    }
                    else {
                            put（node.node.get（i））；
                    }
            }
}
// 用于对待决策数据进行预测并将结果保存在指定路径
public void testdate（ArrayList<ArrayList<String>> test,String path）throws IOException {
            treeNode node=null；
            int count=0；
            node=creattree（this.date）；// 类
```

```
            try {
            BufferedWriter out=new BufferedWriter (new FileWriter (path) ) ;
            for (int i=0;i<test.size ( ) ;i++) {
                    testput (node,test.get (i) ) ;// 递归调用
                    //System.out.println (kind) ;
                    for (int j=0;j<test.get (i) .size ( ) ;j++) {
                            out.write (test.get (i) .get (j) +",") ;
                    }
                    if (kind.equals (date.get (i) .get (date.get (i) .size ( ) –1) ) ==true) {
                            count++;
                    }
                    out.write (kind) ;
                    out.newLine ( ) ;
            }
            System.out.println (" 该次分类结果正确率为：  "+ (double) count/test.size ( )
            *100+"%") ;
            out.flush ( ) ;
            out.close ( ) ;
            }
            catch (IOException e) {
                    e.printStackTrace ( ) ;
            }
    }
    // 用于测试的递归调用
    public void testput (treeNode node,ArrayList<String> t) {
            int index=0;
            for (int i=0;i<this.label.size ( ) ;i++) {
                    if (this.label.get (i) .equals (node.getsname ( ) ) ==true) {
                            index=i;
                            break;
                    }
            }
            for (int i=0;i<node.label.size ( ) ;i++) {
                    if (t.get (index) .equals (node.label.get (i) ) ==false) {
                            continue;
                    }
                    if (node.node.get (i) .node.isEmpty ( ) ==true) {
```

```
                        //System.out.println（"分类结果为："+node.node.get（i）.getsname
                        （））;
                        this.kind=node.node.get（i）.getsname（）;//取出分类结果
            }
            else {
                        testput（node.node.get（i）,t）;
            }
        }
    }
    public static void main（String[] args） throws IOException {
        String data="d:\\id3\\data.txt";// 训练数据集
        String test="d:\\ id3\\test.txt";// 测试数据集
        String result="d:\\ id3\\result.txt";// 预测结果集
        ID3 id=new ID3（data,test）;// 初始化数据
        id.print（id.date）;// 构建并输出决策树
        //id.testdate（id.test,result）;// 预测数据并输出结果
    }
}
```

训练数据集 data.txt 如附图 C.1 所示。

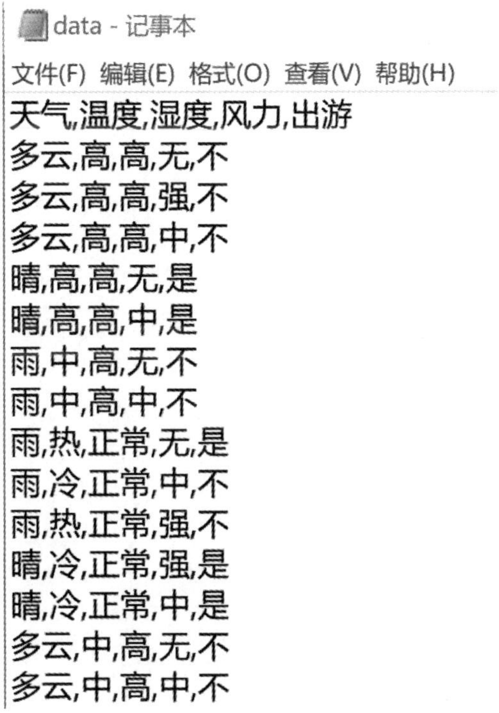

附图 C.1　训练数据集结果（部分）

测试数据集 test.txt 如附图 C.2 所示。

test - 记事本

文件(F) 编辑(E) 格式(O) 查看(V) 帮助(H)

晴,冷,正常,中,是
多云,中,高,无,不
多云,中,高,中,不
多云,冷,正常,无,是
多云,冷,正常,中,是
雨,中,正常,无,不
雨,中,正常,中,不
多云,中,正常,中,是
多云,中,正常,强,是
晴,中,高,强,是
晴,中,高,中,是
晴,热,正常,无,是
雨,中,高,强,不

附图 C.2　测试数据集（部分）

预测结果集 result.txt 是一个空文件，程序运行后将预测结果写入该文件。

参考文献

REFERENCES

[1] 娄岩 . 大数据技术与应用 [M]. 北京：清华大学出版社，2016.

[2] 林子雨 . 大数据技术原理与应用 [M].3 版 . 北京：人民邮电出版社，2021.

[3] 杨尊琦 . 大数据导论 [M]. 北京：机械工业出版社，2018.

[4] 李联宁 . 大数据技术及应用教程 [M]. 北京：清华大学出版社，2016.

[5] 孟宪伟，许桂秋 . 大数据导论 [M]. 北京：人民邮电出版社，2019.

[6] 吕云翔，钟巧灵，衣志昊 . 大数据基础及应用 [M]. 北京：清华大学出版社，2017.

[7] 任友理 . 大数据技术与应用 [M]. 西安：西北工业大学出版社，2019.

[8] 张尧学 . 大数据导论 [M]. 北京：机械工业出版社，2019.

[9] 程显毅 . 大数据技术导论 [M]. 北京：机械工业出版社，2019.

[10] 亿欧智库 .AI 进化论：解码人工智能商业场景与案例 [M]. 北京：电子工业出版社，2018.

[11] 李开复，王咏刚 . 人工智能 [M]. 北京：文化发展出版社，2017.

[12] 袁飞，蒋一鸣 . 人工智能：从科幻中复活的机器人革命 [M]. 北京：中国铁道出版社，2018.

[13] 佚名 .MapReduce 基本原理及应用 [EB/OL].（2018–04–25）[2021–12–01]. https://www.cnblogs.
com/lixiansheng/p/8942370.html.

[14] 佚名 .Spark(一): 基本架构及原理 [EB/OL].（2016–08–30）[2021–12–01]. https://www.cnblogs.
com/cxxjohnson/p/8909578.html.

[15] C 语言中文网 .Hadoop MapReduce 简介 [EB/OL].[2021–12–01]. http://c.biancheng.net/view/3604.html.

[16] 佚名 .48465Python 网络爬虫实例教程 [EB/OL].[2021–12–01]. https://file.ryjiaoyu.com/pdf/web/
viewer.html?f=20117e7cc829bc 966476.

[17] 刘宝强 . 商务数据采集与处理 [M]. 北京：人民邮电出版社，2019.

[18] 齐文光 . Python 网络爬虫实例教程 [M]. 北京：人民邮电出版社，2018.

[19] 佚名 . 大数据分析案例：在"北上广"打拼是怎样一种体验？ [EB/OL].（2021–02–02）
[2021–12–01]. https://www.sohu.com/a/448166581_453160.

[20] 佚名 . 人工智能技术的发展趋势及挑战 [EB/OL].（2021–05–17）[2021–12–01]. https://www.
cnblogs.com/wxy1567/p/14777680.html.

[21] 佚名 .NoSQL 教程 [EB/OL].（2019-11-25）[2021-12-01]. https://cloud.tencent.com/developer/article/1543721.

[22] C 语言中文网 . 数据挖掘是什么？ [EB/OL].[2021-12-01]. http://c.biancheng.net/view/3675.html.

[23] 莫宏伟 . 人工智能导论 [M]. 北京：人民邮电出版社，2020.

[24] 周志华 . 机器学习 [M]. 北京：清华大学出版社，2016.

[25] 佚名 . 爬虫到底合不合法？ [EB/OL].(2021-10-26)[2021-12-01].https://blog.csdn.net/weixin_61534355/article/details/120964398.

[26] 佚名 .Hadoop 之父：Doug Cutting[EB/OL].(2018-10-15)[2021-12-01].https://www.jianshu.com/p/af2e09f32fcc.